全国职业技术院校工程机械运用与维修专业教材

工程机械液电控制系统安装与调试

人力资源社会保障部教材办公室组织编写

中国劳动社会保障出版社

简介

本书主要内容有：工程机械液压系统原理图识读、装载机液电系统安装与调试、压路机液电系统安装与调试、挖掘机液电系统安装与调试、汽车起重机液电系统安装与调试、工程机械液电自动控制系统安装与调试。

本书由张明军主编，李超参编；李长军主审。

图书在版编目（CIP）数据

工程机械液电控制系统安装与调试 / 张明军主编. —北京：中国劳动社会保障出版社，2017

全国职业技术院校工程机械运用与维修专业教材

ISBN 978-7-5167-3049-2

Ⅰ.①工…　Ⅱ.①张…　Ⅲ.①工程机械-液压系统-自动控制系统-安装-职业教育-教材②工程机械-液压系统-自动控制系统-调试方法-职业教育-教材　Ⅳ.①TU6

中国版本图书馆CIP数据核字（2017）第178963号

中国劳动社会保障出版社出版发行

（北京市惠新东街1号　邮政编码：100029）

*

北京宏伟双华印刷有限公司印刷装订　　新华书店经销

787毫米 ×1092毫米　16开本　17印张　334千字

2017年7月第1版　　2024年2月第4次印刷

定价：31.00元

营销中心电话：400-606-6496

出版社网址：http://www.class.com.cn

http://jg.class.com.cn

前　言

为了更好地适应全国职业技术院校工程机械运用与维修专业的教学要求，全面提升教学质量，人力资源社会保障部教材办公室组织有关学校的骨干教师、行业和企业专家，依据《技工院校工程机械运用与维修专业教学计划和教学大纲（2016）》，在充分调研企业生产和学校教学情况，并吸收和借鉴各地职业技术院校教学改革成功经验的基础上，编写了本套专业教材。

教材体系

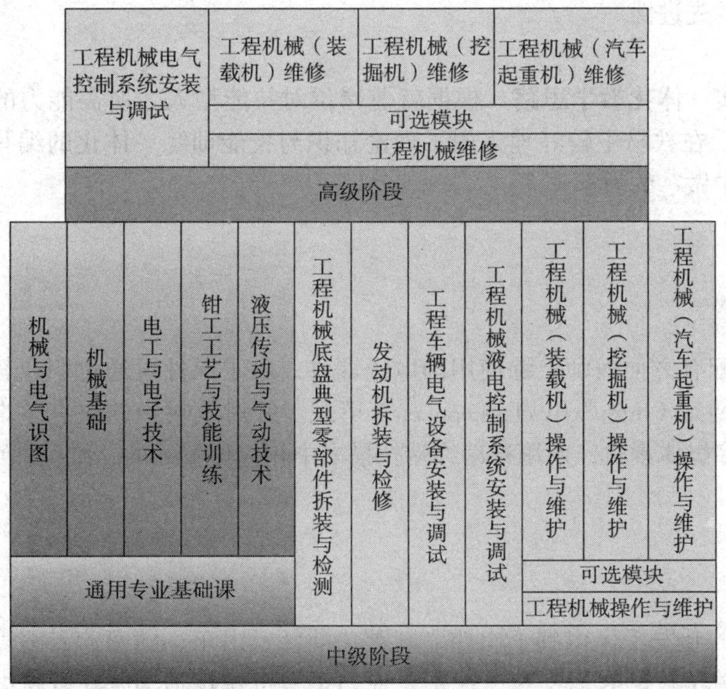

注：通用专业基础课可从机械类、电类通用教材中选用。

适用对象

工程机械运用与维修专业中级、高级两个层次和以下 3 种学制：

- 初中毕业生 3 年学制培养中级工
- 高中毕业生 3 年学制培养高级工
- 初中毕业生 5 年学制培养高级工

编写特色

■ **体现国家标准要求** 以国家职业标准为依据，涵盖相关国家职业标准（中级、高级）的知识和技能要求；以最新的国家技术标准为参照，使教材更加科学和规范。

■ **体现企业需求** 广泛听取包括徐州工程机械集团有限公司等知名企业专家意见，根据企业岗位和教学实践的需求，确定学生应具备的能力与知识结构，并注重教材内容的深度、广度与实际需求相匹配。

■ **体现行业技术发展** 根据工程机械相关领域技术的最新发展，确定新知识、新技术、新设备、新材料等方面的内容，如挖掘机中斗杆和动臂的回转优先与合流控制技术、汽车起重机中的双变量新型节能液压系统、压路机中的基于 CAN-BUS 总线通信系统技术等，保证教材的先进性。

■ **体现理实一体化教学思路** 根据就业岗位对技能型人才所需能力的要求，加强实践性教学内容，在教材中较好地采用了理论知识与技能训练一体化的编写模式，以体现“做中学”“学中做”的教学理念。

教学服务

本套教材配有方便教师上课使用的电子课件，电子课件可通过职业教育教学资源和数字学习中心网站（http://zyjy.class.com.cn）下载。针对教材中的重点、难点，还制作了动画、视频等多媒体素材，使用移动终端扫描书中相应位置处的二维码即可在线观看。

致谢

本次教材的开发工作得到了山西、江苏、浙江、山东、湖南、云南等省人力资源社会保障厅及有关学校的大力支持，特别是徐州工程机械技师学院在教材编写中做了大量的工作，在此我们表示诚挚的谢意。

人力资源社会保障部教材办公室

2017 年 4 月

目 录

注：加“*”为高级工层次的教学内容。

概述

随着科学技术的不断发展，为了满足现代工程施工不断提出的新要求，现代工程机械已普及了以计算机或微处理器为核心的电子控制装置（系统）。电子控制技术已应用到工程机械的众多方面，如汽车起重机的过载保护、摊铺机和平地机的自动找平、摊铺机的自动供料、拌和设备称重计量过程的自动控制、挖掘机的电子功率优化、装载机等铲运机械变速箱的自动控制及工程机械的状态监控与故障自诊等。随着工程机械功能要求的增加，电子（计算机）控制装置的结构越来越复杂。目前，工程机械中开始应用液电一体化技术，将液压技术与电子控制技术有机地结合在一起，进一步改善现代工程机械的性能（如可靠性、安全性、操作舒适性），提高作业精度、作业效率，以及延长工程设备的使用寿命。本部分内容主要介绍工程机械液电技术的组成、相关技术及发展趋势，为后续液电系统安装与调试内容的学习打好基础。

学习目标

1. 掌握工程机械机电液一体化技术的组成。
2. 了解工程机械机电液一体化的关键技术及智能控制技术在工程机械上的应用。
3. 熟悉工程机械机电液一体化的发展趋势。

一、工程机械机电液一体化技术的组成

在工程机械上应用的机电液一体化技术分为五个组成部分，即控制系统、检测系统、动力系统、执行系统、机械本体，如图 0—1 所示。

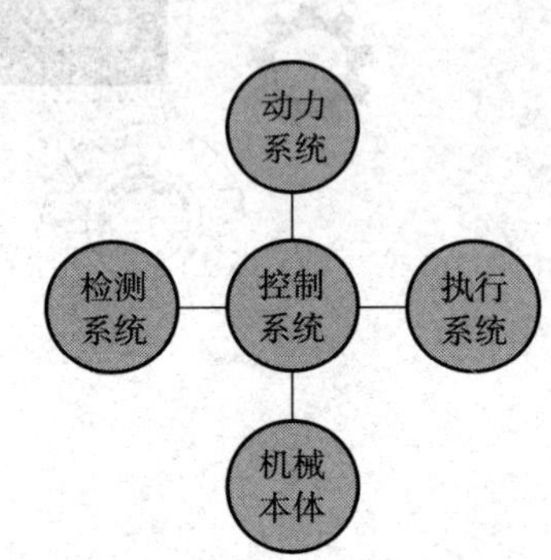

图 0—1　机电液一体化技术的五个组成部分

1. 控制系统

控制系统是机电液一体化技术的核心部分，包括了硬件和软件两部分。

（1）硬件

硬件主要由计算机、可编程控制器、数控装置以及计算机外部设备等组成。

（2）软件

软件将来自传感器的检测信号和外部输入命令进行储存、加工、分析，根据处理结果，按照一定的控制程序发出相应的指令，控制整个工程机械的运行。

2. 检测系统

检测系统的功能主要是在设备运行过程中对设备自身和外界环境的各种参数、状态信号进行检测，变成可识别信号，传输到控制系统的信息处理单元，经过分析、处理后产生相应的控制信息。检测系统通常由专门的传感器、仪器、仪表及接口电路构成。

3. 动力系统

动力系统根据一定的要求，为工程机械提供能量和动力，使其能正常运行。动力系统用尽可能小的输入获得尽可能大的工作效率。这也是机电液一体化产品的显著特征之一。

4. 执行系统

执行系统的功能应是根据控制信息和指令完成控制系统所要求的动作。执行机构是运动部件，它将输入的各种形式的能量转换为机械能。

5. 机械本体

机械本体包括机械传动装置和机械结构装置，其主要功能是使系统零部件按照一定的空间关系装配在一定的位置上，并保持特定的关系。

为了充分发挥机电液一体化的优点，机械本体部分必须具有较高的强度、较高可靠性且轻量化。

二、工程机械机电液一体化的关键技术

机电液一体化的关键技术主要包括传感技术、信息处理技术、液压传动技术、接口技术、自动控制技术。

1. 传感技术

传感技术是机电液一体化的关键技术之一。传感器是设备上自动控制系统的“眼睛”，是工程机械施工作业过程实现检测与自动控制的基础。工程机械上采用的传感器要求具有较高的强度、灵敏度、抗干扰性、抗冲击性，良好的稳定性、可靠性、耐磨性、密封性，及较强的气候适应性。

2. 信息处理技术

信息处理技术包括信息的输入、识别、变换、运算、存储和输出等技术。机电液一体化系统的信息处理需要实时、准确。信息处理的硬件设备主要包括计算机、可编程控制器、键盘、显示器等。

3. 液压传动技术

液压传动是用液体作为工作介质来传递能量和进行控制的传动方式。电液比例控制技术和伺服控制技术的出现，进一步提高了液压传动系统的性能、精度及响应速度。这些对机电液一体化设备的性能与工作效率产生了显著的影响。

4. 接口技术

机电液一体化系统由多个子系统构成，它们之间必须能顺利进行物质、能量和信息的传递与交换。各个子系统相接处的联系环节就称为接口。接口具有保证信息传递的逻辑控制功能，使信息按规定模式进行传递，将各个子系统连接为一个有机整体，使各个功能环节有目的地协调运动。接口的性能是决定系统综合性能好坏的重要因素。

接口技术能够实现信息在系统中准确、可靠地传输，同时还可以通过显示器、音响

等实现人机交互。

5. 自动控制技术

自动控制技术在工程机械中的应用提高了设备的控制精度、有效利用率及其施工效率等。它是现代工程机械设备操作与施工实现自动化的技术基础。

三、典型工程机械中智能控制技术的应用

工程机械按作业质量要求的不同分为两类：无作业质量要求的工程机械和有作业质量要求的工程机械。无作业质量要求的工程机械的作业特点：作业介质具有不均匀性和不规范性，作业载荷变化大。这类机械的性能指标包括有动力性（功率充分发挥）、经济性（燃油消耗）、作业生产率。有作业质量要求的机械的作业特点：作业介质均匀一致而规范，工作装置与作业介质相互作用过程中产生的负荷基本稳定。这类机械的优先性能指标是作业质量，其次是动力性、经济性和作业生产率。挖掘机属于前一类机械，而压路机属于后一类机械。

1. 控制目标和策略

因为机械的作业类别不同，所以不同类别机械的控制目标和控制策略也不相同。挖掘机的智能控制目标为“节能环保，提高作业生产率”；而压路机的智能控制目标为“提高路面压实质量和压实效率”。

（1）挖掘机控制策略

当前挖掘机主要有两种控制策略：负载适应控制和动力适应控制。负载适应控制是指在发动机输出功率一定的情况下，液压系统（负载）通过自身调节以适应发动机的动力输出，体现了“按劳分配”原则。动力适应控制是指发动机根据实际作业工况的需要提供动力输出，体现了“按需分配”原则。

1）采用“负载适应控制”技术的挖掘机一般设有几种动力选择模式，如最大功率模式、标准功率模式和经济功率模式。每种模式下的发动机输出功率基本恒定，同时液压泵也设有几条恒功率曲线与之匹配。系统中采用了发动机速度传感控制技术（ESS 控制技术），在匹配时将每种功率模式下泵的吸收功率设定为大于或等于该模式下的发动机输出功率。这样可以使液压系统充分吸收、利用发动机的功率，减少能量损失，还可以通过调节泵的吸收功率，协调负载与发动机的动力输出，避免发动机熄火。

这种控制模式的挖掘机进行实际作业时操作人员需要根据作业工况选择发动机的功率模式。这种控制方法需要人工干预，一旦功率模式选择不当，将会造成动力的浪费。

2）采用“动力适应控制”技术的挖掘机采用自动控制模式，发动机根据作业要求

和负载大小提供相应的动力输出。也就是说，动力系统能够自动适应工作系统的需要输出动力，以满足作业要求。这种控制方法无须人工干预，没有动力输出的浪费，动力性和经济性最佳。这类挖掘机可以自动识别作业工况，然后做出最有利于施工的解决方案。发动机与液压系统始终处于调节状态，以便使作业效率与燃油消耗达到最佳平衡状态。

挖掘机智能控制技术还包括节能和简化操作、便于维修和保养的技术，如自动怠速、自动加速、自动故障诊断和远程控制等。

（2）压路机控制策略

压路机的控制系统能够按照预先设定的作业质量目标，对铺层的压实效果进行连续的检测和对比分析，然后自动调整设备的压实作业性能参数（如振动轮的振幅、频率和压路机的行驶速度），获得有效的、均匀一致的铺层压实效果。这个决策过程中，检测铺层压实硬度的准确程度是压路机智能控制的关键点。最佳压实效果的决策过程还受到较多的外部因素的影响，如环境温度、沥青混合料温度、铺层厚度及受温度影响而非线性变化的沥青硬度等。

2. 控制过程

工程机械智能控制系统的控制过程一般包含三个环节：信息采集、信息处理与决策、决策执行。

（1）挖掘机的控制过程

1）信息采集

挖掘机通过检测液压系统的运行参数来识别载荷大小，如检测液压系统中泵的控制压力、输油压力和各机构（行走、回转、动臂提升和斗杆收回）的工作压力等。部分挖掘机还能检测先导手柄的位移量和系统流量等。

2）信息处理与决策

挖掘机控制系统根据采集的信息，运用模糊控制理论推算出所需的功率和发动机的最佳转速。

3）决策执行

控制系统根据信息处理结果发出指令，控制发动机运行，使发动机达到理想的转速和输出功率。

（2）压路机的控制过程

1）信息采集

压路机通过连续检测振动轮的振动加速度来识别地面压实质量。从理论上讲，振动轮内的旋转偏心块产生的振动是一条正弦曲线。当振动轮在地面上振动时，曲线被扰动。在软地面上时曲线的扰动小，在硬地面上时曲线的扰动大。

2）信息处理与决策

智能控制系统使用快速傅里叶变换处理压路机振动轮的加速度，能够计算出地面压实的数据。压路机的信息处理是将采集的铺层压实信息输入到控制系统的数据库中，通过分析、比较、判断，做出对压路机作业参数（振动轮的振幅、频率和压路机行驶速度）调整的决策。

3）决策执行

压路机执行系统决策的关键部件是振动轮。振动轮带有自动调频、调幅机构，结构比较复杂，它的性能优劣直接影响地面的压实效果。

四、工程机械机电液一体化技术的发展趋势

1. 向低能耗、高效率的方向发展

近几年，机电液一体化技术的发展速度日益加快，通过充分利用控制性能良好以及信息处理能力较强的电子技术、电液传感器技术等，从机械和液压两个方面解决工程机械一直存在的能耗大、监控难等问题，使其系统输出功率与能耗相互关联。例如，在挖掘机上安装电子监控系统、紧急制动系统等，不仅有利于延长设备的使用寿命，而且有助于降低工程机械的耗油量。而且，新型材料的应用能够有效提高工程机械零部件的装配工艺，从而提高了工程机械的生产效率。

2. 向超大型的方向发展

各种大规模的露天矿山以及大型基础建设中对超大型液压挖掘机、装载机等工程机械需求较大。随着机电液一体化的不断发展，工程机械超大型化的发展，极大地提高这类工程的建设速度，在能源、核电等开发建设领域其表现尤为突出。

3. 向小型化的方向发展

另一方面，工程机械同步向小型化的方向发展，以适应多变的市场需求。例如，在城市道路建设和维护施工中，小型挖掘机、压路机等应用越来越多，可适用于市政工程、小区内部道路、园林道路、人行慢车道等路面宽度变化大，施工空间小的地段。在我国，小型工程机械仍然处在市场起步阶段。这需要依靠不断完善的机电液一体化技术来推动工程机械小型化的发展进程。

4. 向智能化的方向发展

在工程机械发展过程中，智能化是一个主要的发展方向。这主要表现在以下两个

方面：

（1）自动化

电子技术、传感器与液压系统、机械装置结合，实现了工程机械的自动控制。工程机械依靠自动控制系统的控制按照预先设定好的程序完成一系列动作，可大大降低作业强度，并改善工程作业的环境。例如，在矿山隧道挖凿中，半自动、全自动的挖掘机械逐步替代了手工挖掘工具和传统的人力操控的简单挖掘设备。

（2）智能监控和检测

智能化监控技术的应用有效地提高了工程机械的安全性和可靠性，预防事故的发生。同时，通过智能化中控系统随时检测和存储故障数据，为故障的分析、解决及优化改造生产过程提供了大量真实的数据和科学的依据。

复习思考题

1. 简述液电一体化技术与工程机械的关系。
2. 简述工程机械机电液一体化技术的组成。
3. 工程机械机电液一体化的关键技术有哪些?
4. 简述挖掘机、压路机上应用智能控制技术的控制策略。
5. 简述工程机械机电液一体化技术的发展趋势。

模块一 工程机械液压系统原理图识读

液压系统原理图识读是完成工程机械液电控制系统安装与调试的前提和基础。本模块以装载机、挖掘机、压路机和汽车起重机四种典型工程机械为载体，介绍它们的基本工况、液压系统组成、液压系统原理、液压传动特点及液压系统原理图识读。通过学习，可熟练分析装载机、压路机、挖掘机和汽车起重机的液压系统工作原理，为后续液电系统的安装与调试打下坚实的理论基础。

课题 1　装载机液压系统原理图识读

学习目标

1. 掌握装载机液压系统的工作原理及各子系统之间的关系。
2. 熟悉装载机液压系统元件名称及作用。
3. 了解装载机的各种工况及动作要求。

一、装载机液压系统的组成

1. 齿轮泵

装载机采用的齿轮泵是常用的普通齿轮泵，其主要功能是向液压系统提供压力油液。

2. 多路换向阀

多路换向阀是指由两个或两个以上换向阀为主体，并根据不同的工作要求加上安全阀、单向阀、补油阀等辅助装置所构成的多路组合阀。它具有结构紧凑、压力损失小等优点。多路换向阀控制回路能够操纵多个执行元件，主要用于工程机械、起重机械和其他要求集中操纵多个执行元件运动的行走机械。

（1）结构组成

如图 1—1—1 所示为装载机 D32 型多路换向阀。它由动臂换向阀、铲斗换向阀、安全阀及双作用安全阀组成。其中，铲斗换向阀是三位六通阀，可以控制铲斗上翻、下翻、锁紧三个动作；动臂换向阀是四位六通阀，可以控制动臂的升起、锁紧、下降和浮动四个动作。阀芯的移动依靠先导油的推动，而回位则依靠复位弹簧的作用。

如图 1—1—1 所示，P 口为进油口，T 口为出油口，A1、A2 口分别与铲斗油缸的无杆腔（又称为大腔）、有杆腔（小腔）相通，B1、B2 口分别与动臂油缸的大腔、小腔相通，a1、b1、a2、b2 口为铲斗换向阀和动臂换向阀阀芯的换向控制油口，分别与先导手柄的各油口相连。

（2）工作原理

1）安全阀工作原理

安全阀用于控制系统压力。当系统压力超过额定压力时，安全阀打开，压力油液流回液压油箱。因此，它起到保护液压系统工作元件和管路不因系统压力过高而被损坏的作用。

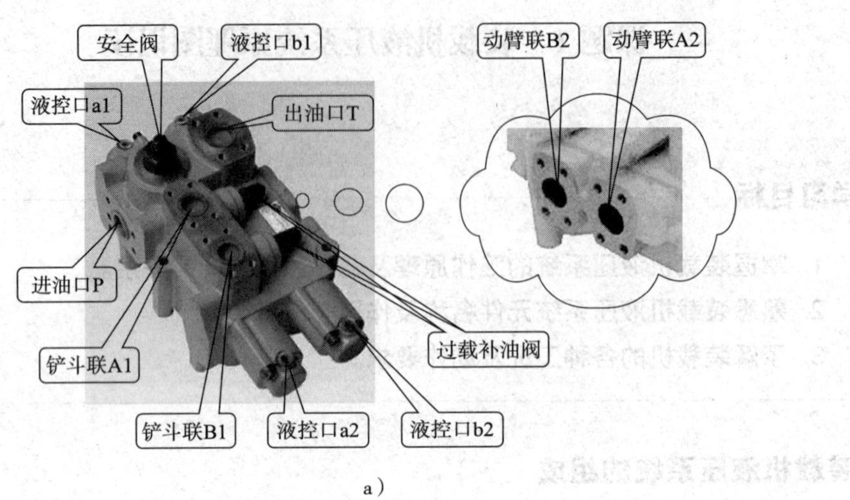

a）

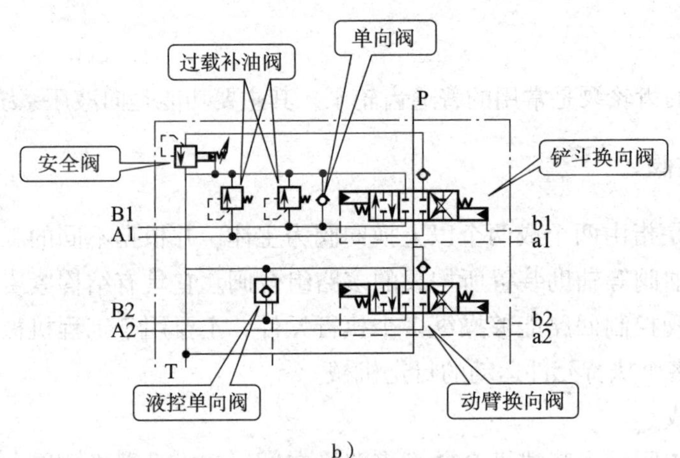

b）

图 1—1—1 D32 型多路换向阀及工作原理图

a）外形 b）工作原理

2）动臂换向阀与铲斗换向阀的工作原理（图 1—1—1b）

①中间位置。当铲斗、动臂的阀芯均处于中间位置（简称中位）时，来自油泵的压力油经过进油口 P、两个换向阀的中位、出油口 T 直接流回油箱。

②动臂升起。操纵先导手柄使控制油液通入 b2 口，动臂换向阀阀芯左移，右位接通，压力油自 P 口经过铲斗换向阀中位（下面略）、动臂换向阀右位，从 A2 口流入动臂油缸的大腔；动臂油缸小腔的压力油压出，自 B2 口经动臂换向阀右位，从 T 口流回油箱。此时，动臂升起。

③动臂下降。操纵先导手柄使控制油液通入 a2 口，动臂换向阀阀芯右移，左位接通；压力油自 P 口经动臂换向阀左位，从 B2 口流入动臂油缸的小腔；动臂油缸大腔的压力油压出，自 A2 口经动臂换向阀左位，从 T 口流回油箱。此时，动臂下降。

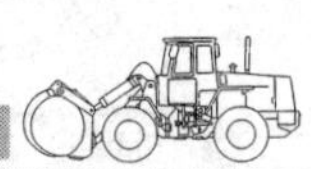

④动臂浮动。当先导操纵手柄处于浮动位置时（见课题1先导阀工作原理部分），P、A2、B2口均与T口相连，油缸上、下腔相通，并处于低压状态。此时，油缸受工作装置的重力和地面作用力的作用，处于自由浮动状态。

⑤铲斗上翻。操纵先导手柄使控制油液通入b1口，铲斗换向阀芯左移，右位接通；压力油自P口经铲斗换向阀右位，从A1口流入铲斗油缸的大腔；铲斗油缸小腔的压力油压出，自B1口经铲斗换向阀左位，从T口流回油箱。此时，铲斗上翻。

⑥铲斗下翻。操纵先导手柄使控制油液通入a1口，铲斗换向阀芯右移，左位接通；压力油自P口经铲斗换向阀左位，从B1口流入铲斗油缸的小腔；铲斗油缸大腔的压力油压出，自A1口经铲斗换向阀左位，从T口流回油箱。此时，铲斗下翻。

3）过载补油阀的结构与工作原理

过载补油阀由补油阀和安全阀组成。如图1—1—1b所示，两个过载补油阀分别安装在多路换向阀中铲斗换向阀的两个油路（A1–T、B1–T）中。其作用如下：

①铲斗换向阀处于中位时，铲斗油缸的大、小腔均封闭。此时，如果铲斗受到外界冲击载荷，会引起局部压力剧升，可能造成换向阀和液压油缸之间的液压元件或管路破坏。而设置过载补油阀可以有效防止这种情况的发生。

②动臂的升降过程中，过载补油阀可以自动进行泄油和补油。例如，动臂升起至某个位置时，迫使铲斗油缸的活塞杆向外拉出，造成铲斗油缸小腔的压力急剧上升；这种急剧上升的压力可能会破坏油缸和管路。但是，因为油路中设置了过载补油阀，可使困在油缸小腔中的油经过安全阀流回油箱。在油缸小腔容积减小的同时，大腔容积增大而形成局部真空，过载补油阀的补油阀打开，压力油流入铲斗油缸大腔，消除局部真空。

③在装载机铲斗快速下翻的过程中，当铲斗重心越过下铰接点后，铲斗在重力作用下加速翻转。但是铲斗油缸的运动速度受到油泵供油速度的限制，此时过载补油阀可以及时向铲斗油缸小腔补油，使铲斗的下翻获得加速，撞击限位块，实现撞斗卸料。

3. 优先阀和优先卸荷阀

（1）优先阀

如图1—1—2所示，优先阀主要由转向安全阀、弹簧、阀芯及阀体组成。其中，P口为回转泵进油口，CF口与转向器进油口连接，EF口与系统的多路阀进油口连接，LS口与转向器的控制口连接，T口为安全阀回油口。

当P口进油时，压力油经阀芯优先供应到CF口。当转向器不工作时，EF口处于封闭状态，此时LS口的压力为零；控制压力油作用在阀芯右端，克服弹簧的预压力，阀芯左移，此时P口与EF口连通，回转泵油液合流到工作系统中去，从而实现双泵合流。当转向器工作时，CF口经转向器与转向油缸连接，来自转向泵的压力油进入转向油缸，使装载机转向。LS口的压力信号通过节流小孔作用在阀芯的左端，此时阀芯右端的压力比

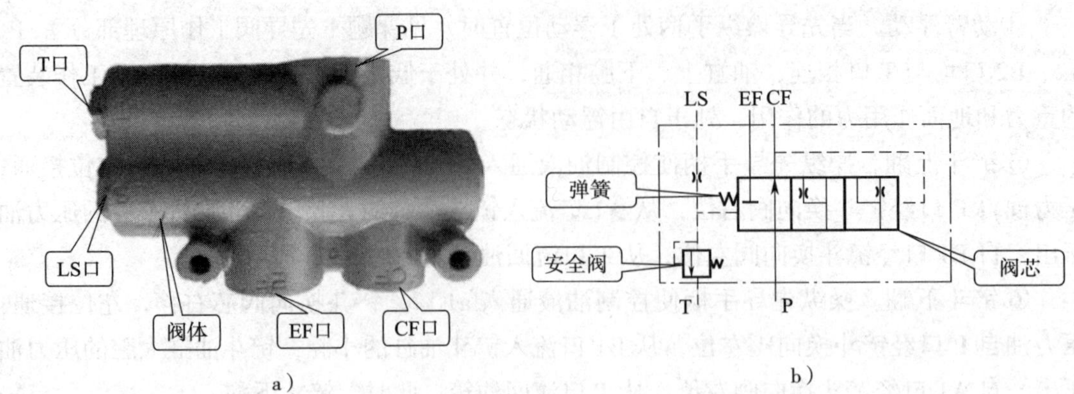

图 1—1—2　优先阀及工作原理图

a）外形　b）工作原理

转向器出口的压力低。由于阀芯左右两端压差的变化及弹簧的作用，当转向器转速很大时，阀芯右移至 EF 口关闭，压力油优先供给转向。当转向负荷超过额定值时，LS 口的压力油使转向安全阀开启，LS 口卸压，阀芯左移，来自转向泵的压力油合流到系统中。当系统不工作时，压力油经多路阀的中位卸荷。

在整个液压系统处于高压、小流量工作状态时，从全液压转向器与优先阀的回转子系统中合流到整个液压系统中去的油液是多余的。此时，转向子系统承受着与整个系统同样的高压。因此，优先阀在原有结构的基础上增加了高压卸荷部分，便成了优先卸荷阀。

（2）优先卸荷阀

如图 1—1—3 所示，相对于优先阀而言，优先卸荷阀在结构上增加了卸荷安全阀和单向阀。

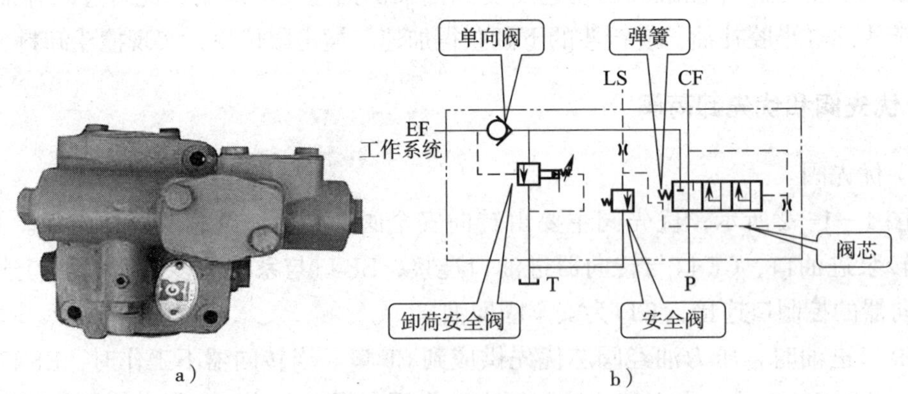

图 1—1—3　优先卸荷阀外形图及工作原理图

a）外形图　b）工作原理图

当整个液压系统处于高压状态时，优先卸荷阀的 EF 口也处于高压状态，高压油进入

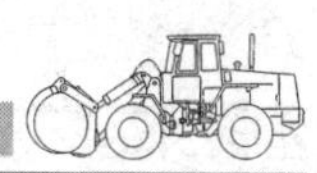

卸荷安全阀左控制腔；当压力超过卸荷安全阀调定压力时，阀芯右移，卸荷安全阀开启，EF 口的高压油经 T 口直接卸荷而流回油箱。这样就解决了优先阀高压不能卸荷的问题，满足了高压、小流量的工况要求，节约了能源。

4. 单路稳定阀

单路稳定分流阀（简称单稳阀）是全液压转向系统的主要配套元件，如图 1—1—4 所示。该阀主要由阀体、阀芯、弹簧及阻尼塞等组成。其中，P 口是进油口，A 口是连接转向器的进油口，B 口为回油口。当油泵供油量及液压系统负荷变化时，单稳阀可保证转向器所需的稳定流量，以满足转向性能的要求。

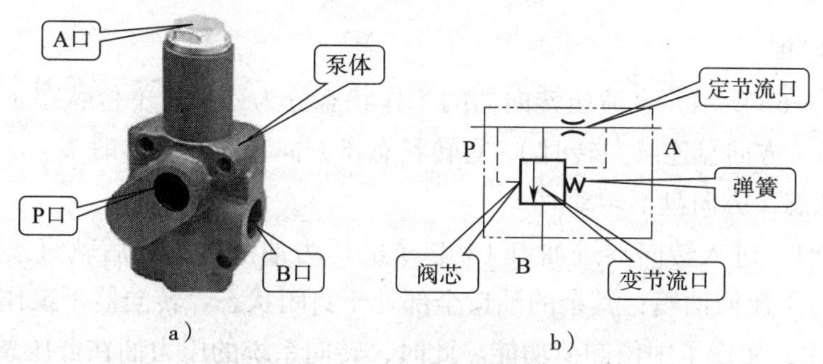

图 1—1—4　单稳阀及工作原理图
a）外形　b）工作原理

当进口油量小于稳定公称流量时，全部压力油通过一个定节流口输入到转向系统中。此时，变节流口处于全封闭状态。当进油量超过稳定公称流量时，通过定节流口的流量增加，定节流口前后压差也相应增大，破坏了原来的平衡状态，阀芯右移，使变节流口开启并逐渐变大，减小了定节流口前面的压力，从而又保持定节流口前后的压差基本不变，即流向转向系统的流量趋于恒流，而多余的压力油由于变节流口的开启而流走。

5. 全液压转向器

按阀芯的功能形式的不同，全液压转向器可以分为开芯无反应、开芯有反应、闭芯无反应、闭芯有反应（实际运用中几乎无使用）、负荷传感（它和不同的优先阀分别可以构成静态系统、动态系统）、同轴流量放大等几类。下面以较常用的开芯无反应型全液压转向器为例进行介绍。

（1）结构组成

如图 1—1—5 所示，全液压转向器主要由阀体、阀芯、转子、定子和单向阀等结构组成。阀体上的 P、T、A、B 四个口分别与转向油泵、油箱及转向油缸的大、小腔相连。

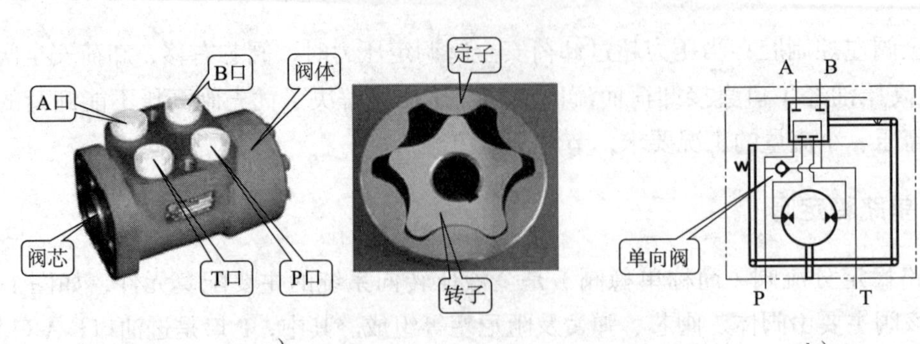

图 1—1—5　全液压转向器及工作原理图

a）外形　b）工作原理

（2）工作原理

如图 1—1—5b 所示，全液压转向器的工作状态分为三种：中位状态（方向盘不转动时）、左转状态（方向盘连续左转时）、右转状态（方向盘连续右转时）。

1）中位状态（方向盘不转动时）

中位状态时，进入转向器进油口（P 口）的压力油流进阀芯后就直接回到了转向器的回油口（T 口）流回油箱；其余的油口全部处于封闭状态。转向器不工作，仅仅起到了沟通油路的作用，实现了中位卸荷功能。此时，转向系统的压力油在低压条件下循环。

2）左转或右转状态（方向盘连续左转或右转时）

如图 1—1—6 所示，当方向盘带动转向器阀芯左转或右转时，阀芯克服弹簧片的弹力，产生一定量的转角。只要该转角大于 1.5°，处于封闭状态的油槽就开始连通，进入转向器进油口（P 口）的压力油经过阀芯和阀体的配油槽进入到摆线齿轮啮合副（即转子、定子啮合副）一侧的容积腔，使压力油在计量的同时推动转子相对于定子做行星运动。因此，压力油从转向器 A 口流入转向油缸，油缸回油再从转向器 B 口经 T 口流回油箱。

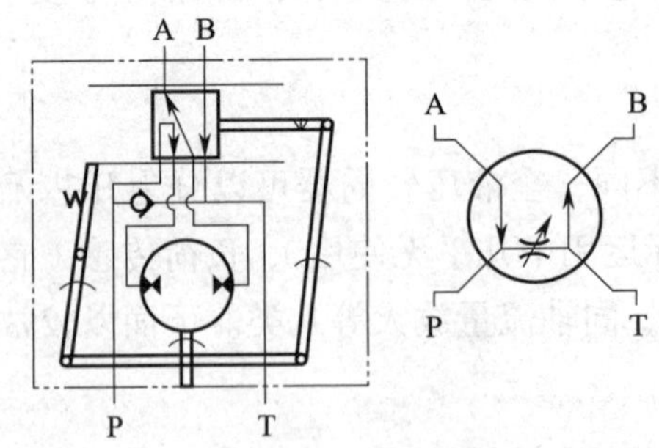

图 1—1—6　转向器在左转状态时的液压功能图

右转状态的工作原理与左转相同，油路相反，在此就不再赘述。

另外，进油口与回油口之间装有节流阀，可以在人力转向时起吸油作用。在人力转

向时，转向油缸一腔的油经回油口吸入进油口，然后再通过摆线齿轮啮合副压入转向油缸的另一腔。

6. 流量放大阀

（1）结构与功能

流量放大阀是转向系统中的一个液动换向阀，主要由阀体、阀芯、安全阀和P、T、A、B、a、b等油口组成，如图1—1—7所示。先导控制油经转向器、限位阀到达流量放大阀的控制腔，主阀芯移动，使来自转向泵的压力油流向转向油缸，从而完成转向动作。

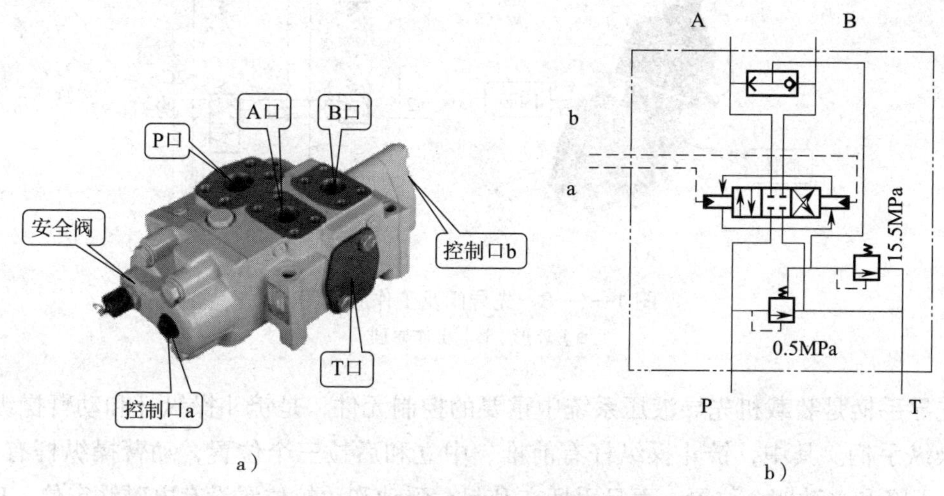

图1—1—7　流量放大阀及工作原理图
a）外形　b）工作原理

（2）工作原理

1）中位位置

当方向盘在中位不动的时候，压力油在流量放大阀内分为两路：一路到达流量放大阀内主阀芯，被处于中位的阀芯阻挡；另一路的压力油推动溢流阀后，经过低压溢流阀从T口流回油箱。

2）左转

当方向盘左转时，全液压转向器中的压力油液经控制口b作用在流量放大阀内主阀芯右端，主阀芯左移，P口与B口相通（即接通了主油路的进油油道），同时也接通了溢流阀（设定压力15.5 MPa）。此时，液压油经过阀芯从B口进入右转向油缸无杆腔（大腔）和左转向油缸的有杆腔（小腔），推动油缸动作，拉动车架实现左转向。

3）右转

右转的工作原理与左转的相同，油路相反，这里不再赘述。

7. 先导阀

（1）结构组成

先导阀是为操纵其他阀或元件中的控制机构而使用的辅助阀。它主要由手柄、阀体、阀芯及控制油口等组成，如图 1—1—8 所示。

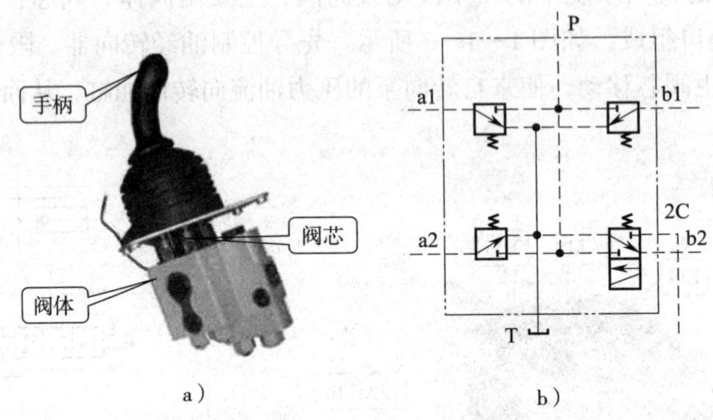

图 1—1—8　先导阀及工作原理图
a）外形　b）工作原理

先导手柄是装载机先导液压系统中重要的控制元件，是铲斗操纵杆和动臂操纵杆的二联操纵手柄。其中，铲斗操纵杆有前推、中立和后拉三个位置，动臂操纵杆有升起、中立、下降和浮动四个位置。而且手柄在升起、浮动和后拉位置设有电磁铁定位。P 口为进油口，T 口为回油口，a1、b1、a2、b2 为控制油口，分别与多路换向阀的相应控制油口相连。

（2）工作原理

当手柄在中立位置时，P 口与 T 口不通，控制油口与 T 口相通，a1、b1、a2、b2 四口均无先导油液输出，与手柄相连的多路换向阀也处于中位。

当扳动手柄推动压杆向下移动时，各控制油口与 T 口的通路被切断，而 P 口与控制油腔相通，先导压力油从控制油口流进多路换向阀阀芯的一端，推动多路换向阀阀芯实现换向动作。弹簧力随手柄改变角度的变化而变化，手柄改变角度越大，弹簧力就越大，控制油口的油压也就越高，多路换向阀阀芯受到的推力也相应增大，使其行程与先导阀手柄变化角度成正比关系，从而实现比例先导控制。

当先导阀手柄被扳至全升起或全下降位置时，电磁铁吸力将手柄保持在升起或下降位置，从而减轻操作者的劳动强度。其中，下降连通接近开关的作用，可使电磁铁瞬间断电，手柄在复位弹簧的作用下回到中立位置，实现铲斗自动放平功能。

当扳动手柄处于浮动位置时（由于该位置设有电磁铁定位，手柄应保持在浮动位

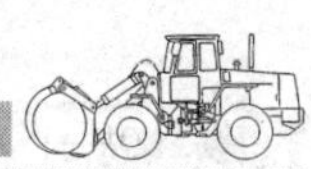

置），控制油口 b2 的油压能够使先导阀中的顺序阀打开，从而使 2C 口与 T 口接通，实现动臂的浮动功能。

8. 压力选择阀

压力选择阀如图 1—1—9 所示。正常工作时，来自先导泵的压力油从 P1 口进入，经阀芯内腔从 P2 口流向先导阀。此时，进入动臂油缸大腔（P3 口）的通路被管路中的单向阀切断。

当发动机熄火时 P1 处没有压力，此时如果动臂为升起状态，则接动臂油缸大腔的 P3 口的压力油推开管路中单向阀，经阀芯内腔从 P2 口流向先导阀的进油腔（此时管路中另一单向阀截断了去先导泵的通路，P1 口是不通的）。如果先导阀处于中位，则 P2 口油路被先导阀截断。当先导阀处于下降位置时，则 P3 口的压力油与 P2 口接通，推动多路换向阀的相应阀芯，从而实现动臂下降或铲斗下翻。

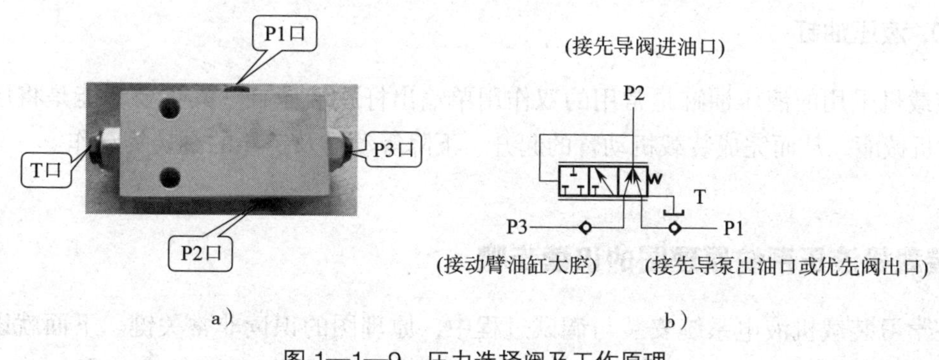

图 1—1—9　压力选择阀及工作原理
a）外形图　b）工作原理图

9. 限位阀

（1）结构与功用

限位阀主要由阀体、阀芯和控制杆组成，如图 1—1—10 所示。限位阀成对使用，左、右转向控制油路各用一个，用于限制装载机转向的极限位置（柔性限位），可以起到缓冲的作用。当整机转向至极限位置时，限位阀切断流向流量放大阀的先导控制油，使转向停止，实现安全转向。其中，T 口起到把限位阀泄漏的油导回油箱的作用。

（2）工作原理

转向过程中，来自转向器的先导油从 A 口流入，经阀芯右位从 B 口流向流量放大阀阀芯的一端，从而推动流量放大阀阀芯移动，使其另一端的油液经过另一个限位阀的 B 口、A 口和转向器流回油箱。当转向到达极限位置后，限位阀的控制杆受到限位块的碰撞，阀芯右移，A、B 口关闭，通向流量放大阀控制口的油液截止；流量放大阀阀芯在弹

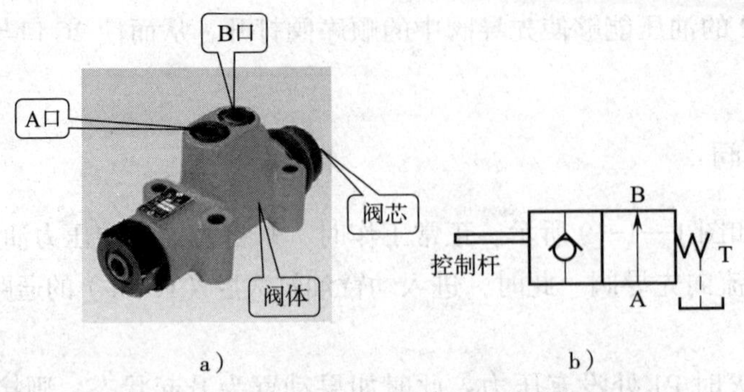

图 1—1—10　限位阀外形图及工作原理图
a）外形图　b）工作原理图

簧力作用下复位，停止转向动作。当操纵方向盘向相反方向转动时，限位块离开限位阀控制杆，限位阀又恢复正常行驶时的右位（通路）状态。

10. 液压油缸

装载机采用的液压油缸是常用的双作用单输出杆式液压缸。其主要功能是将压力能转换为机械能，从而完成装载机动臂的起升、下降等动作及铲斗的翻转等动作。

二、装载机液压系统原理图的识读步骤

在学习装载机液电系统安装与调试过程中，原理图的识读非常关键。下面就以常见的 ZL50 型装载机液压系统原理图为例，介绍识读液压系统原理图的六个步骤。

1. 初读装载机液压系统原理图，确定组成元件

（1）确定液压系统组成

如图 1—1—11 所示，ZL50 型装载机液压控制系统主要由液压油源、转向油缸、动臂油缸、铲斗油缸、双作用安全阀、动臂换向阀、铲斗换向阀、转向器流量转换阀、锁紧阀、电磁阀、储气罐、油箱等元件组成。

（2）分析各组成元件的基本功能

1）液压油源由主泵 2、辅助泵 1、转向泵 17、安全阀 4、滤油网 6、油箱 5 等组成。其中，液压泵 1、2、17 属于动力元件，为整个液压系统提供能量；安全阀 4、16 负责系统过载保护；油箱 5 负责液压油的储备和冷却。

2）铲斗油缸 9、动臂油缸 12 和转向油缸 15 均属于执行元件，负责装载机的转向、举升和卸料。

3）电磁阀 8、动臂换向阀 11、铲斗换向阀 3、转向器 13、锁紧阀 14、流量换向阀

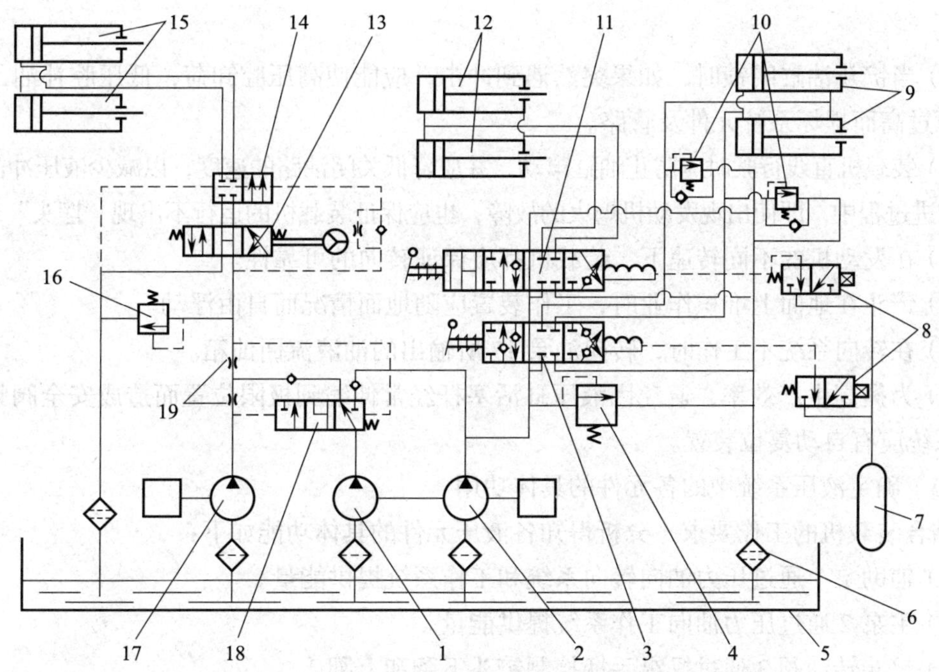

图 1—1—11　ZL50 型装载机液压控制系统原理图

1—辅助泵　2—主泵　3—铲斗换向阀　4、16—安全阀　5—油箱　6—滤油网　7—储气罐　8—电磁阀　9—铲斗油缸　10—双作用安全阀　11—动臂换向阀　12—动臂油缸　13—转向器　14—锁紧阀　15—转向油缸　17—转向油泵　18—流量转换阀　19—节流阀

18、节流阀 19 属于控制调节元件，通过调整压力油的流量、流向控制装载机转向机构和工作机械的动作。

4）储气罐 7 属于辅助元件，短时间内提供压缩空气。

2. 掌握液压系统的基本情况，确定各元件的具体功用

（1）分析液压系统的工作任务

ZL50 型装载机液压系统的工作任务是完成装载机的转向控制、动臂升降控制和铲斗的翻转控制。

（2）分析液压系统要达到的工作要求

ZL50 型装载机液压控制系统要达到的工作要求如下：

1）铲斗动作和动臂动作为顺序动作，两者不能同时动作，即铲斗翻转时，动臂油缸油路被切断（即动臂固定不动）。

2）在卸载时，当铲斗重心越过下铰链时，能使铲斗快速下翻，顺势撞击限位块，实现撞斗卸料。

3）铲斗油缸的活塞杆伸出长度能随动臂的运动而变化，以免连杆机构干涉造成油路

损坏。

4）当铲斗油缸闭锁时，如果突然遇到冲击，应能使高压腔卸荷，低压腔补油，以避免油压过高而损坏系统元件及管路。

5）装载机直线行驶时应防止油缸窜动，并应降低关闭油路的速度，以减少液压冲击。同时在前进过程中，即使出现发动机熄火的故障，也应保证装载机的运行不出现“摆头”现象。

6）在发动机的不同转速下，装载机都应保证转向的可靠性。

7）铲斗在地面上堆积作业时，工作装置应随地面情况而自由浮动。

8）在转向系统不工作时，转向油泵 17 所输出的油液流回油箱。

9）为提高生产效率，避免因液压缸活塞杆经常伸缩到极限位置而造成安全阀频繁启闭，系统应有自动复位装置。

（3）确定液压系统中的各元件的具体功用

结合装载机的工作要求，分析得知各液压元件的具体功能如下：

1）辅助泵 1 通过压力油向转向系统和工作系统提供能量。

2）主泵 2 通过压力油向工作系统提供能量。

3）铲斗转动阀 3 通过操纵手柄控制铲斗下翻和上翻。

4）安全阀 4 实现过载溢流，保护工作装置。

5）油箱 5 用于储存、冷却液压油。

6）滤油网 6 用于过滤、清除油液中的各种杂质，避免液压系统堵塞或损坏，保证液压系统正常工作。

7）储气罐 7 给动臂升降自动限位装置提供压缩空气。

8）电磁阀 8 控制蓄能器（储气罐）、铲斗换向阀 3 和动臂换向阀 11 液控口的通断。

9）铲斗油缸 9 控制铲斗的上翻和下翻。

10）双作用安全阀 10 主要起三个方面的作用：一是缓冲过载油压；二是防止连杆机构的干涉现象；三是实现撞斗卸料。

11）动臂换向阀 11 通过动臂油缸 12 控制动臂升起、下降、锁紧与浮动。

12）动臂油缸 12 控制动臂的动作。

13）转向器 13 控制转向油缸的伸出与收回。

14）锁紧阀 14 防止装载机运动过程中发动机突然熄火时装载机出现“摆头”现象。

15）转向油缸 15 控制装载机转向。

16）安全阀 16 控制系统压力。

17）转向油泵 17 向转向系统提供油液，传递压力。

18）流量转换阀 18 用于控制辅助泵 1 在不同的发动机转速下匹配合理的流量，向转向、工作系统供油。

19）节流阀 19（两个）使转向泵输出的油液流经节流孔产生压力差，控制流量转换

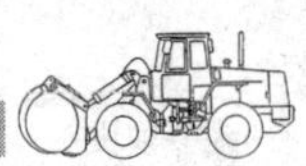

阀的左右移动，从而实现辅助泵油液的流向。

3. 编制液压系统油路序号

ZL50 型装载机液压控制系统的工作任务主要是装载机的转向、动臂的升降和铲斗的翻转。以实现工作任务的执行元件为起始，仔细分析并写出各执行元件的动作循环和油液所经过的路线。为便于阅读，要对液压系统重新编号。图 1—1—12 所示为根据液压系统各条油路进行编号的 ZL50 型装载机的液压控制系统原理图。

（1）编制油路序号。按照“以执行元件为中心”的原则，将液压系统中的各条油路分别进行编号，如图 1—1—12 中的转向油路的序号为 2，铲斗油路的序号为 3，动臂油路的序号为 4。另外，油源系统和辅助系统应划分出来，独立编号，如图 1—1—12 中油源系统的序号为 0，辅助系统的序号为 1。

（2）编制油路内元件序号。按照油液流动方向（即以油源为起点，执行元件为终点），对执行元件油路中的液压元件按顺序编号，如转向油路中安全阀的序号为 2.0，转向器 13 的序号为 2.1，以此类推。

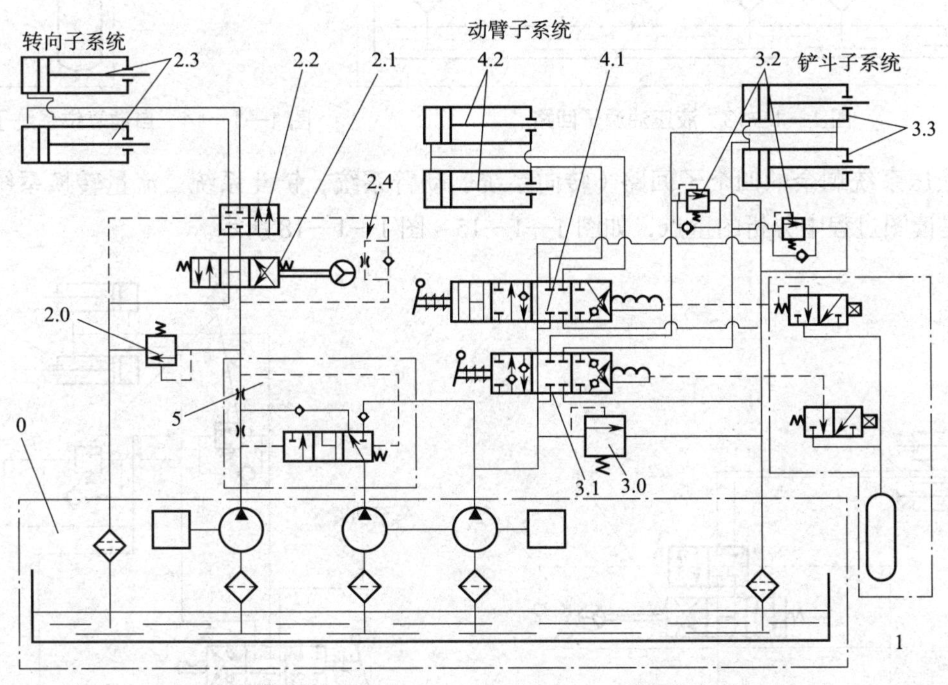

图 1—1—12　重新编号的 ZL50 型装载机液压控制系统原理图

4. 划分液压系统子回路

对重新编号后的液压系统划分读图单元（即子回路）。子回路是将与一个执行元件有关的所有元件所组成的液压油路看成一个相对独立的回路。子回路的识读方法是：先看动作循环，再看控制回路、主油路。要特别注意系统从一种工作状态转换到另一种工作状态时，是由哪些元件发出的信号，又是使哪些控制元件动作并实现的。

ZL50 型装载机的液压系统原理图分解为转向系统控制子回路、动臂控制子回路、铲斗控制子回路，以及液压油源子回路、自动复位子回路和流量转换子回路。

其中，液压油源子回路（图 1—1—13）和自动复位系统子回路（图 1—1—14）油路的功能简单，所以不必过多分析。安全阀是液压系统中控制压力的重要元件，在液压系统的主要子回路中都会存在，且功能单一（即将多余油液排放回油箱，稳定系统油压），一般将这种元件（如安全阀 2.0、3.0）纳入液压油源子回路。

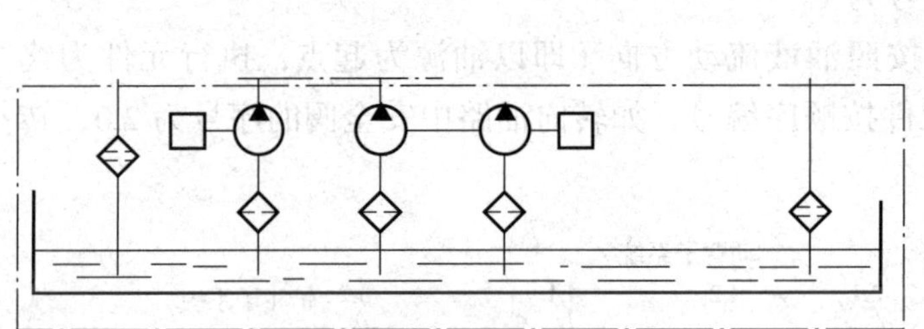

图 1—1—13　液压油源子回路

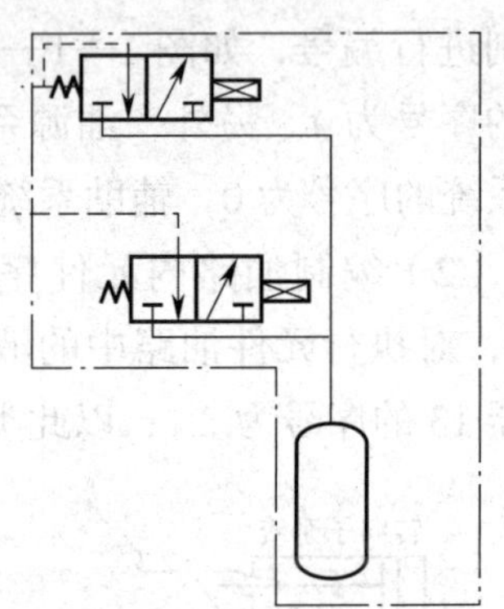

图 1—1—14　自动复位系统子回路

液压系统剩余的四个子回路（转向系统、动臂系统、铲斗系统、流量转换系统子回路）是读图过程中分析的重点，如图 1—1—15 ~ 图 1—1—18 所示。

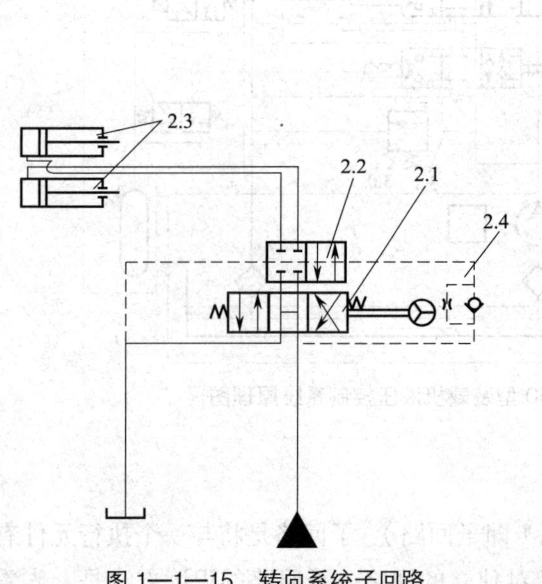

图 1—1—15　转向系统子回路

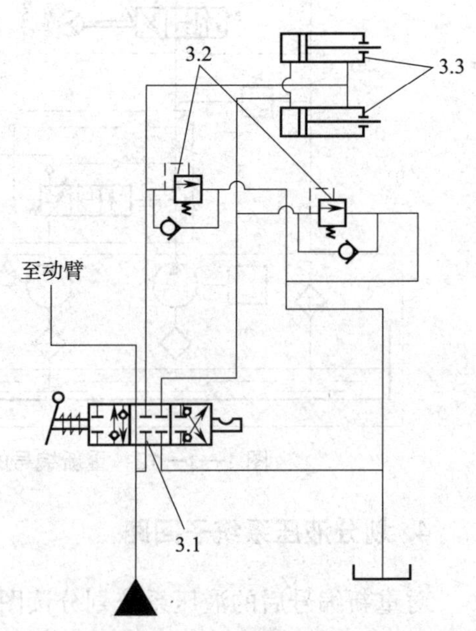

图 1—1—16　铲斗系统子回路

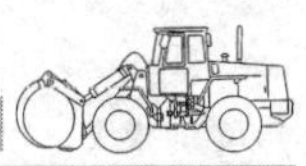

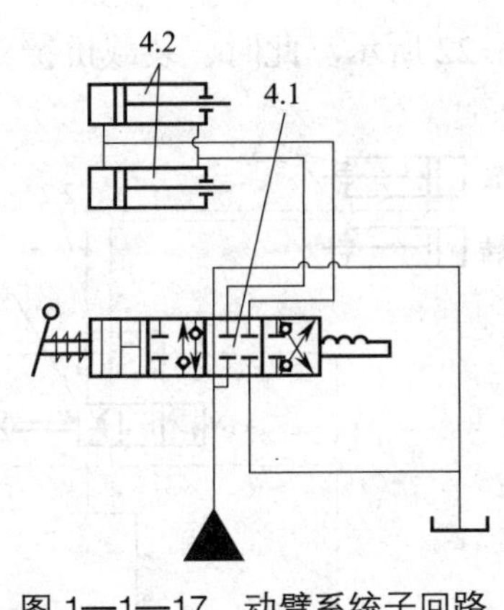

图 1—1—17　动臂系统子回路

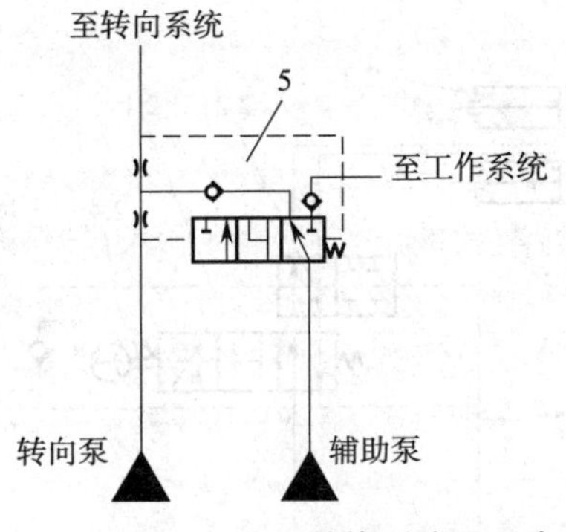

图 1—1—18　流量转换系统子回路

5. 分析及绘制液压系统子回路

识读整个液压系统原理图时，只有将各个子回路的工作原理分析清楚，才能掌握整个系统的工作原理。应结合工作装置的工作任务和动作要求分析子回路的工作原理（油液流向），绘制出各动作过程的回路图。

（1）转向系统子回路

1）装载机左转时

子回路油液流向：液压泵→转向阀 2.1 左位接通→锁紧阀 2.2 右控制腔→锁紧阀 2.2 右位接通→左转向油缸的有杆腔（小腔）、右转向油缸的无杆腔（大腔）；左转向油缸的无杆腔、右转向油缸的有杆腔→锁紧阀 2.2 右位→转向阀 2.1 左位→油箱，如图 1—1—19 所示。此时，装载机左转。

2）装载机右转时

子回路油液流向：液压泵→转向阀 2.1 右位接通→锁紧阀 2.2 右位接通→左转向油缸的无杆腔、右转向油缸的有杆腔；左转向油缸的有杆腔、右转向油缸的无杆腔→锁紧阀 2.2 右位→转向阀 2.1 右位→油箱，如图 1—1—20 所示。此时，装载机右转。

在转向系统子回路中，单向节流阀 2.4 中节流阀的作用是在锁紧阀回位时控制其回位速度，以减小对系统的液压冲击；锁紧阀 2.2 的作用是避免工作过程中因发动机突然熄火而使装载机出现“摆头”现象。

（2）铲斗系统子回路

1）装载机铲斗下翻时

子回路油液流向：液压泵→铲斗换向阀 3.1 左位接通→铲斗油缸的有杆腔；铲斗油缸的无杆腔→铲斗换向阀 3.1 左位→油箱，如图 1—1—21 所示。此时，装载机铲斗下翻。

2）装载机铲斗上翻时

子回路油液流向：液压泵→铲斗换向阀 3.1 右位接通→铲斗油缸的无杆腔；铲斗油缸

的有杆腔→铲斗换向阀 3.1 右位→油箱，如图 1—2—22 所示。此时，装载机铲斗上翻。

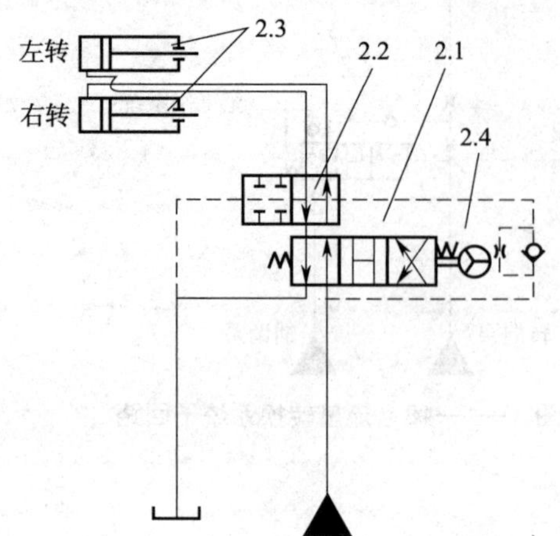

图 1—1—19　装载机左转时子回路图

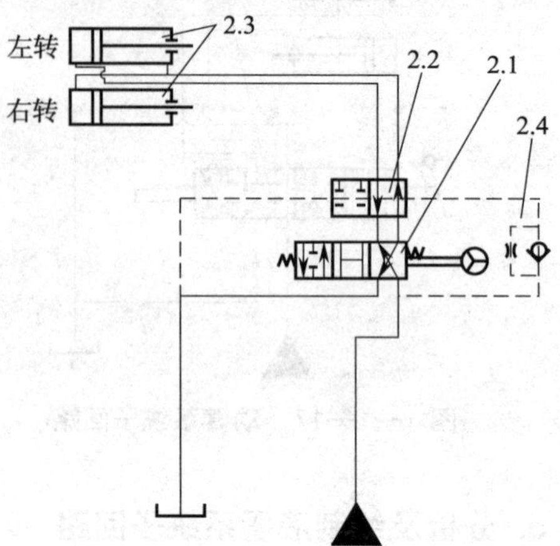

图 1—1—20　装载机右转时子回路图

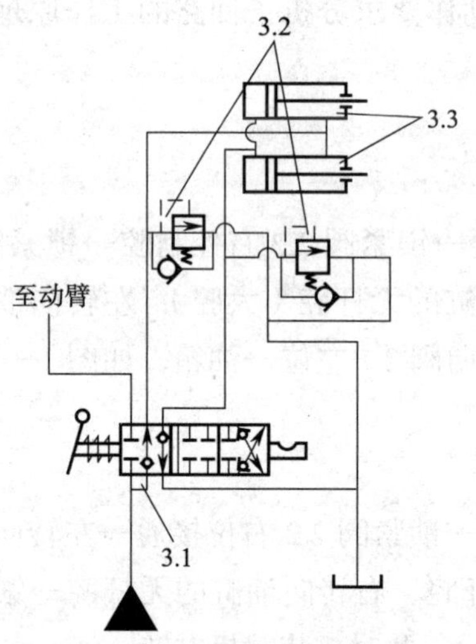

图 1—1—21　铲斗下翻时子回路图

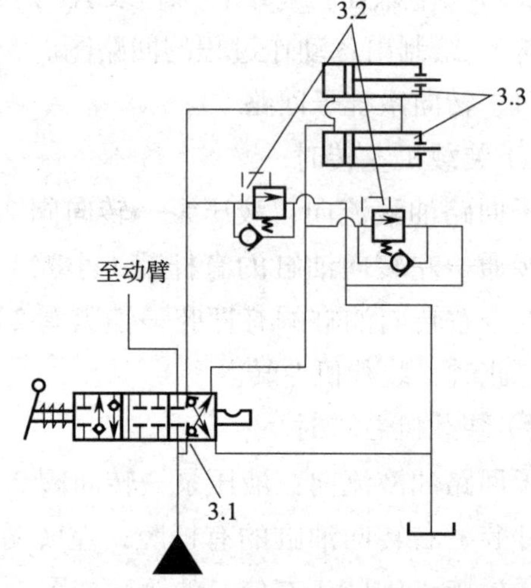

图 1—1—22　铲斗上翻时子回路图

（3）动臂系统子回路

1）装载机动臂升起时

子回路油液流向：液压泵→动臂换向阀 4.1 右位接通→动臂油缸的有杆腔；动臂油缸的无杆腔→动臂换向阀 4.1 右位→油箱，如图 1—1—23 所示。此时，装载机动臂上升。

2）装载机动臂下降时

子回路油液流向：液压泵→动臂换向阀 4.1 左 2 位接通→动臂油缸的无杆腔；动臂油缸的有杆腔→动臂换向阀 4.1 左 2 位→油箱，如图 1—1—24 所示。此时，装载机动臂下降。

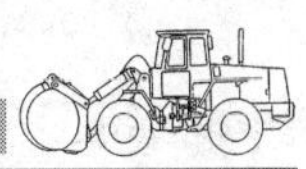

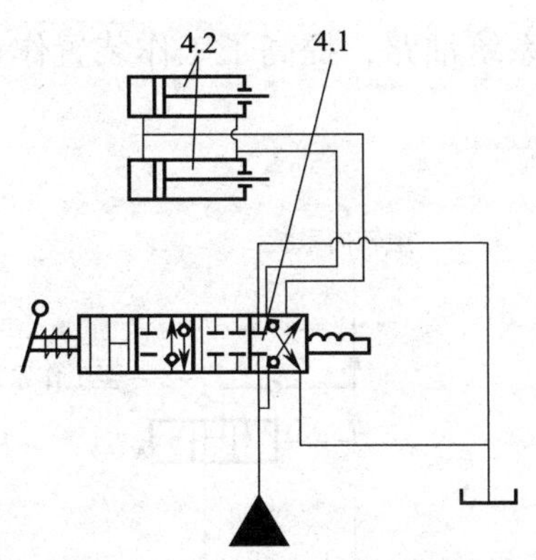

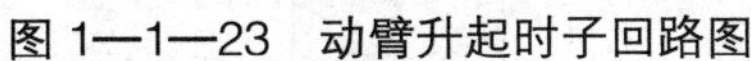

图 1—1—23　动臂升起时子回路图

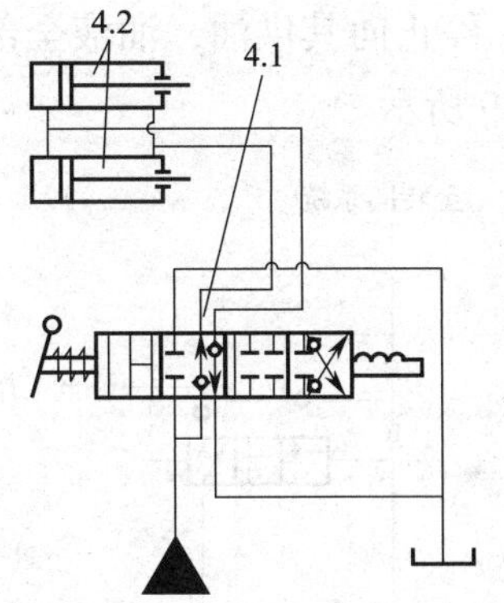

图 1—1—24　动臂下降时子回路图

3）装载机动臂锁紧时

子回路油液流向：液压泵→动臂换向阀 4.1 右 2 位接通→油箱，如图 1—1—25 所示。此时，装载机动臂锁紧在原位不动。

4）装载机动臂浮动时

子回路油液流向：液压泵→动臂换向阀 4.1 左 1 位接通→动臂油缸的无杆腔和有杆腔及油箱相通，如图 1—1—26 所示。此时，装载机动臂浮动。这种状态主要用于装载机平推时，铲斗可以随地面高度自动调整。

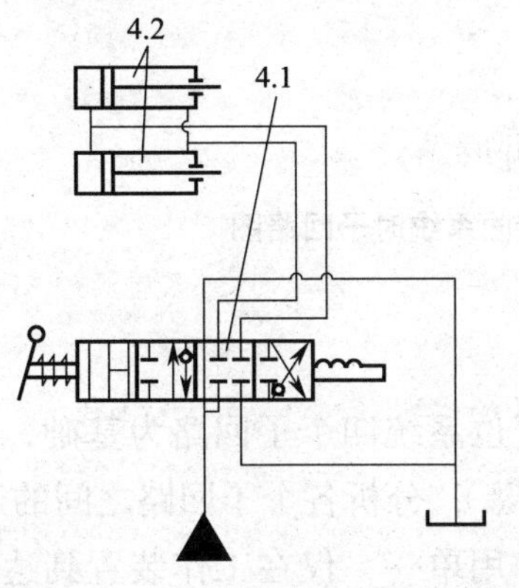

图 1—1—25　动臂锁紧时子回路图

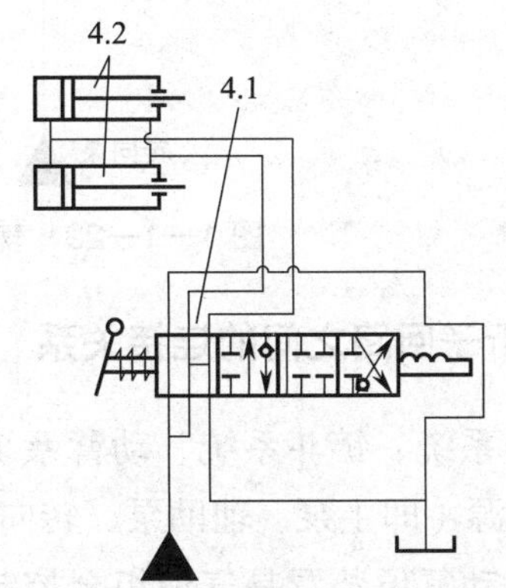

图 1—1—26　动臂浮动时子回路图

（4）流量转换系统子回路

1）当发动机转速低于 600 r/min 时，流量转换阀的右位接通，双泵（辅助泵 1 和转向泵 17）油液合流，全部进入转向系统子回路，如图 1—1—27 所示。

2）当发动机转速由 600 r/min 逐渐增加到 1 320 r/min 时，流量转换阀的中位接通，将来自辅助泵的油液分流，分别向转向系统子回路和工作系统（即动臂系统、铲斗系统）供油，如图 1—1—28 所示。

3）当发动机的转速超过 1 320 r/min 时，流量转换阀的左位接通，则辅助泵与转向系统被隔断，停止向其供油，油液全部进入工作系统油路，提高了工作装置作业速度，如图 1—1—29 所示。

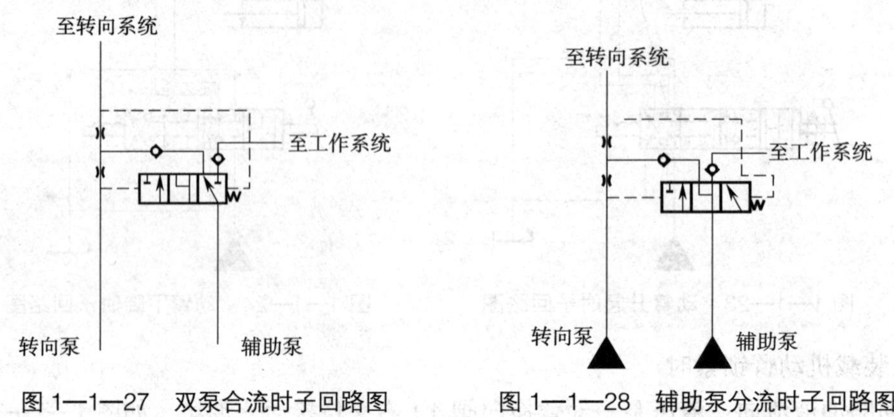

图 1—1—27　双泵合流时子回路图　　图 1—1—28　辅助泵分流时子回路图

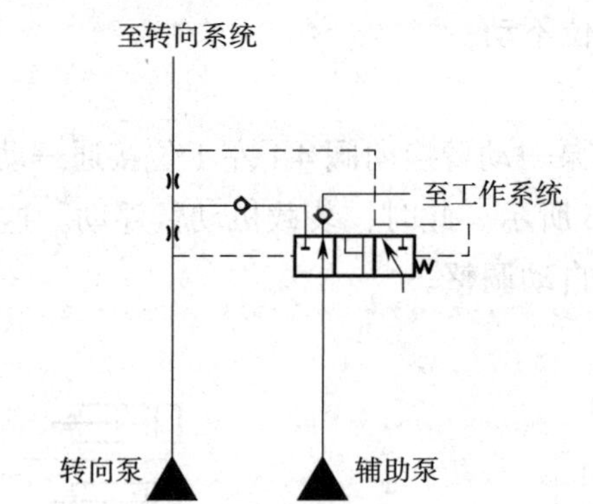

图 1—1—29　辅助泵断开转向系统时子回路图

6. 分析子回路之间的连接关系

以转向系统、铲斗系统、动臂系统、自动复位系统四个子回路为基础，结合装载机的四个动力源（即主泵、辅助泵、转向泵和储气罐），分析各个子回路之间的连接关系。

（1）自动复位装置是气液组合控制装置，作用单一，仅在工作装置到达限位后，执行自动复位动作，其动力源为储气罐，与其他装置相互独立，互不干扰，如图 1—1—14 所示。

（2）如图 1—1—30 所示，主泵、转向泵分别是工作系统、转向系统的主要动力源；随着发动机转速的变化，辅助泵通过流量转换阀的阀位转换，与转向系统、工作系统之间存在着流量分配关系，流入转向和工作系统的油液也随之发生变化。

（3）如图 1—1—31 所示，当铲斗转动阀 3.1 左位接通时，进入动臂滑阀 4.1 的油液就被切断（即装载机要求只有动臂锁止时铲斗才能转动）。因此，动臂系统和铲斗系统之间为顺序单动式连接。

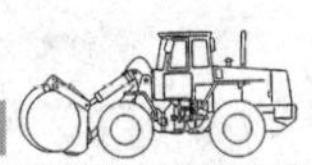

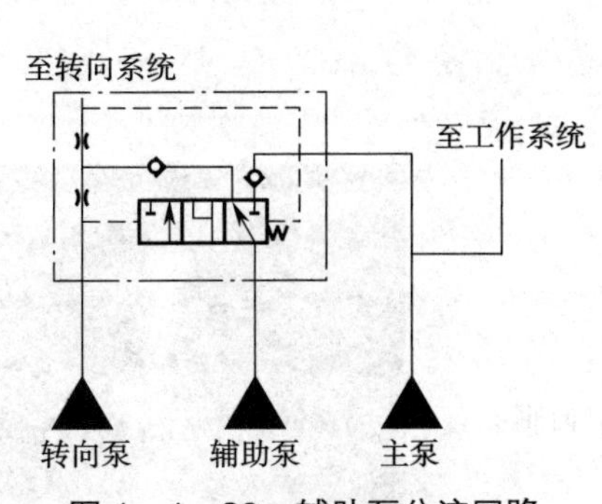

图 1—1—30　辅助泵分流回路

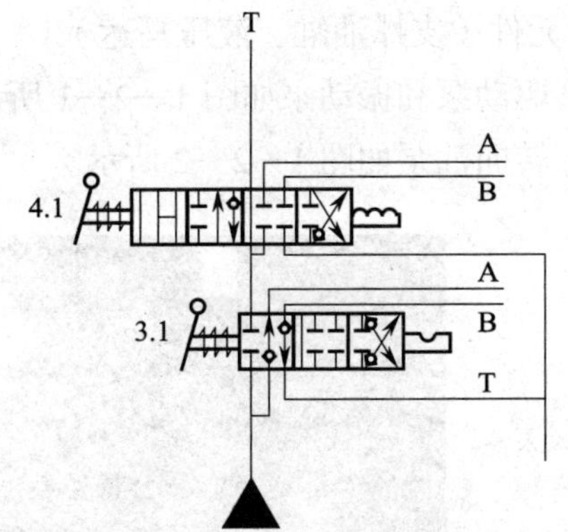

图 1—1—31　动臂、转向系统回路的连接方式

复习思考题

1. 简述装载机多路换向阀的主要组成。
2. 简述单路稳定阀的工作原理。
3. 简述全液压转向器的主要组成。
4. 简述先导阀的结构组成。
5. 简述识读装载机液压系统原理图的六个步骤。
6. 简述 ZL50 型装载机各子回路之间的连接关系。

课题 2　压路机液压系统原理图识读

学习目标

1. 熟悉压路机液压系统的主要元件。
2. 掌握压路机液压系统的五个组成部分。
3. 掌握压路机液压系统的工作原理。

一、压路机液压元件

压路机液压系统由液压泵、液压马达、液压缸、液压控制阀和液压辅助元件等组成。液压控制阀和液压辅助元件已经介绍过，这里简单介绍压路机的主要动力元件（即泵）

和执行元件（支撑油缸、液压马达）。

1. 驱动泵和振动泵如图 1—2—1 所示。

2. 转向油泵如图 1—2—2 所示。

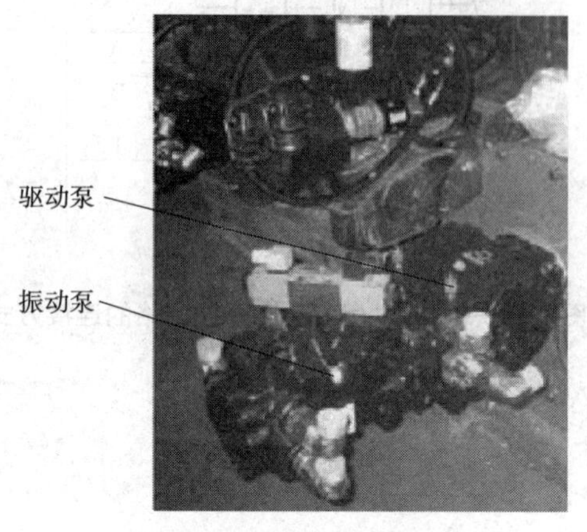

图 1—2—1　振动泵和驱动泵

图 1—2—2　转向油泵

3. 钢轮驱动马达和桥驱动马达如图 1—2—3 所示。

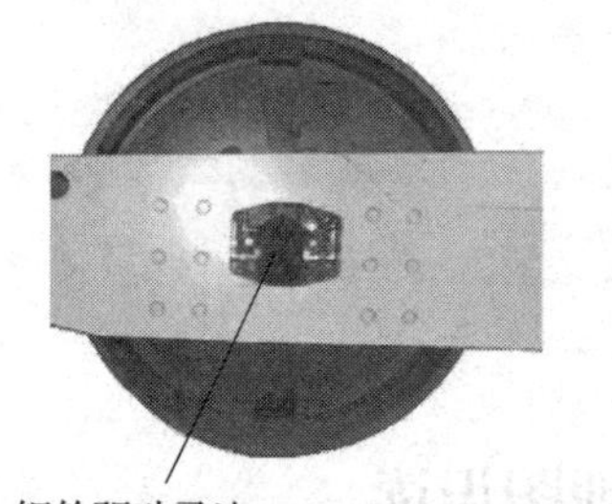

图 1—2—3　钢轮驱动马达和桥驱动马达

4. 振动马达如图 1—2—4 所示。

图 1—2—4　振动马达

5. 微型泵站和支撑油缸如图 1—2—5 所示。

图 1—2—5　微型泵站和支撑油缸

二、压路机液压系统的工作原理

单钢轮振动压路机的工作原理是：利用钢轮的自重和激振器所产生的激振力，迫使被压实材料不断地做垂直振动，使材料最终达到规定的密实度和平整度。单钢轮压路机配置的凸块轮对土壤兼有碾压、冲击、拌和的作用，能使黏结土块被破碎和压实。

单钢轮压路机的液压系统包括液压驱动、液压振动、液压转向、液压举升和液压制动五个部分。其液压系统原理图如图 1—2—6 所示。

1. 液压驱动和液压制动系统

（1）液压元件及作用

液压驱动系统和液压制动系统的元件主要包括双向变量液压泵、双向变量液压马达、补油泵、溢流阀（调定压力为 20 MPa）、安全阀（调定压力为 35 MPa）、三位三通液控换向阀和压力控制阀、三位四通手动换向阀、二位四通电磁换向阀、二位三通电磁换向阀、制动油缸、单向阀、节流阀、梭阀、滤油器和油箱。上述液压元件的作用如下：

1）双向变量液压泵

它为驱动马达提供压力油。它可以通过调节斜盘的角度来改变油液的排量，并且可以实现前进和后退的无级变速，以适应压路机在不同工况的要求。

2）双向变量、双向定量液压马达

它们分别为前后行走机构提供驱动动力。后轮变量马达为双位控制，通过排列组合可以实现两挡速度。

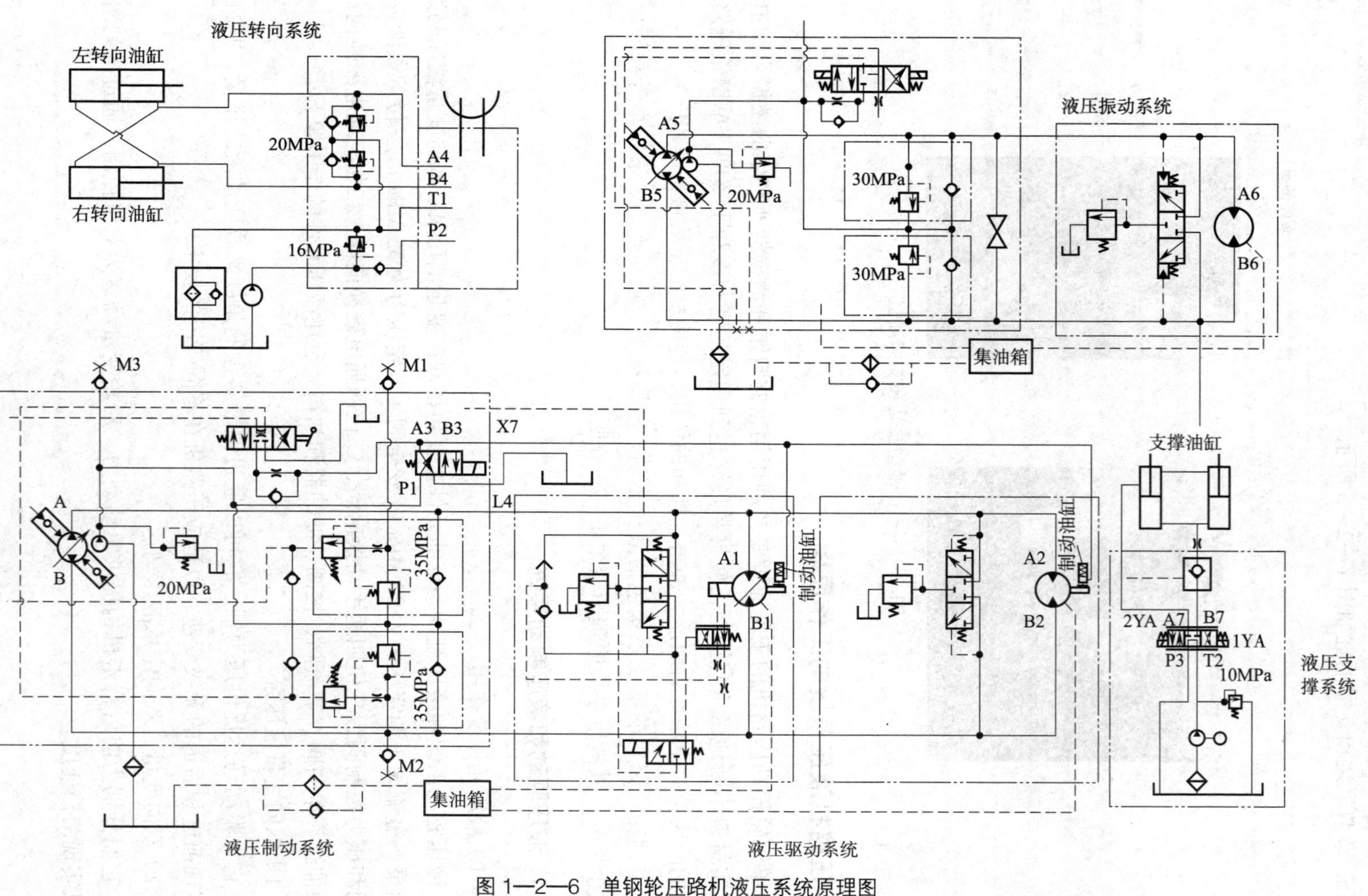

图 1—2—6 单钢轮压路机液压系统原理图

3）补油泵

它可以维持主系统回路的压力正常，向系统提供冷却的油液，并且为控制系统提供压力油。

4）溢流阀（调定压力为 20 MPa）

它控制补油泵的最高供油压力，同时对系统起安全保护作用。

5）安全阀（调定压力为 35 MPa）

它控制变量泵和变量马达闭式系统的最高控制压力，同时对系统起安全保护作用。

6）三位三通液控换向阀和压力控制阀

它控制闭式系统油液的换油冷却。

7）三位四通手动换向阀

它分配控制系统油液的流向，控制双向变量泵换向。

8）二位四通电磁换向阀

它控制通往制动马达的油液通断。

9）二位三通电磁换向阀

它控制通往变量马达变量机构的油液流向。

10）制动油缸

它控制马达的制动与松开。

11）单向阀

它控制油液单向流通。系统中单向阀组合在一起，还能够实现压力控制的互不干涉。

12）节流阀

它控制油液回流的速度。

13）梭阀

它为压力控制阀拾取两个方向的压力。

滤油器和油箱在液压基础课程已经做了详细的介绍，这里不再赘述。

（2）工作原理分析

1）液压驱动系统

①压路机前进。压力油从双向变量液压泵 A 口流出，经驱动马达的 A1 和 A2 口流入，从驱动马达的 B1 和 B2 口流出，回到双向变量液压泵 B 口，驱动压路机前进。其压力控制由安全阀来实现。

②压路机后退。压力油从双向变量液压泵 B 口流出，经驱动马达的 B1 和 B2 口流入，从驱动马达的 A1 和 A2 口流出，回到双向变量液压泵 A 口，驱动压路机后退。其压力控制由安全阀来实现。

2）液压制动系统

①压路机制动。二位四通电磁阀断电，其左位（交叉侧）接通，压力油经定量泵出

口流入二位四通电磁阀的 P1 口，出口 B3 关闭；而制动油缸的油液与二位四通电磁阀 A3 口相通，流入油箱，故制动油缸内无压力，复位弹簧弹出，制动机构闭合，实现制动。

②制动解除。二位四通电磁阀通电，其右位（平行侧）接通，压力油经定量泵出口流入二位四通电磁阀的 P1 口，经二位四通电磁阀 A3 口流入制动油缸，克服弹簧力推开制动机构，制动解除。

2. 液压转向系统

（1）液压元件及作用

液压转向系统的元件主要包括定量液压泵、单向阀、溢流阀、转向器、双作用安全阀、转向油缸、滤油器和油箱。上述液压元件的作用如下：

1）定量液压泵

它为转向系统提供压力油液。

2）单向阀

它防止转向过载时油液回流而损坏液压泵。

3）溢流阀

它控制液压转向系统的最高压力，并起到安全保护的作用。

4）转向器（即转向阀）

它控制通往转向油缸的油液换向，实现压路机的左转或右转。

5）双作用安全阀

它控制压路机转向时的压力冲击所产生的较高压力，保护系统安全，并通过单向阀来补充系统因真空所引起的油液短缺。

6）转向油缸

系统通过左、右转向油缸的交叉供油，实现压路机的转向。

（2）工作原理分析

1）压路机左转

压力油经定量液压泵、单向阀进入转向器 P2 口；当方向盘左转时，压力油经转向器 A4 口进入左转向油缸的有杆腔和右转向油缸的无杆腔，左转向油缸的无杆腔油液和右转向油缸有杆腔油液经 B4 口从 T1 口流回油箱。左转向油缸杆收回，右转向油缸杆伸出，压路机左转。系统压力由溢流阀控制。

2）压路机右转

压力油经定量液压泵、单向阀进入转向器 P2 口；当方向盘右转时，压力油经转向器 B4 口进入左转向油缸的无杆腔和右转向油缸的有杆腔，左转向油缸的有杆腔油液和右转向油缸的无杆腔油液经 A4 口从 T1 口流向油箱；左转向油缸杆伸出，右转向油缸杆缩回，压路机右转。系统压力由溢流阀控制。

3）压路机转向停止

压力油经定量液压泵、单向阀进入转向器 P2 口；当方向盘静止不动时，液压油经转向器 T1 口流回油箱，左转向油缸和右转向油缸均无压力油进入；压路机保持直线行驶。

3. 液压振动系统

（1）液压元件及作用

液压振动系统的元件主要包括双向变量泵、双向定量液压马达、三位四通电磁换向阀、三位三通液动换向阀、单向阀（2 个）和溢流阀（2 个，调定压力为 30 MPa）、背压阀（三位三通液动阀左侧）、滤油器和油箱。上述元件的作用如下：

1）双向变量泵

它为振动马达的双向振动提供压力油。

2）双向定量液压马达

它为液压振动系统提供驱动力。

3）三位四通电磁换向阀

它分配、控制系统中压力油的流向，控制双向变量泵换向。

4）三位三通液动换向阀

它控制闭式系统的换油冷却。

5）单向阀（2 个）和溢流阀（2 个，调定压力为 30 MPa）

单向阀和溢流阀的组合控制双向变量泵两个方向的最高供油压力，且互不干扰。

6）背压阀（三位三通液动阀左边）

其为换油回路提供背压。

（2）工作原理分析

1）钢轮正向振动

当双向变量泵顺时针转动时，压力油经 A5 口进入双向定量马达的 A6 口，从双向定量马达 B6 口流出，流回双向变量马达的 B5 口，推动双向定量马达顺时针转动，钢轮正向振动。

2）钢轮反向振动

当双向变量泵逆时针转动时，压力油经双向变量泵 B5 口进入双向定量马达的 B6 口，从双向定量马达 A6 口流出，又流回双向变量泵的 A5 口，推动双向定量马达逆时针转动，钢轮反向振动。

4. 液压支撑系统

（1）液压元件及作用

液压支撑系统的元件主要包括定量液压泵、溢流阀、三位四通电磁换向阀（M 型中

位机能)、液控单向阀、支撑油缸(2个)、滤油器和油箱。上述元件的作用如下:

1)定量液压泵

它为支撑油缸提供压力油。

2)溢流阀

它控制液压支撑系统的最高压力,并起安全保护作用。

3)三位四通电磁换向阀(M型中位机能)

它控制支撑油缸的升降。

4)液控单向阀

当换向阀中位接通时,液控单向阀锁紧支撑油缸,防止支撑油缸因自重或外力的作用而下滑。

5)支撑油缸(2个)

它们属于液压支撑系统的执行机构,负责支撑机罩。

(2)工作原理分析

1)机罩升起

当1YA通电,三位四通电磁换向阀右位接通;压力油经液压泵、三位四通电磁换向阀(P3口→B7口)、液控单向阀,进入支撑油缸的无杆腔;支撑油缸有杆腔中的压力油经三位四通电磁换向阀(A7口→T2口)流回油箱。此时,支撑油缸杆伸出,机罩升起。

2)机罩下降

当2YA通电,三位四通电磁换向阀左位接通;压力油液经液压泵、三位四通电磁换向阀(P3口→A7口),进入支撑油缸的有杆腔,同时打开液控单向阀的控制口;支撑油缸无杆腔中的压力油经液控单向阀、三位四通电磁换向阀(B7口→T2口)流回油箱。此时,支撑油缸杆收回,机罩下降。

复习思考题

1. 简述液压驱动系统的液压元件组成。
2. 简述液压驱动系统的工作原理。
3. 简述液压制动系统的液压元件组成。
4. 简述液压制动系统的工作原理。
5. 简述转向液压系统的液压元件组成。
6. 简述液压转向系统的工作原理。
7. 简述液压振动系统的液压元件组成。
8. 简述液压振动系统的工作原理。
9. 简述液压支撑系统的液压元件组成。
10. 简述液压支撑系统的工作原理。

课题 3　挖掘机液压系统原理图识读

学习目标

1. 熟悉挖掘机液压系统的组成。
2. 掌握挖掘机液压系统的工作原理。
3. 熟悉挖掘机液压系统的先进控制技术。

一、挖掘机液压系统的组成

挖掘机的主要动作有整机行走（前进和后退）、转台左右回转、动臂升降、斗杆外摆与回收、铲斗下翻和上翻等。根据这些动作要求，把各液压元件用管路按照功能有序地连接起来，形成完整的液压系统。整个液压系统将发动机的机械能通过油液（工作介质），经液压泵转化为液压能，传递给油缸、液压马达等执行元件，执行元件再将液压能转变为机械能，传递给执行机构，实现工作要求的各种动作。挖掘机液压系统工作原理图如图 1—3—1 所示。

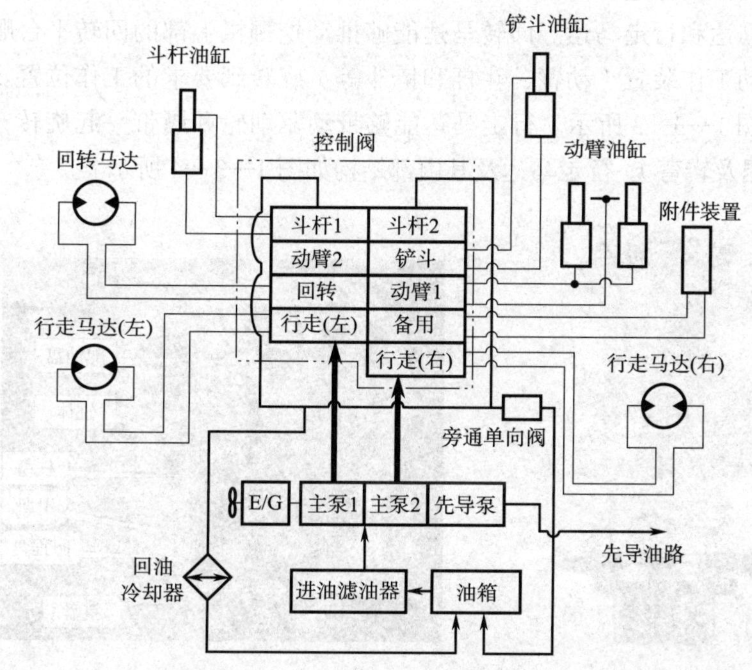

图 1—3—1　挖掘机液压系统工作原理图

1. 液压泵

先导控制挖掘机的主油泵一般为三联泵，它主要由两个斜盘式变量柱塞泵 1、2 及对应两个功率调节器和一个先导泵 3（定量齿轮泵或称控制泵）组成，如图 1—3—2 所示。

图 1—3—2　挖掘机主油泵（三联液压泵）及其内部结构

2. 液压马达与液压油缸

（1）液压马达

液压挖掘机的机体包含了回转装置与行走装置。回转装置与行走装置的液压回路执行元件是回转马达和行走马达。回转马达能够推动挖掘机上部的回转平台顺时针或逆时针转动，以带动工作装置（动臂、斗杆和铲斗等）旋转到要求的工作位置。回转马达及其内部结构如图 1—3—3 所示。行走马达能够带动驱动轮和履带一起旋转，使挖掘机行驶（前进、后退及转弯）。行走马达及其内部结构如图 1—3—4 所示。

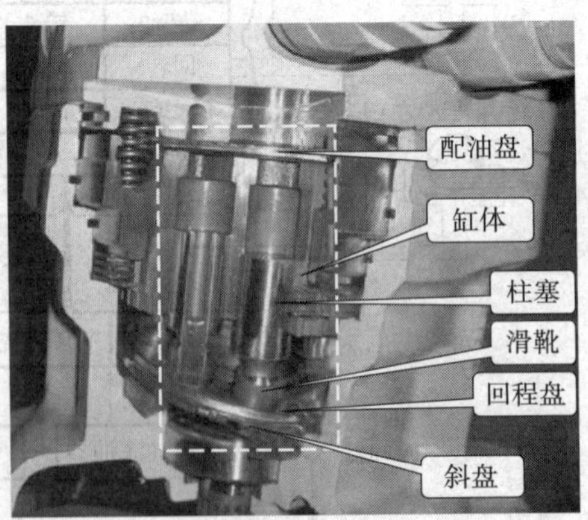

图 1—3—3　挖掘机回转马达及其内部结构

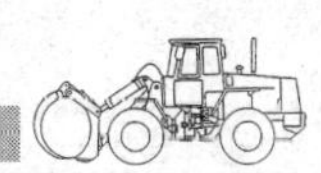

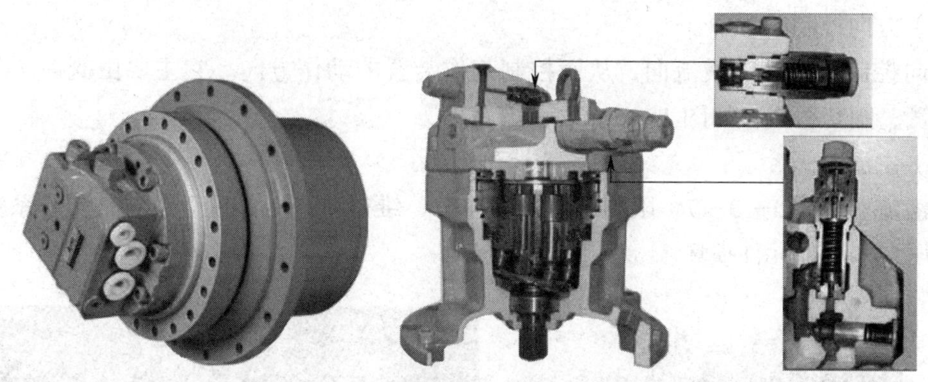

图 1—3—4 挖掘机行走马达及其内部结构

（2）液压油缸

它是液压传动系统中实现往复运动和小于 360° 回摆运动的执行元件。挖掘机工作装置的动作（如动臂的升降、斗杆伸缩、铲斗的挖掘与卸载等）均依靠液压油缸的直线往复运动来实现。

3. 主控制阀

挖掘机主控制阀（图 1—3—5）通过改变液压油缸、液压马达中压力油的油压、流量和方向，来改变工作装置的速度、方向等。主控制阀的控制方式为液压先导控制。它的组成部件包括方向控制阀、主溢流阀、安全阀等。

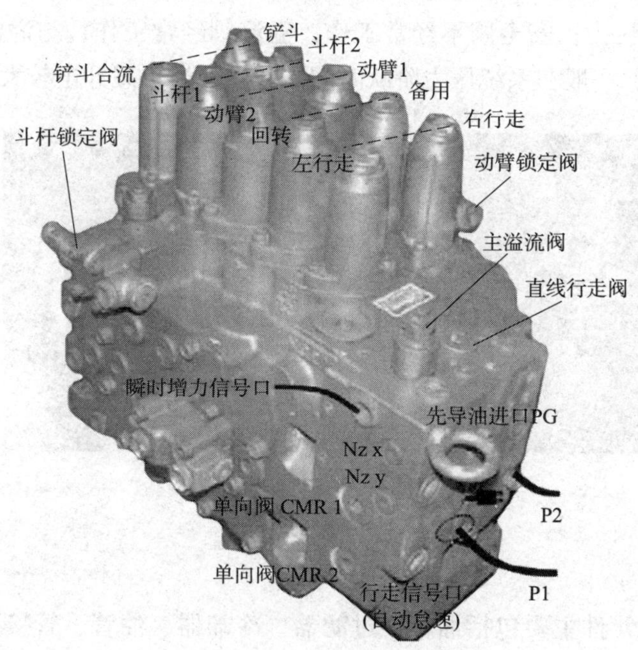

图 1—3—5 挖掘机主控制阀

（1）方向控制阀

方向控制阀控制油液流向，从而控制工作装置的动作方向。它主要由阀芯（滑阀）、复位弹簧、阀套组成，如图 1—3—6 所示。

（2）主溢流阀

主溢流阀（图 1—3—7）限制系统最高压力，维持系统压力近似恒定，防止系统过载而使液压泵和其他元件损坏。

图 1—3—6　方向控制阀

图 1—3—7　主溢流阀

（3）安全阀

安全阀（图 1—3—8）与溢流阀的作用相似。它们的主要区别是：安全阀的调定压力高于溢流阀的调定压力；安全阀不经常工作，溢流阀经常工作；与溢流阀相比，安全阀更类似于执行元件，一般在系统压力阶跃时间短或受外界负载冲击较大时才起作用。

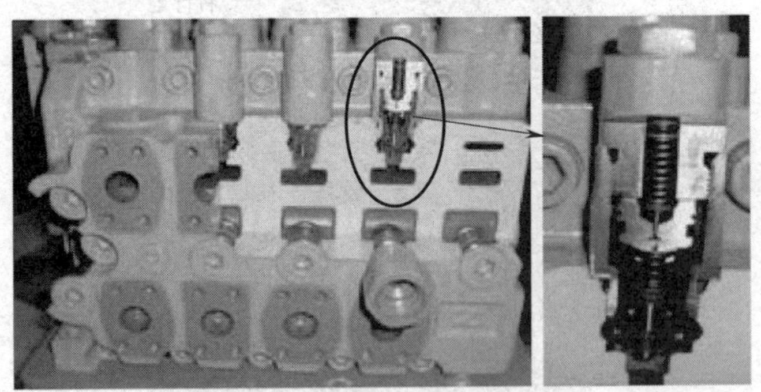

图 1—3—8　安全阀

4. 辅助元件

液压系统辅助元件主要包括油箱、过滤器、冷却器、油管、管接头、压力表等，其作用是保证系统正常工作。

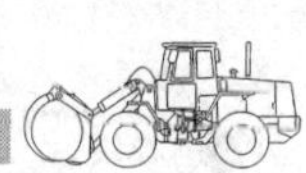

二、挖掘机液压系统工作原理及先进控制技术应用

1. 动臂子系统

（1）工作原理

1）动臂提升动作

动臂提升工作原理如图 1—3—9 所示。先导压力由 XAb1 口控制动臂 1 阀，使阀芯左移，右位接入；来自 P2 泵的压力油经过动臂 1 阀右位流到 Ab1 口。同时，先导压力也由 XAb2 口控制动臂 2 阀，使阀芯左移，右位接入；来自 P1 泵的压力油经过动臂 2 阀右位流到 Ab1 口。两部分油液经 Ab1 口输送到动臂液压缸的无杆腔（大腔）一侧。两个动臂液压缸的有杆腔（小腔）一侧流出的压力油合流，从 Bb1 口经过动臂 1 阀，流回到油箱。此时，油缸杆推出，动臂上升。

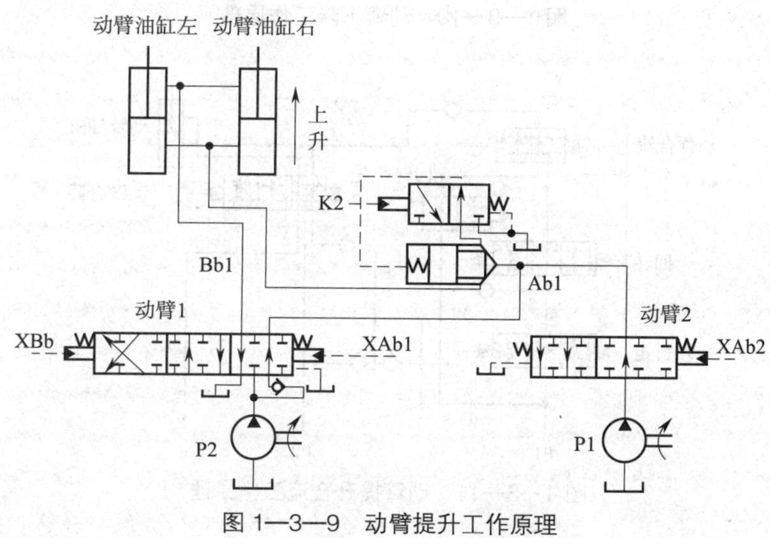

图 1—3—9 动臂提升工作原理

2）动臂下降动作

动臂下降工作原理如图 1—3—10 所示。先导压力由 XBb 口控制动臂 1 阀，阀芯右移，左位接入；来自 P1 泵的压力油经动臂 1 阀的左位从 Bb1 口流出，被输送到动臂油缸的有杆腔一侧。动臂油缸无杆腔（大腔）一侧流出的压力油，经动臂 1 阀 Ab1 口进入，流回油箱。此时，油缸杆缩回，动臂下降。

（2）先进控制技术应用

动臂液压系统应用的先进控制技术包括动臂提升合流控制和动臂提升优先。

1）动臂提升合流

动臂提升合流工作原理如图 1—3—11 所示。（说明：粗实线表示进油路，粗双点画线表示回油路，粗点画线表示其他油路，如泄油路，虚线表示控制压力油路。本课题的图下同。）P1、P2两个泵的流量经过两个动臂控制阀后合流，一起供应动臂油缸，使油缸的作业速度增加了一倍，降低了作业循环时间，提高了工作效率。

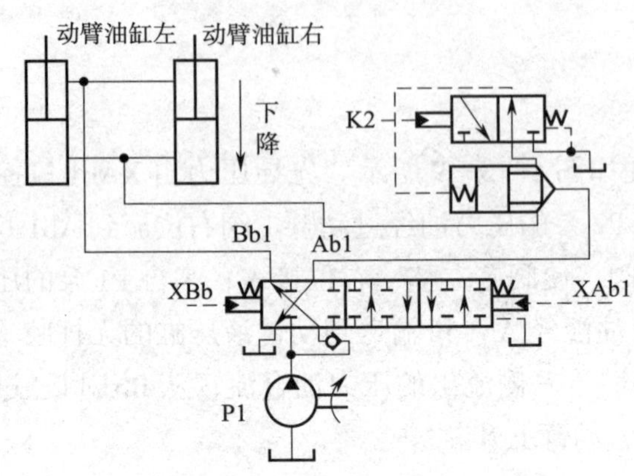

图1—3—10　动臂下降工作原理

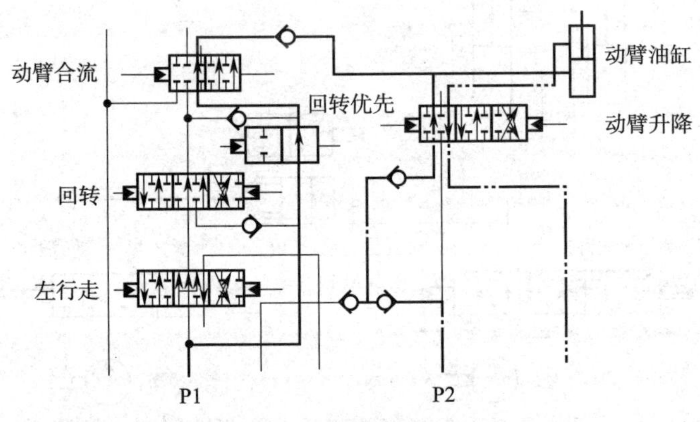

图1—3—11　动臂提升合流工作原理

2）动臂提升优先

动臂提升优先工作原理如图1—3—12所示。当动臂提升与斗杆复合动作（斗杆动作在下面叙述）时，在斗杆阀前端节流，提高其负荷，保证动臂能够提升。

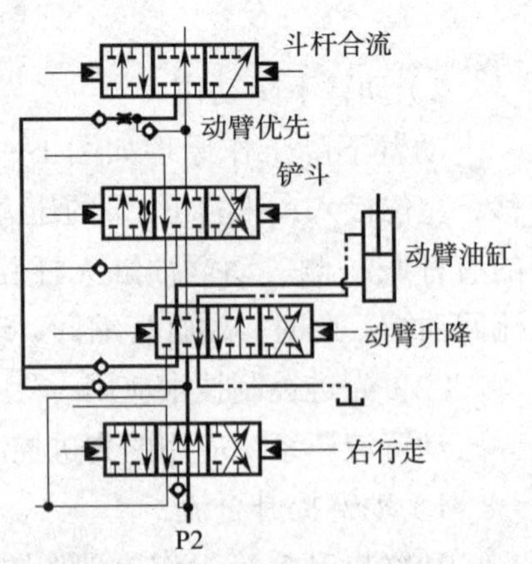

图1—3—12　动臂提升优先工作原理

2. 斗杆子系统

（1）工作原理

1）斗杆回收动作

斗杆回收工作原理如图1—3—13所示。先导压

力由 XBa1 口控制斗杆 2 阀，阀芯左移，右位接入；来自 P2 泵的压力油经过斗杆 2 阀的右位流到 Ba1 口，同时，先导压力也由 XBa2 口控制斗杆 1 阀，阀芯左移，右位接入；来自 P1 泵的压力油经过斗杆 1 阀的右位流到 Ba1 口。两部分油液合流，一起被输入斗杆油缸的有杆腔（小腔）一侧。斗杆油缸的无杆腔（大腔）一侧流出的压力油，经 Aa1 口通过斗杆 1 阀、斗杆 2 阀的右位，流回油箱。此时，油缸杆缩回，斗杆回收。

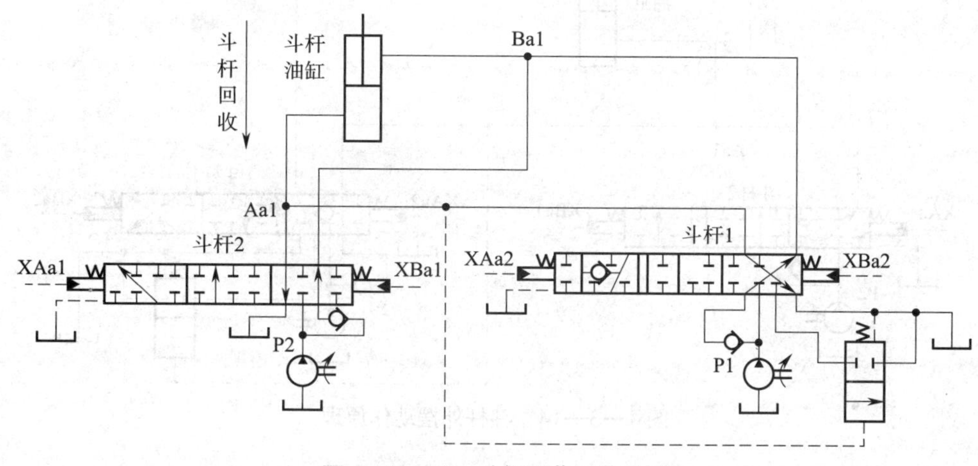

图 1—3—13　斗杆回收工作原理

2）斗杆外摆动作

斗杆外摆动作原理如图 1—3—14 所示。先导压力通过 XAa1 口控制斗杆 2 阀，阀芯右移，左位接入；来自 P2 泵的压力油经过斗杆 2 阀的左位流到 Aa1 口，被输送到斗杆油缸的无杆腔（大腔）一侧。同时，先导压力也通过 XAa2 口控制斗杆 1 阀，阀芯右移，左位接入。斗杆油缸的有杆腔（小腔）一侧的压力油被斗杆的自重加压，流到 Ba1 口。此时，油缸杆伸出，即斗杆外摆。斗杆油缸小腔排出的压力油经过斗杆 1 阀的阀芯外面的孔进入阀中。仅在轻载（指空载或挖掘力较小时的载荷）的过程中，压力油推开单向阀并从阀芯孔反流汇入 Aa1 口。来自 P2 泵的压力油也从斗杆 1 阀左位流到 Aa1 口合流，一起被输送到斗杆液压缸的无杆腔（大腔）一侧。此时，斗杆油缸杆加速伸出，斗杆加速进行外摆。在斗杆液压缸推杆一侧内的压力油继续被斗杆的自重加压，流回到 Ba1 口；此时，被加压的压力油经 Ba1 口通过斗杆 1 阀流回油箱（此时，Aa1 口压力油进入斗杆换向阀下方液控二位阀的液控口，该阀阀芯换向，接通油路）。

（2）先进控制技术应用

斗杆液压系统应用的先进控制技术包括斗杆大、小腔合流，斗杆再生回路，斗杆闭锁。

1）斗杆大、小腔合流

斗杆大、小腔合流工作原理如图 1—3—15 所示。在斗杆回收和外摆过程中，来自主泵1、主泵2两泵的压力油分别通过斗杆1、2控制阀（可参见图1—3—1），在阀后合流，提高了斗杆双向运动速度（即斗杆外摆和斗杆回收）。在斗杆伸出时有杆腔一侧的液压油只通过一个主阀（斗杆1阀）回油。

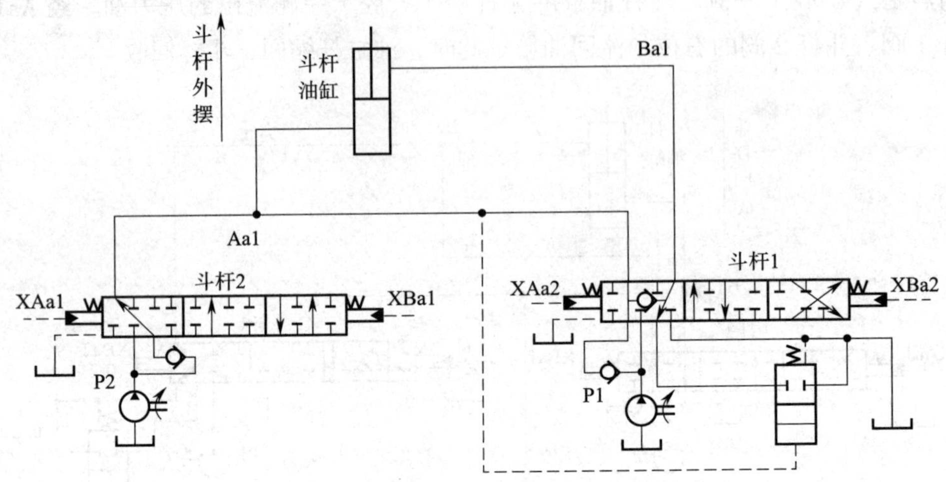

图1—3—14　斗杆外摆动作原理

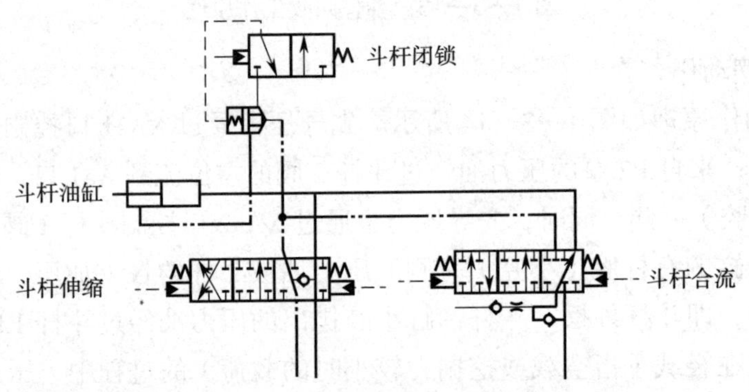

图1—3—15　斗杆大、小腔合流工作原理

2）斗杆再生回路

斗杆再生回路工作原理如图1—3—16所示。斗杆再生回路又称为斗杆差动回路。当斗杆无负载下落时，斗杆油缸的无杆腔（大腔）压力很小，斗杆1阀回油油路连接的二位两通阀在弹簧的作用下往下运动，上位接入，阻断斗杆油缸有杆腔的回油通道。这样，有杆腔的压力油就直接回到油缸的无杆腔，推动活塞杆的快速伸出。

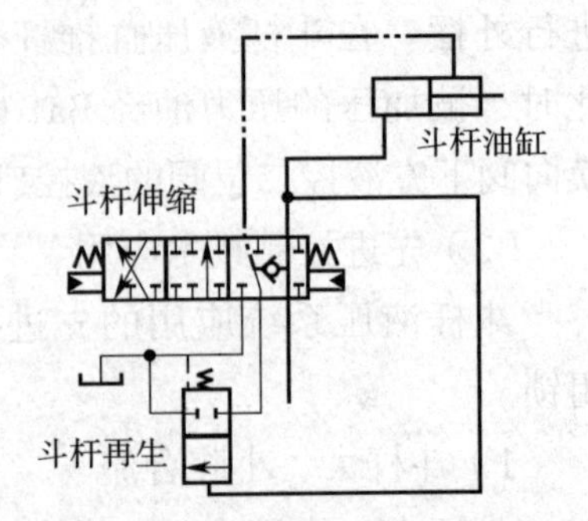

图1—3—16　斗杆再生回路工作原理

3）斗杆闭锁

斗杆闭锁工作原理如图1—3—17所示。为防止斗杆下掉，控制阀组内装有斗杆闭锁阀，它由控制阀HV和锥阀组成。锁闭阀需要斗杆锁定位置（如挖掘机停止工作时或者移动工作场所过程中等）时，将斗杆换向阀锁定在中位；HV阀失去压力油的控制，保持右位接通，斗杆小腔的压力油通过锥阀右腔和HV阀推动锥阀左腔，使其关闭；斗杆油缸杆不动，即斗杆锁定不动。

3. 铲斗子系统

（1）铲斗下翻动作

铲斗下翻工作原理如图1—3—18所示。先导压力通过XAK口控制铲斗控制阀，阀芯左移，右位接入；来自P2泵的压力油经铲斗控制阀右位流到AK1口并被输送到铲斗油缸的无杆腔（大腔）一侧。从铲斗油缸的有杆腔（小腔）一侧流出的压力油经BK1口进入铲斗控制阀右位，流回油箱。此时，油缸杆伸出，铲斗伸出进行挖掘。

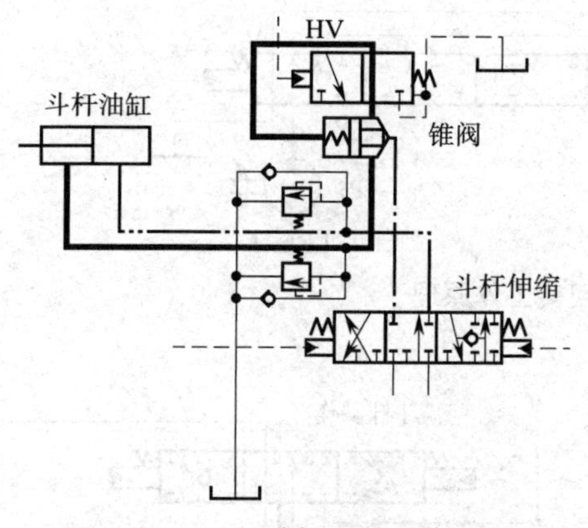

图1—3—17　斗杆闭锁工作原理

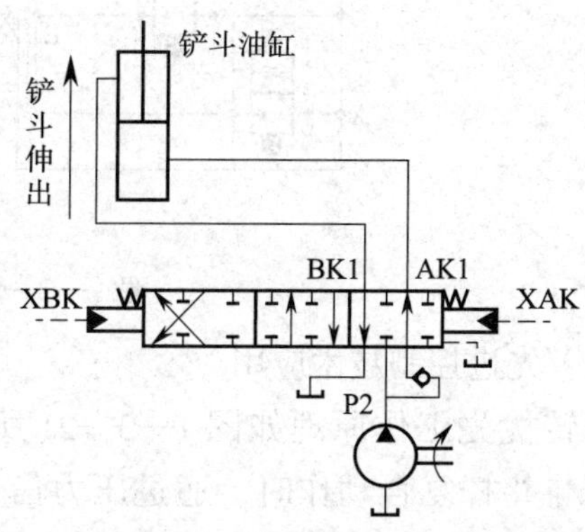

图1—3—18　铲斗下翻工作原理

（2）铲斗复位动作

铲斗复位工作原理如图1—3—19所示。先导压力通过XBK口控制铲斗控制阀，阀芯右移，左位接入；来自P2泵的压力油经控制阀从BK1口流出，被输送到铲斗油缸的有杆腔（小腔）一侧内。铲斗液压缸的无杆腔（大腔）一侧流出的压力油经AK1口，通过铲斗控制阀左位，流回油箱。此时，油缸杆缩回，铲斗复位。

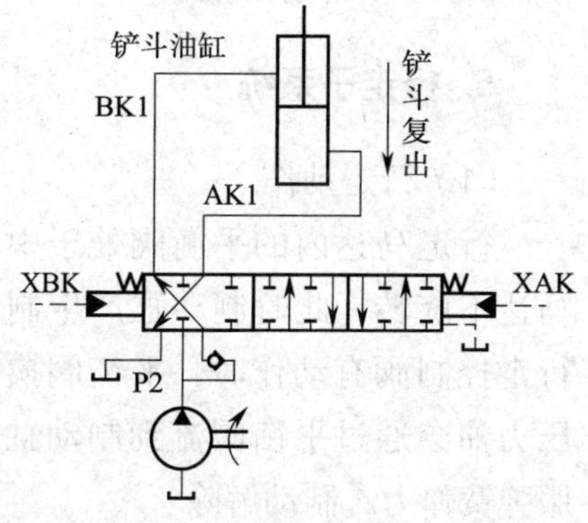

图1—3—19　铲斗复位工作原理

4. 回转子系统

（1）回转动作

回转工作原理如图 1—3—20 所示。先导压力经 XAs 口控制回转阀，阀芯左移，右位接入；来自 P1 泵的压力油流到 As 口，并被输送到回转马达；回转马达流出的压力油从 Bs 口经过回转阀，流回油箱。

当先导压力经 XBs 口控制回转阀，阀芯右移，左位接入。来自 P1 泵的压力油经过回转阀流出 Bs 口，被输送到回转马达；从回转马达流出的压力油由 As 口流回油箱。

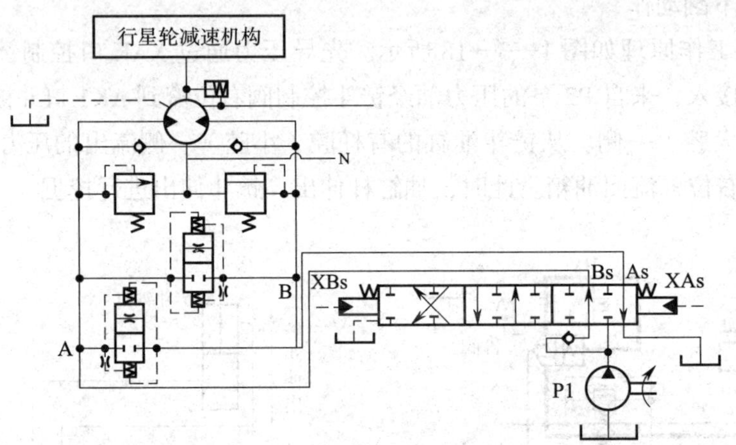

图 1—3—20　回转工作原理

（2）先进控制技术应用

回转优先工作原理如图 1—3—21 所示。当回转与斗杆复合动作时，通过压力信号控制 SP 阀的阀芯右移，切断此油路向斗杆的供油，保证回转起动，实现回转优先。此时，斗杆由另一个油泵供油。

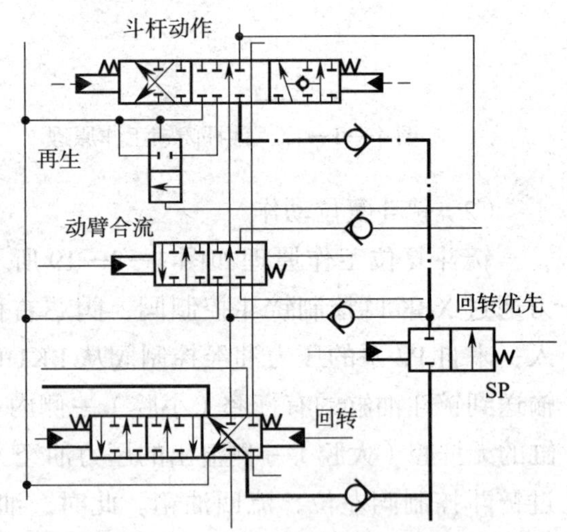

图 1—3—21　回转优先工作原理

5. 行走子系统

（1）行走动作

行走马达内的平衡阀处于中位时，行走马达不旋转，此时制动缸产生制动动作。当行走控制阀有动作时，平衡阀换位，一部分压力油会通过平衡阀流到制动缸，压力油克服弹簧弹力，制动解除。

右行走工作原理示意如图1—3—22所示。在行走动作过程中，当右行走控制阀的XAtr口获得压力信号，阀芯左移，右位接入。来自P2泵的压力油经Atr口流入右行走马达油腔内，回油经Btr口流回油箱。

当右行走控制阀的XBtr口获得压力信号，阀芯右移，左位接入。此时，右行走马达的油路与XAtr口获得压力信号时的油路相反（P2泵→Btr口→右行走马达→Atr口），右行走马达旋转反向。

左行走马达的工作原理示意如图1—3—23所示，与右行走马达相同。

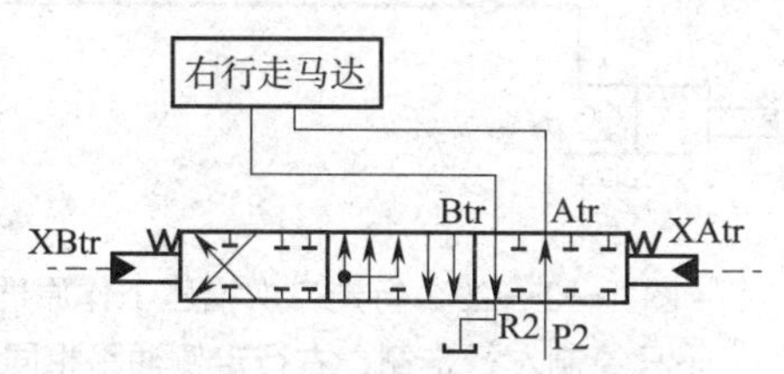

图1—3—22 右行走工作原理示意

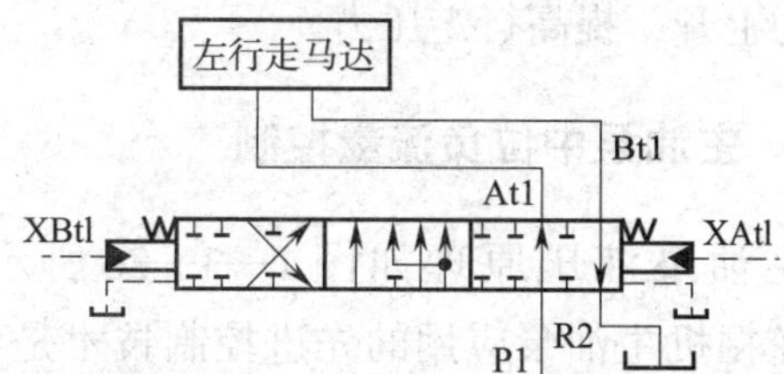

图1—3—23 左行走工作原理示意

（2）先进控制技术应用

行走子系统应用的先进控制技术包括直线行走和行走二次增压。

1）直线行走

直线行走工作原理如图1—3—24所示。直线行走控制阀TS的作用：当挖掘机行走且工作装置有动作时，该阀保持左右两侧行走马达的油路相同，此时左、右行走马达的流量相等，挖掘机直线行走。

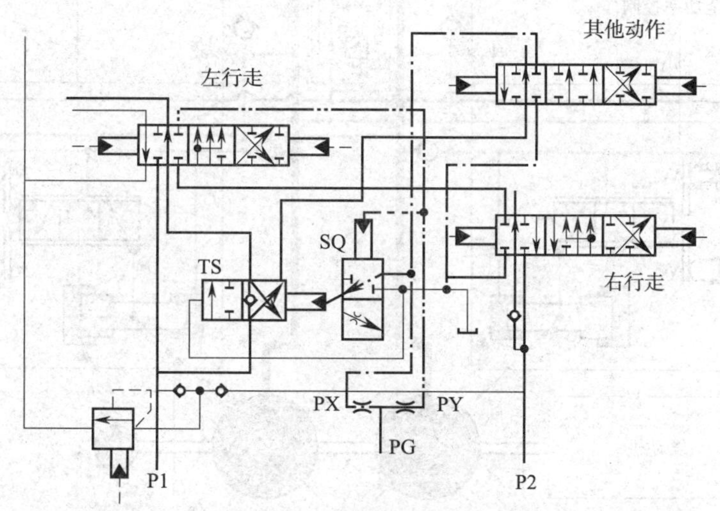

图1—3—24 直线行走工作原理

2）行走二次增压

行走二次增压工作原理如图1—3—25所示。当行走操作阀动作时，PG右侧节流后，回油通道被关闭，油压上升，使 SQ 阀（图 1—3—24）下移。此时，如果有其他动作，PG 左侧节流后，回油通道被关闭，油压上升，TS 阀（图 1—3—24）左移。这样，来自 P2 泵的压力油通过 TS 阀向左、右行走控制阀供油，而 P1 泵给其他动作控制阀供油。操作行走阀，PY 油路的回油通道关闭，PY 处压力上升，提高行走压力。

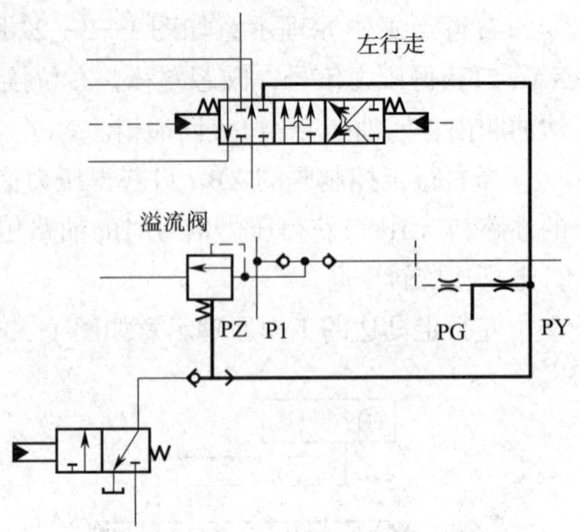

图 1—3—25　行走二次增压工作原理
（只绘制左行走侧，右行走侧油路相同）

6. 主油泵中位负流量控制

主油泵液压原理如图 1—3—26 所示。先导挖掘机主油泵应用的先进控制技术是中位负流量控制。主油泵的流量随控制压力信号 Pi1 的增大而减小。控制压力信号 Pi1 是主油泵的回油经过负流量调节减压阀产生的。负流量控制的作用：可以按照操纵阀的阀芯移动量控制泵的排量，从而减少空挡或微调时的压力损失。

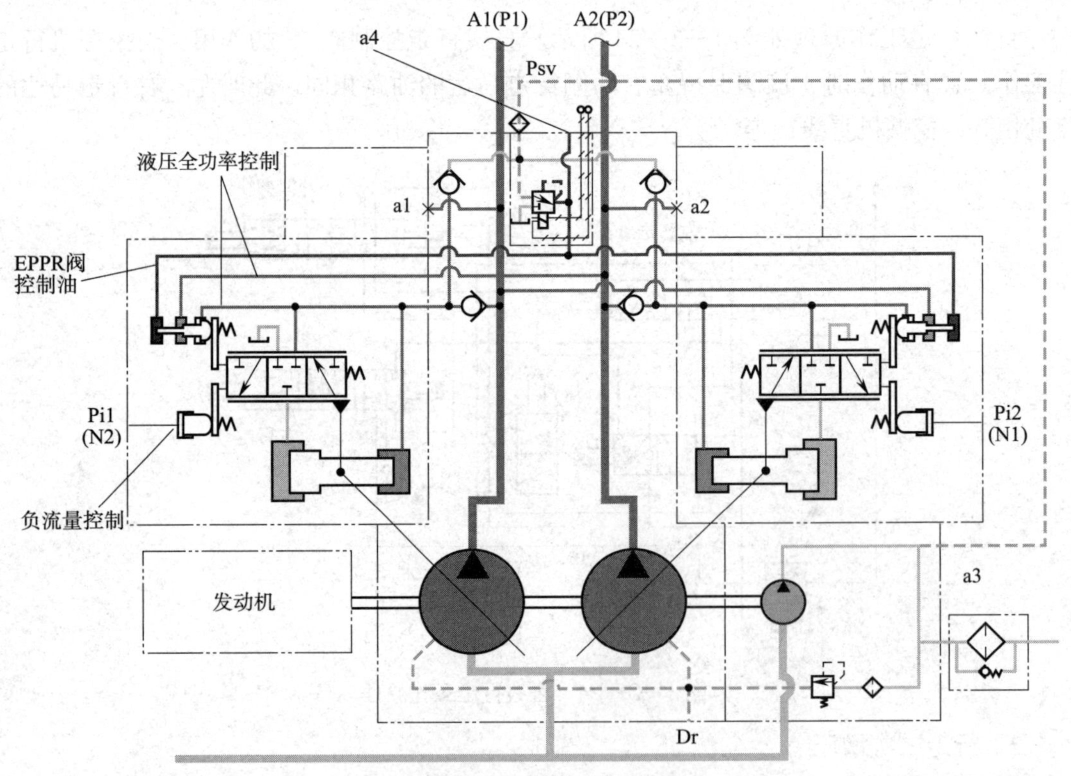

图 1—3—26　主油泵液压原理图

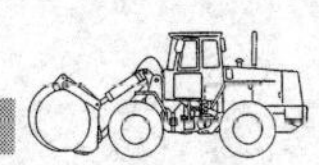

中位负流量控制工作原理如图 1—3—27 所示。当阀处于中位时，P1、P2 通过阀的中位油道，最后经过 NR1、NR2 节流后回油箱，在节流口 NR1、NR2 前取得压力信号 FL、FR，就可以控制主泵到最小排量。

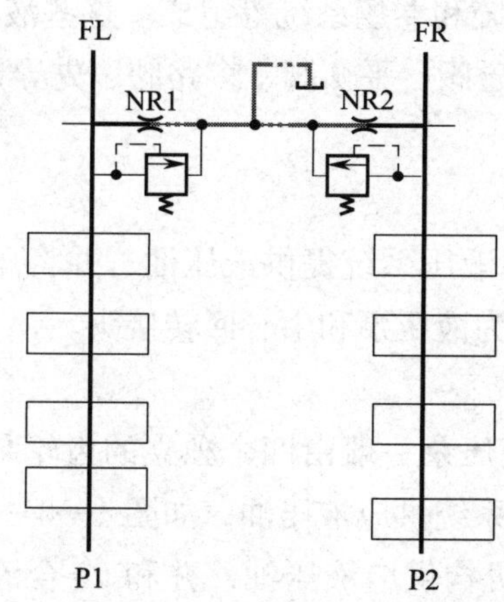

图 1—3—27　中位负流量控制工作原理示意

FL、FR—压力信号　NR1、NR2—节流口　P1、P2—来自 P1、P2 泵的压力油

复习思考题

1. 挖掘机的主要动作有哪些?
2. 挖掘机液压系统中应用了哪些先进控制技术?
3. 简述斗杆再生回路的工作原理。
4. 简述回转优先系统的工作原理。
5. 简述动臂提升系统的工作原理。
6. 简述斗杆外摆系统的工作原理。

课题 4　汽车起重机液压系统原理图识读

学习目标

1. 熟悉汽车起重机液压系统的结构组成。
2. 掌握汽车起重机液压系统的工作原理。
3. 熟悉汽车起重机液压系统的先进控制技术。

一、汽车起重机液压系统及主要元件

中、小吨位汽车起重机的液压系统主要由液压发生系统、支腿系统、先导控制系统、回转系统、变幅系统、伸缩系统和卷扬系统等组成。这些液压系统由一些液压元件组成，如液压泵、中心回转接头、电磁阀、平衡阀、多路阀、先导控制阀等。

1. 液压发生系统

液压发生系统的功能是向液压系统提供液压油，并将压力油送至上车部分，以供起重机正常作业。它的主要部件为液压泵和中心回转接头。

（1）液压泵

中、小吨位汽车起重机液压泵一般由四个独立的齿轮泵用连轴节相连接，组合成为四联齿轮泵。它们分别向各子系统供应液压油，如图 1—4—1 所示。

P1 泵向变幅机构和伸缩机构供应液压油，并和 P2 合流，一起向主、副卷扬机构供应液压油。P2 泵向主、副卷扬机构供油。有些车型中 P1 和 P2 泵的供油可互换。P3 泵向支腿系统和回转系统供油。P4 泵向先导控制系统供油。机械拉杆式中、小吨位的汽车起重机没有 P4 泵，即没有先导控制系统的供油系统。

（2）中心回转接头

中心回转接头（图 1—4—2）将来自液压泵的压力油及来自蓄电池的电流传送到上车部分，同时还能提供从上车操纵发动机供油的条件。如果中心回转接头内的密封件损坏，将会造成系统压力降低，系统工作不正常。

图 1—4—1　四联齿轮泵

图 1—4—2　中心回转接头

液压泵排出的液压油中，P1 泵和 P2 泵输送的压力油通过回转接头流到上车多路阀；P3 泵输送的压力油通过下车多路阀和回转接头进入回转控制阀；P4 泵输送的压力油通过

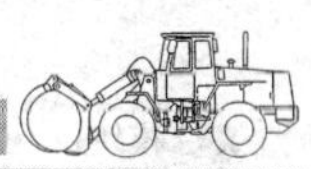

回转接头和滤油器，送到上车先导控制阀。当各子系统控制阀的阀芯位于中位时，各子系统的回油通过回转接头和滤油器流回油箱。

2. 支腿系统

支腿系统由下车多路阀、水平支腿油缸、垂直支腿油缸和双向液压锁等组成。

（1）下车多路阀

1）组成

下车多路阀由水平支腿与垂直支腿选择阀 1、2、3、4、换向阀 5、主溢流阀 6、水平支腿伸出溢流阀 7 组成，如图 1—4—3 所示。

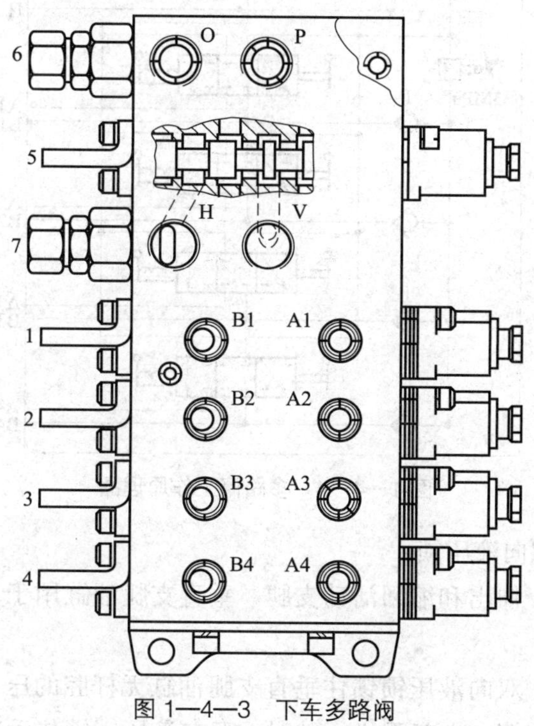

图 1—4—3　下车多路阀

2）功能及油路

多路阀工作原理如图 1—4—4 所示。下车多路阀的功能是向支腿水平油缸、支腿垂直油缸供油，以控制支腿的伸出和缩回，并限制该系统的最大压力和水平支腿伸出的最大压力。

来自 P3 泵的压力油经多路阀油口 P 进入多路阀，当换向阀阀芯位于中位时，全部压力油经油口 V 流入中心回转接头，供回转机构用油。

当换向阀阀芯移至“伸出”或“缩回”位置时，压力油通过内部油道到达各选择阀进油口或经油口 H 进入各支腿油缸的有杆腔（小腔）油口。选择阀油口 A1 ~ A4 以及

B1 ~ B4 分别与垂直支腿油缸和水平油缸的无杆腔（大腔）油口相连。

选择阀阀芯与油口 B1 ~ B4 之间在阀体内均装有单向阀 1，并在内部与水平油缸伸出溢流阀 7 连接，以限制水平油缸伸出的最高压力。

收、放支腿时，油缸回油经 A1 ~ A4、B1 ~ B4 或 H 油口进入多路阀，然后通过 O 口流回油箱。

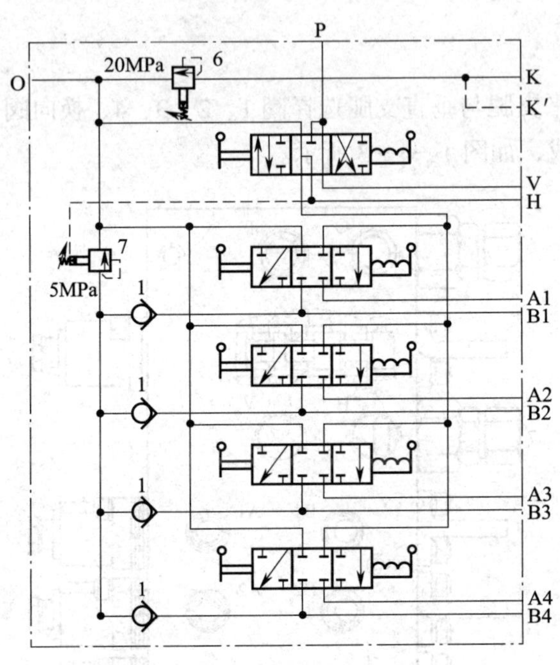

图 1—4—4　多路阀工作原理图

（2）支腿油缸和双向液压锁

水平支腿油缸用于伸出和缩回活动支腿。垂直支腿油缸用于支撑起重机，使其呈作业状态。

在起重机作业时，双向液压锁锁住垂直支腿油缸无杆腔的压力油，使其不回流，防止油缸带动支腿自动回缩；在起重机行驶时，双向液压锁锁住垂直支腿油缸有杆腔的压力油，防止支腿自动外伸。

3. 回转系统

（1）回转系统的组成及工作原理

回转系统的组成示意如图 1—4—5 所示。该系统的工作原理如下：

来自 P3 泵的压力油经下车多路阀的 V 口和中心回转接头，流入回转缓冲阀，为转台向左或向右回转提供动力。液压马达输出的扭矩经由回转减速机传递到回转支承的齿轮上，使起重机上车转台转动。

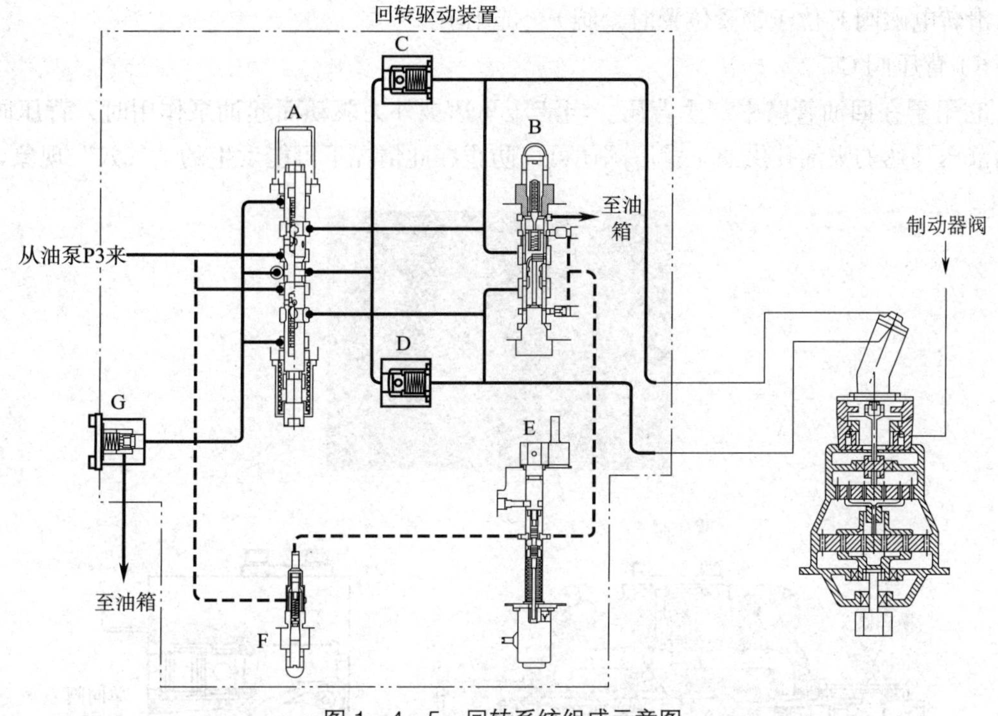

图 1—4—5　回转系统组成示意图

A—换向阀　B—过载溢流阀　C、D—单向阀　E—自由滑转电磁阀　F—中间压力调定阀　G—背压阀

（2）回转缓冲阀

回转缓冲阀（图 1—4—6）用于控制液压马达的旋转动作。它是由各种阀构成的复合阀。回转缓冲阀上的电磁阀起着防止起钩作业中可能产生的侧载的作用。只要驾驶员按下任一个先导控制手柄上的开关，电磁阀就被励磁。

1）换向阀 A

它用于控制压力油的流动方向。

2）过载溢流阀 B

它既是过载溢流阀，又是制动阀。其作用在于限制锁住转台时的最高制动油压值。最高制动油压由最大压力调定液控阀 b 及中间压力调定阀 F 的压力调定值所决定。

3）单向阀 C、D

液压马达被外力驱动时，单向阀可构成供油回路。当液压马达的任一油孔出现负压时，另一个油孔就经上述单向阀为其供油。

4）回转机构自由滑转 / 锁紧电磁阀 E

它由电磁阀操作，可实现转台锁紧或自由滑转状态。

5）中间压力调定阀 F

转台处于自由滑转状态时，利用此阀的调节量可调出最大制动油压值。当回转机构自由滑转电磁阀 E 位于锁紧位置时，阀 F 不起作用。

6）背压阀 G

它用于在回油管路中产生背压。当液压马达被外力驱动而起油泵作用时，背压阀用来给液压马达的吸油孔供油。背压阀还可以防止在此情况下可能发生的“气穴”现象。

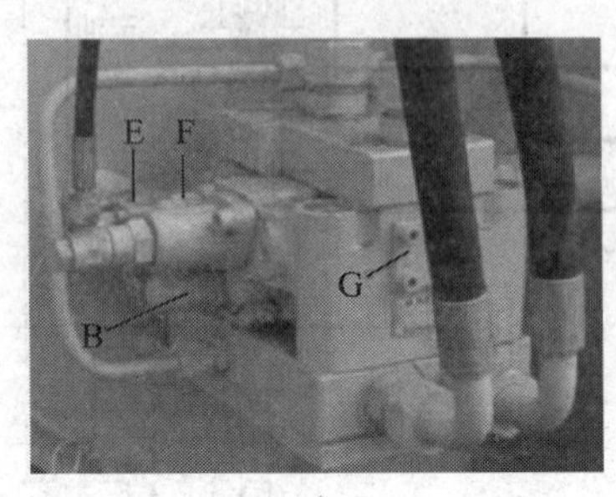

a）

b）

c）

图 1—4—6　回转缓冲阀的外形、结构与工作原理

a）外形　b）结构　c）工作原理

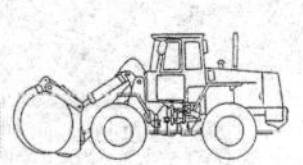

4. 先导控制系统

（1）系统组成与作用

先导控制系统由控制阀总成，左、右先导控制阀，滤油器等部件组成。该系统控制上车多路阀和回转缓冲阀的换向、卷扬制动器的进油，并向回转制动器供油；在起重机发生超载时能够切断通向危险方向的动力（即切断通向上车多路阀主、副卷扬，支腿和起重臂联的控制油）；在卷扬降钩过程中，当拉索在卷筒只剩余三圈时切断卷扬降钩的动力（即切断通向主、副卷扬下降的控制油）。

（2）先导操纵手柄

先导控制阀用于控制起重机上车部分的液压系统的所有动作。先导操纵手柄（图1—4—7）上的开关可控制先导压力、回转制动、自由滑转、伸缩、变幅转换和喇叭鸣响。

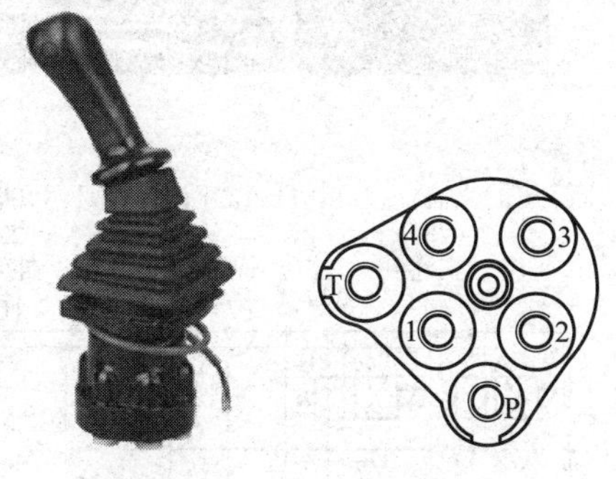

图1—4—7　先导操纵手柄

（3）先导操纵系统工作原理（图1—4—8）

来自P4泵的压力油经过中心回转接头和滤油器，通过控制阀先导供油口进入控制阀。先导压力控制电磁阀Y0未通电工作时，压力油通过电磁阀流回油箱；先导压力控制电磁阀Y0通电时，回油路被切断，为先导系统供油，溢流阀控制系统最高压力。

接通回转制动电磁阀Y2，压力油通过电磁阀通向回转机构制动器，回转制动解除。如果电磁阀Y2断电，回转机构被制动。

变幅伸缩转换开关不接通时，来自先导控制阀（手柄）的压力油通过电磁阀Y4、Y5上的B口流向上车多路阀变幅联控制口，变幅系统工作。变幅伸缩转换开关接通时，电磁阀Y4、Y5通电，阀芯换向，来自先导控制阀的压力油通过电磁阀Y4、Y5的A口流向上车多路阀伸缩联控制口，伸缩系统工作。

吊钩下降作业中，当卷筒上的拉索只剩余三圈时，三圈保护器开关接通，三圈保护电磁阀Y7通电，阀芯换向，接通回油路；流向上车多路阀主、副卷扬联下降控制口的压力油从电磁阀Y7流回油箱，降钩作业停止。

当吊重作业时发生超载、吊钩过卷和力矩限制器出现故障时，卸荷电磁阀Y6通电，阀芯换向，接通回油路，流向上车多路阀伸臂、降臂和主、副卷扬降钩的控制口的压力油经过Y6流回油箱，上述作业均停止。踏下操纵室内的脚踏开关，副卷扬电磁阀接通，副卷扬作业。

当操纵主、副卷扬先导控制阀时，流经先导控制阀的压力油进入控制阀，通过梭阀进入卷扬制动器控制阀X口，克服弹簧压力，阀芯移动，P口和A口接通；来自上车多路阀（即来自 P1、P2 泵的压力油）的压力油，经减压阀和主、副卷扬制动器控制阀，流入卷扬制动器油缸。调整减压阀，可调整进入卷扬制动器油缸的压力油的压力。可通过调整开启制动器阀的压力调整制动器阀。

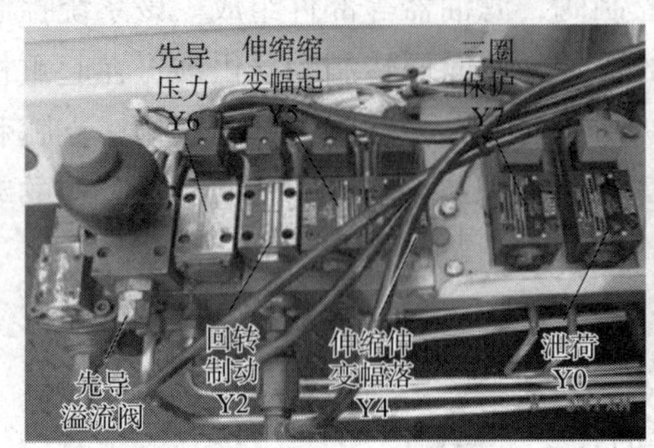

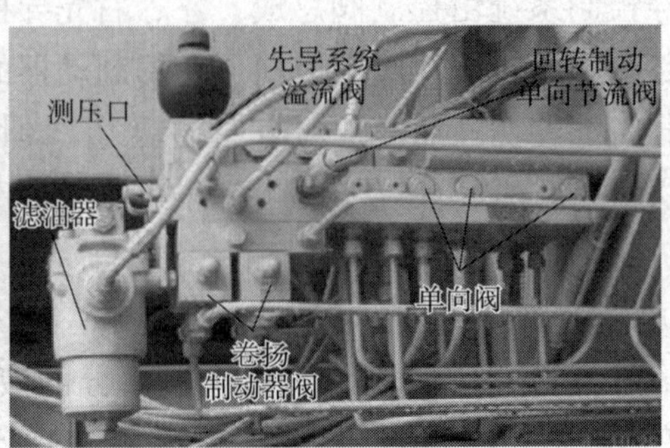

a）

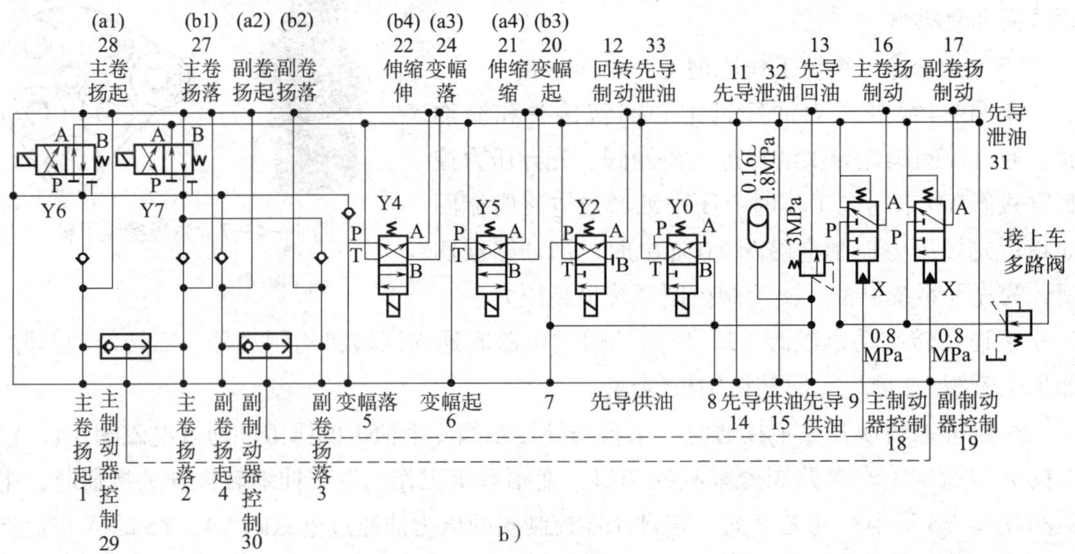

b）

图 1—4—8　先导控制阀的外形与工作原理

a）外形　b）工作原理

5. 伸缩系统

伸缩系统由伸缩油缸、平衡阀和电液换向阀等部件组成。

（1）伸缩油缸

伸缩油缸将液压泵传递的液压能转换成油缸往复运动的机械能。它安装在起重臂内部，用于带动起重臂的伸出和缩回。

（2）平衡阀

平衡阀直接安装于伸缩缸内。它既防止上车多路阀（后面将详细介绍）阀芯处于中位时油缸自动回缩现象，又防止起重臂在回缩时因载荷重量引起缩臂速度失控的现象。如果伸缩系统油路的软管出现破损，平衡阀还可以防止油缸急剧缩回。

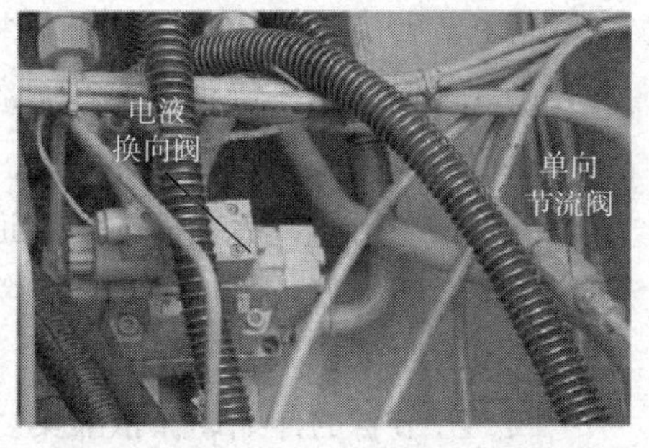

图 1—4—9　电液换向阀

（3）电液换向阀

电液换向阀（图 1—4—9）在电气信号控制下，可以将来自上车多路阀的压力油转换到起重臂伸缩第一级油缸或第二级油缸的油路中。

（4）伸缩系统工作原理（图 1—4—10）

1）伸出动作及其油路

起重臂伸出动作分为两个步骤：二节臂单独伸出；三、四、五节臂再同时伸出。

来自上车多路阀伸缩联油口的压力油首先流入电液换向阀的液动阀，当二节臂与三节臂转换开关关闭时，电液换向阀上的电磁阀不工作，液动阀不换向；压力油经液动阀进入第一级伸缩油缸（上缸）油口，通过平衡阀、活塞杆内的油道（芯管）进入第一级油缸无杆腔（大腔），推动油缸带动二节臂向外伸出。

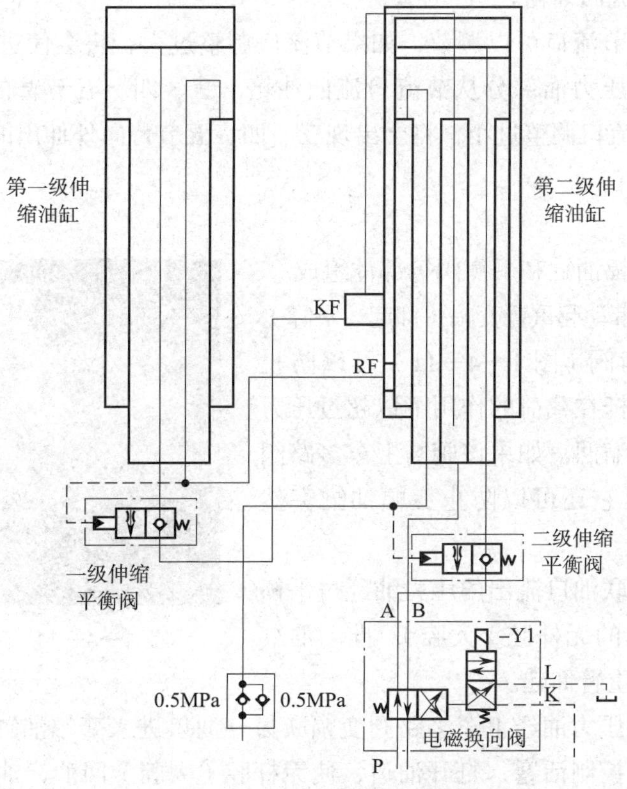

图 1—4—10　伸缩系统工作原理图

当二节臂完全伸出后，接通转换开关，电液换向阀的电磁阀线圈通电，液动阀将油路从起重臂伸缩第一级油缸转换到伸缩第二级油缸。压力油通过第一级油缸活塞杆内的一条油道流到缸筒的端部，再通过一级油缸缸筒上的油口流到第二级伸缩油缸（下缸）油口，通过平衡阀、活塞杆内的油道（芯管）进入第二级油缸的无杆腔（大腔），推动油缸带动三、四、五节臂向外伸出。第一级、第二级伸缩油缸的回油直接通过上车多路阀伸缩联流回油箱。

四、五节臂的伸缩动作依靠第二级伸缩油缸及与其联动的拉索伸缩机构。

2）缩回动作及其油路

起重臂缩回动作分为两个步骤：首先三、四、五节臂同时缩回；二节臂再单独缩回。缩臂动作时，多路阀将压力油直接供到第一、第二级伸缩油缸的有杆腔（小腔），油缸内的回油在伸出油路内逆流回到油箱。按动转换开关，切断电磁阀电路，压力油从第二级伸缩油缸转换到第一级伸缩油缸。

为了防止回缩二节臂时上面三、四、五节臂出现“脱出”的现象（因为油道容积缩小而使油液涌入第二级伸缩油缸，造成上面三节起重臂被推出），伸缩系统中在电液换向阀与第二级伸缩油缸之间安装了一个与回油相通的单向节流阀。这样，油道内的压力油通过阀内的节流口流回油箱。

单向节流阀的节流口可以调节，如果节流口调整过大，将会使进入第二级伸缩油缸无杆腔（大腔）的压力油部分从节流口流回油箱，三、四、五节臂的伸出速度会减慢、压力降低。如果节流口调整过小，将会出现三、四、五节臂向外伸出的现象。

6. 变幅系统

变幅系统由变幅油缸和平衡阀等部件组成。

变幅油缸用于带动起重臂变幅（仰起、下降）。

变幅系统平衡阀（图 1—4—11）可以防止起重臂下降时油缸杆在载荷的作用下以超过压力油供应流量的速度缩回。如果该阀与上车多路阀之间的管路破裂，它还可以防止变幅油缸突然缩回。

图 1—4—11 变幅系统的平衡阀

从多路阀变幅联油口流出的压力油经过平衡阀，进入变幅油缸的无杆腔（大腔），推动油缸杆向外伸出，使起重臂仰起。

起重臂下降时压力油经上车多路阀变幅联另一油口进入变幅油缸的有杆腔（小腔），并推动平衡阀内的控制活塞，打开油道，使无杆腔（大腔）回油，油缸杆在压力油的压力作用下回缩。

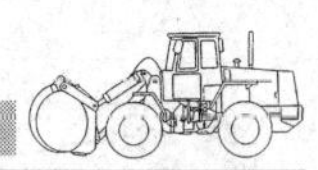

有些中、大吨位汽车起重机吊臂下降时，先导油路的控制油推动平衡阀控制活塞，打开油道，无杆腔（大腔）回油，起重臂受到重力的作用而下降。

7. 卷扬系统

卷扬系统由卷扬马达（图 1—4—12）、卷扬机构和平衡阀等部件组成。

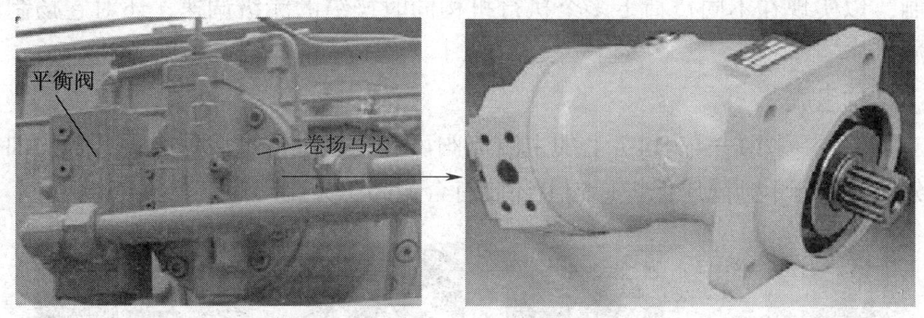

图 1—4—12　卷扬马达和平衡阀

（1）卷扬机构

卷扬机构为行星减速机构。卷扬马达的转速被行星减速机构减速后传递给卷筒，使卷筒旋转，带动拉索实现起钩和降钩动作。卷扬机构内装有常闭式湿式制动器。

（2）平衡阀

卷扬系统的平衡阀（图 1—4—13）的作用是卷扬机构降钩时防止起吊的载荷重量引起卷扬马达转速失控的现象，保持与卷扬马达供油量相适应的降钩速度。

来自上车多路阀的压力油经平衡阀 V2（a）口进入平衡阀，推开阀内的单向阀由 C2（b）口流入，推动卷扬马达旋转，吊钩升起；同时，上车多路阀上的 b 口压力油通过控制阀上的卷扬制动器阀向卷扬制动器供油（主、副卷扬一有动作，b 口就有压力油），打开制动器；吊钩下降时，卷扬马达另一个油口进油，同时向平衡阀 P 口供油，平衡阀的阀芯移动，C2 口和 V2 口接通，卷扬马达回油。

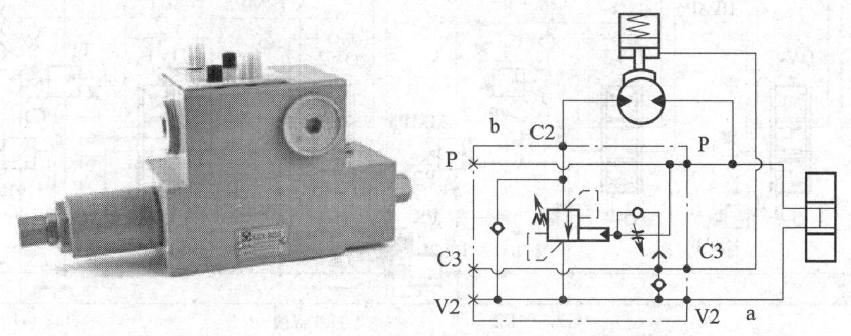

图 1—4—13　卷扬平衡阀及工作原理

8. 上车多路阀

上车采用具有负荷敏感的双泵合流型多路比例操纵阀组（又称为多路比例操纵阀组），行业中简称上车多路阀。它可控制上车液压回路中伸缩、变幅、卷扬（主、副卷扬）子回路的单泵或双泵合流供油的自动切换，进行外部液控方向、流量和压力的复合比例控制，以实现在不同负荷下多个执行机构同时操纵的无级调速，还对卷扬制动器提供压力油。

（1）结构组成

上车多路阀（图 1—4—14）上的主溢流阀可对系统进行过载保护；其上的油口溢流阀对部分油路进行单独限压保护；阀上还装有合流阀、分流阀等。

a)

b)

图 1—4—14　上车多路阀外形
a）左侧　b）右侧

（2）工作原理

上车多路阀工作原理如图 1—4—15 所示。

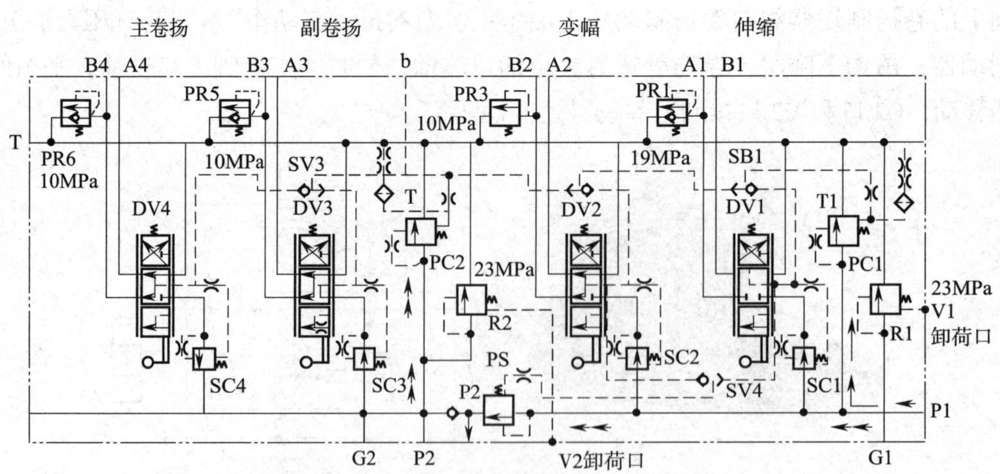

图 1—4—15　上车多路阀工作原理图
←分流阀的油路方向　◄◄合流阀油路方向

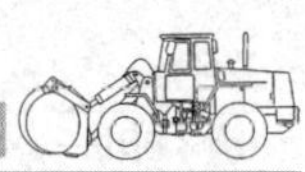

1）分流阀分流

由 1 号泵排出的压力油，经中心回转接头后进入上车多路阀上的 P1 油口。当各换向阀处于中位时，油路截断，压力油因无通道流回油箱。部分压力油进入分流阀 PC1，克服弹簧压力，分流阀的阀芯右移，P1 口和 T1 口接通，压力油从 T1 口流回油箱。

2）合流阀合流

还有部分压力油进入合流阀 PS（2 号泵压力油从此处进入），合流阀的阀芯上移，P1 口与 P2 口接通，1 号泵、2 号泵的压力油合流，流到分流阀 PC2 的 P2 口，压力油因为 PS 阀后的单向阀无法流回。分流阀 PC2 的阀芯右移，P2 口与 T 口接通，压力油全部流回油箱。

二、汽车起重机液压系统原理图识读

1. 先导式汽车起重机液压系统原理图

以 QY25 型汽车起重机为例，识读汽车起重机液压系统原理图。该液压系统采用开式定量泵变量马达系统，动力元件为四联齿轮泵、卷扬马达为斜轴式轴向柱塞马达，整机分下车液压系统和上车液压系统两部分。

（1）下车液压系统

图 1—4—16 所示为汽车起重机的下车液压系统原理图，该系统控制 H 型支腿机构。该系统用四个三位四通手动换向阀实现水平支腿与垂直支腿的伸出选择，用一个三位六通的手动换向阀实现水平和垂直支腿的伸出和收回。由于水平伸出时，压力较小，故在伸出时采用了二次溢流阀进行安全保护，以防损坏油缸。另外，该回路中还增加了第五支腿回路（图 1—4—16 中 A1、B1 到第五支腿油缸），以实现汽车起重机的 360° 作业。

下车多路阀为六联多路阀组。其中，第一片（按从左到右计数）为总控制阀；第二到第六为选择阀。分别选择水平或垂直位置（操作杆上抬为水平，下压为垂直）。当选择阀处于水平（垂直）位置，操作第一片阀，可以实现水平（垂直）油缸的伸出与缩回（上抬为缩回、下压为伸出）。支腿操作可以联动，也可以单独操作，实现动作的微调。多路阀中设有安全阀 RB1、RB2 及 RB3。RB1 的设定压力为 20 MPa，用于限制供油泵的最高压力，对系统起保护作用；RB2 用于限制水平油缸伸出的最高压力，以防损坏油缸；RB3 用于限制第五支腿伸出的最高压力，保护底盘大梁，防止其受力过大而变形损坏。

当操作阀在中位时候，32 泵通过 V 口向上车回转系统供油。

在垂直油缸上装有双向液压锁，作用是防止行驶时由于重力作用活塞杆伸出以及在作业时油缸回缩。

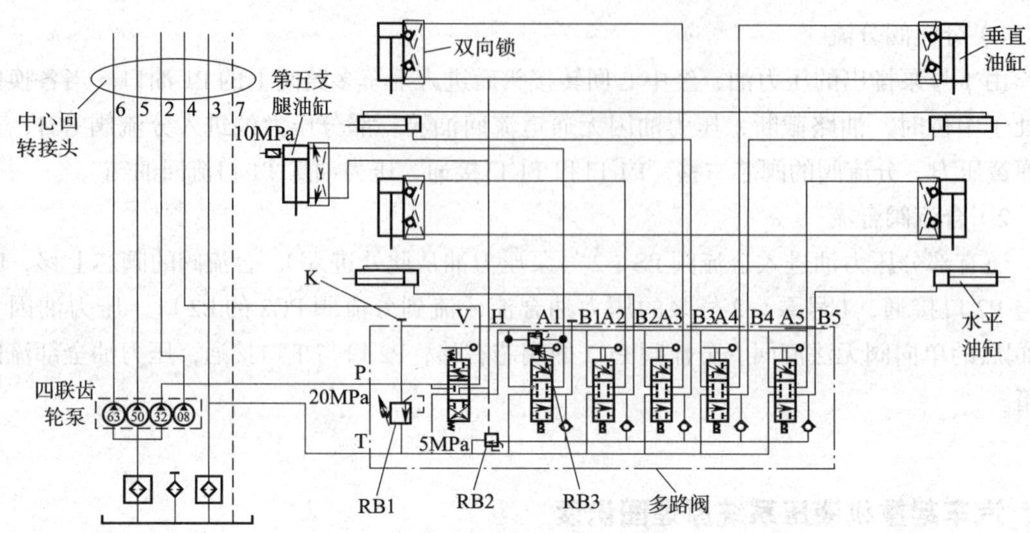

图 1—4—16 QY25 型汽车起重机下车液压系统原理图

（2）上车液压系统

图 1—4—17 为 QY25 型汽车起重机上车液压系统原理图。液控先导式操纵的多路换向阀控制系统中，主操纵阀为阀前补偿的负载敏感式比例多路换向阀，先导阀采用比例式减压阀。因为先导阀手柄移动的角度与输出压力成正比，主操纵阀的阀芯位移与先导阀输出压力成正比，所以整机具有良好的微动性；同时，负载敏感阀使执行元件的运动速度与负载无关，降低了操作者的操作难度，减轻了操作者的劳动强度。卷扬机构采用变量马达使整机具有轻载高速、重载低速的特点。

1）起升油路

泵的最大排量为 63 ml/r，变量马达的排量为 55 ml/r。起升油路卷扬制动器为常闭式。当控制主起升的先导控制阀时，从先导控制阀输出的控制油通过梭阀使液控换向阀换向，使来自于多路阀且经过减压的压力油通过液控换向阀和单向节流阀，开启卷扬制动器，解除制动，从而进行正常的升起或下降动作。

当先导控制阀回中位时，控制油路中的压力油从液控换向阀回油箱，制动器在弹簧的作用下复位，制动开启。

2）回转油路

泵的最大排量为 32 ml/r，定量柱塞马达的排量为 28 ml/r。回转制动器的开启由电磁阀控制：电磁阀失电，制动器闭死（回转制动）；电磁阀得电，制动器在压力油的作用下开启（回转制动解除）。所以上车部分做回转运动时，操作者必须按住先导操纵手柄上控制回转运动的按钮，或直接打开操纵面板上的回转制动开关。回转主油路具有自由滑转功能。当吊臂在起重作业受到侧拉时按下自由滑转开关（在左操纵手柄的外侧、右操纵手柄的内侧），转台能够自动找正，使吊臂中心线所在平面转至重物重心上方，防止吊臂

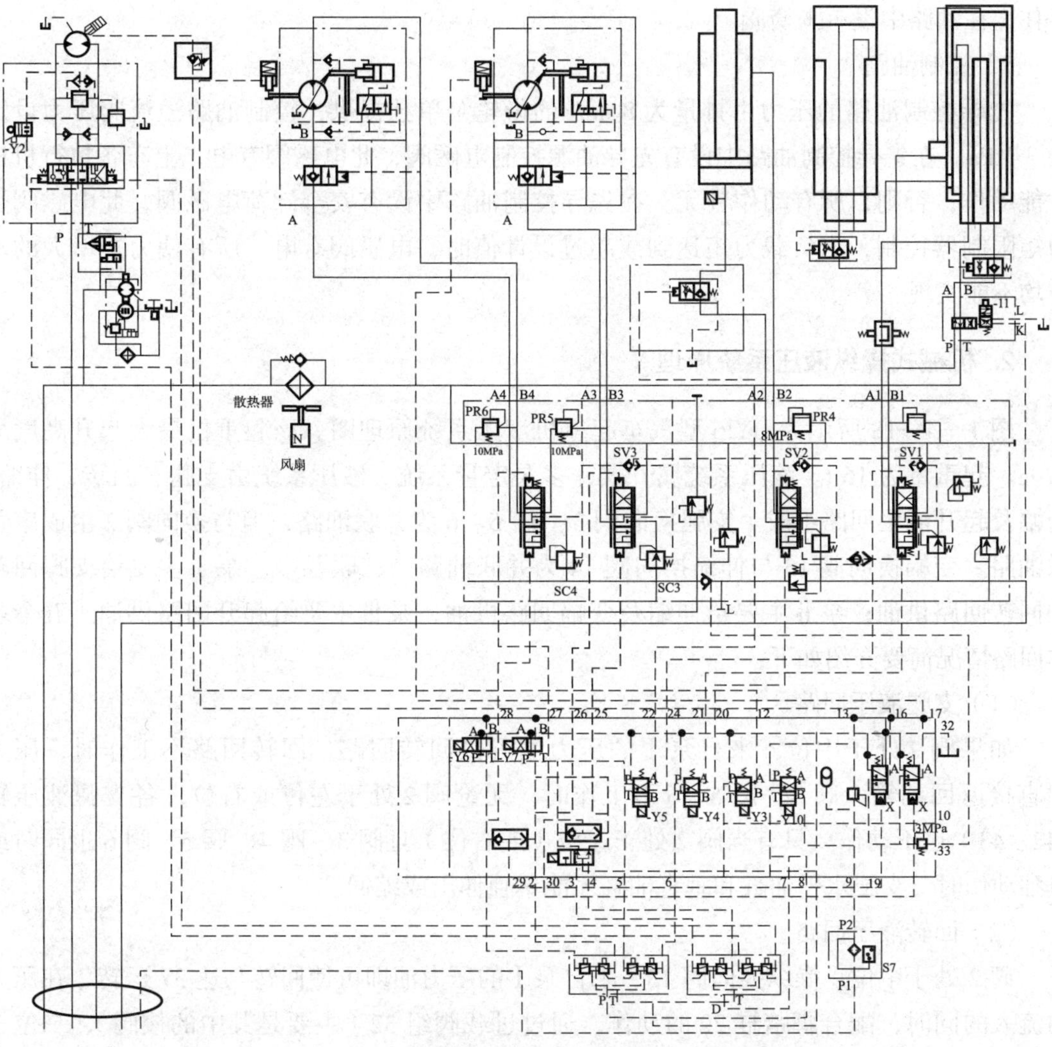

图 1—4—17　QY25 型汽车起重机液压系统原理图

受到侧向力而导致弯曲、折断或倾翻。

3）变幅油路

泵的最大排量为 50 ml/r。变幅下降时，系统的最高压力调定为 8 MPa。为了使变幅下降平稳或可靠停住，油路中设有外控式内泄平衡阀。为了给力矩限制器提供稳定的压力信号，平衡阀的进油腔和回油腔均设置了压力传感器，以实现过载卸荷。

4）伸缩油路

泵的最大排量为 50 ml/r。该起重机共有五节主臂，第一级油缸带动二节臂组件伸出，第二级油缸带动三、四、五节臂同步伸缩。为了使吊臂伸出时不会因为压力过高而使活塞杆弯曲，限压阀（二次压力溢流阀）压力调定为 14 MPa。为了使吊臂回缩平稳或可靠停住，在油路中设有平衡阀。

5）控制油路

先导控制油路的压力由排量为 8 ml/r 的齿轮泵单独提供，控制油路溢流阀压力设定为 3 MPa。在先导控制油路中设有先导油源控制电磁阀，此电磁阀有电，上车各执行机构才能动作；否则，所有动作皆无。在先导控制油路中设有安全卸荷电磁阀，此电磁阀受力矩限制器控制，当负载力矩达到或超过设计值时，电磁阀有电，所有使力矩增大的动作均不能实现。

2. 机械式操纵液压系统原理

图 1—4—18 所示为 QYl6 型汽车起重机液压系统原理图。该起重机最大起升高度为 19 m，起重量为 16 t。液压系统属开式、多泵定量系统。液压系统由支腿、回转、伸缩、变幅及起升液压回路组成。支腿换向阀 3、4、5、6 为并联油路，但与换向阀 2 组成串并联油路。变幅换向阀 15 与伸缩换向阀 14 为并联油路。三联泵中，泵Ⅰ主要给支腿回路和回转回路供油；泵Ⅱ主要给伸缩及变幅回路供油；泵Ⅲ主要给起升回路供油。五个基本回路情况简要介绍如下：

（1）支腿液压回路

如果阀 2 处于中位，来自泵Ⅰ的压力油可供回转回路。回转回路不工作时，压力油直接返回油箱。阀 3、4、5、6 不工作时，无论阀 2 处于左位或右位，各支腿液压缸（42、43）也不动作。只有当阀 2 处于左位（或右位）且阀 3、阀 4、阀 5、阀 6 也同时或单独动作时，支腿水平油缸和垂直油缸才能单独伸出或缩回。

（2）回转液压回路

阀 2 处于中位，操纵换向阀 13，来自泵Ⅰ的压力油即可使回转马达 37 运转。在压力油流入的同时，配合脚踏缸 22 的动作，通过过载阀组 32（主要是其中的梭阀）、二位三通制动阀 34，可使液压马达制动闸 33（常闭式）及时松闸。

（3）伸缩液压回路

来自泵Ⅱ的压力油经伸缩换向阀 14（三位六通手动控制式）右位（或左位）、平衡阀 27，使伸缩油缸 38 完成油缸杆的伸出或缩回。伸缩油缸 38 中压力油的压力由远控溢流阀 20、二位三通电磁换向阀 19 进行控制。当油路压力超过调定值时，安装在进油路上的压力继电器会使电磁阀 19 通电，从而实现压力油卸荷。

（4）变幅液压回路

变幅液压回路由泵Ⅱ、变幅换向阀 15、远控溢流阀 20、过载阀 23、平衡阀 28 及变幅油缸 39 等组成。这个回路还设置有应急手动液压泵 46。当泵Ⅱ因故不能供油时，利用应急手动液压泵 46 及快速接头 47，可以实现动臂应急下降。

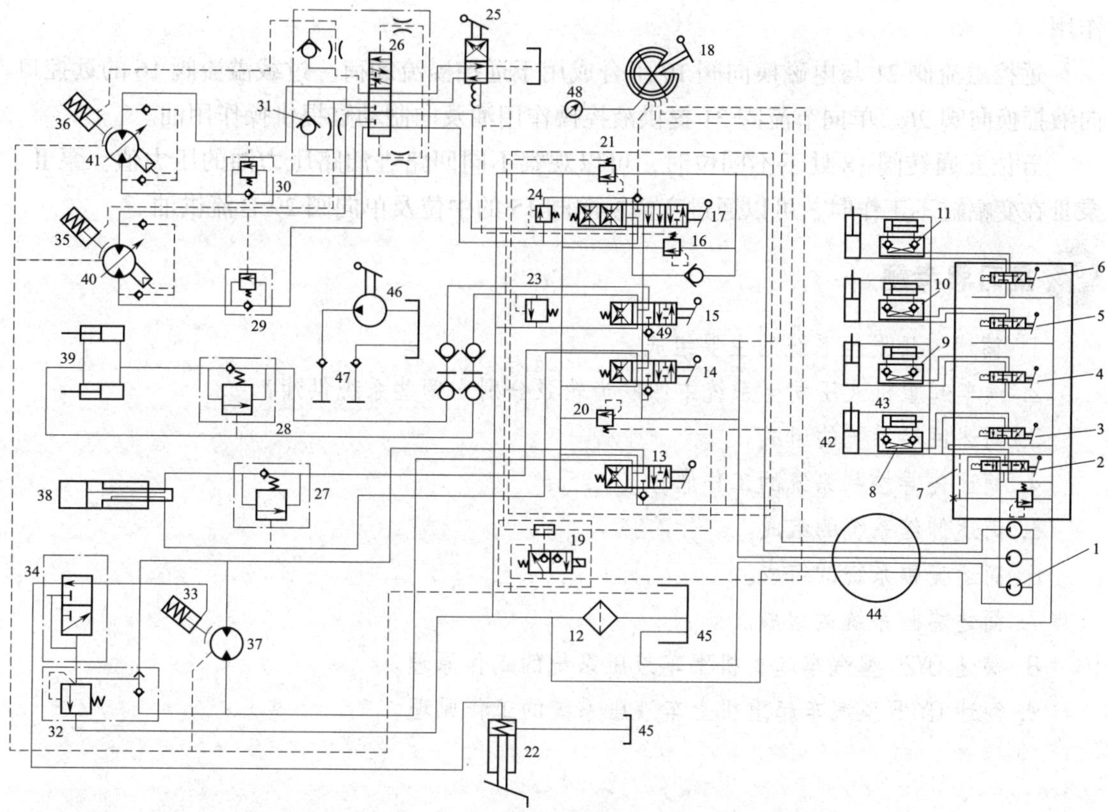

图 1—4—18　QY16 型汽车起重机液压系统原理图

1—三联液压泵　2—支腿换向阀　3、4、5、6—支腿选择阀　7—油管　8、9、10、11—双向液压锁　12—滤油器　13—回转换向阀　14—伸缩换向阀　15—变幅换向阀　16—过载溢流阀　17—卷扬换向阀　18—五位五通转阀　19—二位三通电磁换向阀　20、21—远控溢流阀　22—脚踏缸　23、24—过载阀　25—主、副卷扬选择阀　26—液控换向阀　27、28、29、30—平衡阀　31—单向节流阀　32—过载阀组（溢流阀 + 梭阀）　33、35、36—马达制动闸　34—二位三通制动阀　37—回转马达　38—伸缩油缸　39—变幅油缸　40—副卷扬马达　41—主卷扬马达　42—水平支腿油缸　43—垂直支腿油缸　44—中心回转接头　45—油箱　46—应急手动液压泵　47—快速接头　48—压力表　49—单向阀

（5）起升液压回路

起升液压回路由泵Ⅲ，泵Ⅱ，卷扬换向阀 17（五位六通手动控制式，有两位属于过渡位），远控溢流阀 21，过载（补油）阀 24，主、副卷扬选择阀 25，液控换向阀 26（二位十通），单向节流阀 31，平衡阀 29、30，副卷扬马达 40，主卷扬马达 41，马达制动阀 35、36 等组成。卷扬换向阀 17 处于不同位时，可使马达 40、41 正、反转（即吊钩升起、下降动作）。

主、副卷扬选择阀 25 的不同位起选择主、副起升机构的作用。单向节流阀 31 用于缓慢松闸和快速上闸。在卷扬下降工况时，如果下降过速，阀 24 将对进油路起补油作用。

远控溢流阀 21 与电磁换向阀 19 组合成用于远控溢流卸荷。过载溢流阀 16 的远控口向液控换向阀 26、单向节流阀 31 提供液控操作用油及向制动缸提供操作用油。

五位五通转阀 18 处于不同位时，可以观察不同回路进油路压力油的压力值。泵Ⅱ、泵Ⅲ在变幅缸不工作时，可以通过变幅换向阀 15 的中位及单向阀 29 合流供油。

复习思考题

1. 简述液压发生系统的主要组成。
2. 汽车起重机液压发生系统中四联齿轮泵分别向哪些系统供油?
3. 简述回转系统的组成。
4. 简述先导控制系统的工作原理。
5. 简述伸缩系统的组成。
6. 简述变幅系统的组成。
7. 简述卷扬系统的组成。
8. 简述 QY25 型汽车起重机下车液压系统的工作原理。
9. 简述 QY25 型汽车起重机上车液压系统的工作原理。

模块二 装载机液电系统安装与调试

装载机是工程机械的典型产品，其液电系统较简单，所以首先介绍其液电系统的安装与调试，为学习压路机、挖掘机和汽车起重机液电系统安装与调试打下坚实的基础。本模块以装载机执行机构和通用实训平台为载体，介绍装载机的机械结构、作用及液电系统相关知识。通过学习和实训，可以熟练掌握装载机手动控制、电动控制、先导控制系统的安装与调试，并能够进行液电系统常见故障的分析与排除。

课题 1 装载机液电系统认知

学习目标

1. 了解装载机机械结构组成及功能。
2. 熟悉装载机液压系统与电气系统的工作原理。
3. 掌握装载机液电系统的结构和功能。

一、装载机机械结构组成及功能

1. 发动机

发动机系统由柴油机、空气滤清器、排气管、冷却系统及其管路等组成，如图 2—1—1 所示。它为装载机的行走、作业等提供动力，保证其正常行驶和施工作业。

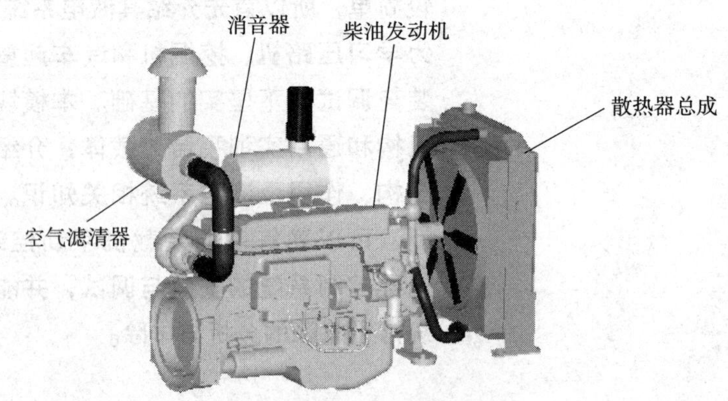

图 2—1—1 装载机发动机

2. 传动系统

传动系统由液力变矩器和变速箱，油路系统，传动轴，前、后驱动桥和车轮等组成，如图 2—1—2 所示。传动系统将动力装置的动力按需要传给驱动轮和其他操纵机构（如工作油泵、转向油泵等），并解决动力装置功率输出特性和行走装置动力需求之间的矛盾，如降低转速而增大转矩，使装载机倒退行驶，必要时中断传动，起差速作用。

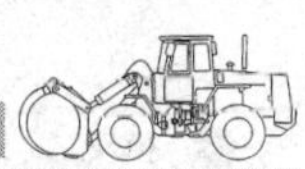

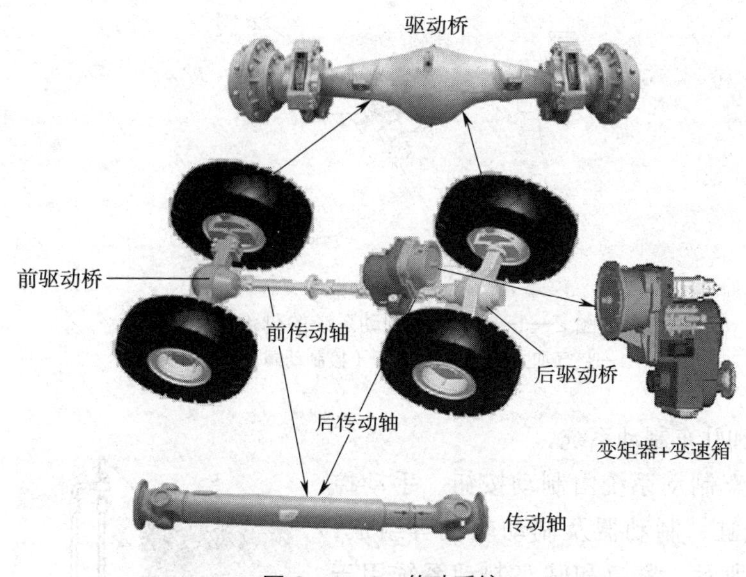

图 2—1—2 传动系统

3. 制动系统

制动系统由行车制动系统（俗称脚制动）、紧急和驻车制动系统（俗称手制动）两部分组成，如图 2—1—3 所示。

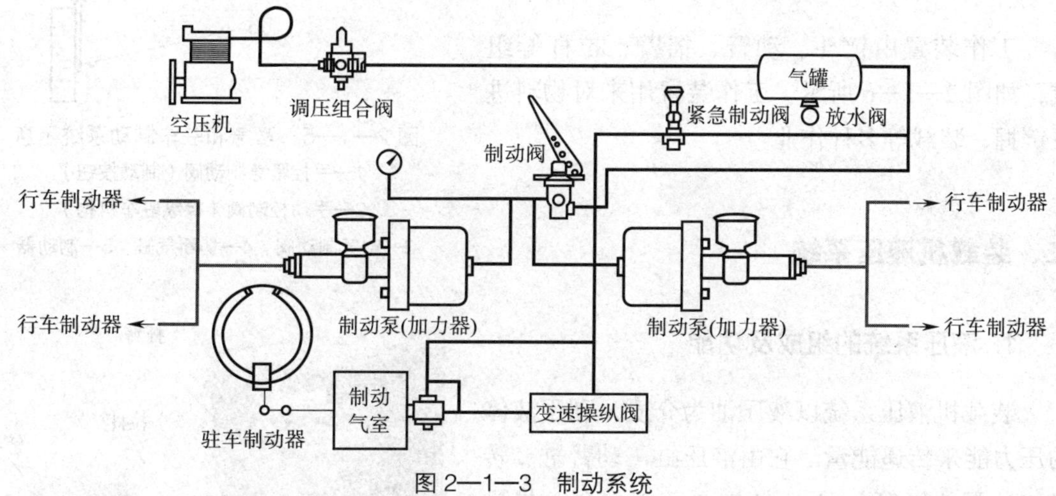

图 2—1—3 制动系统

（1）行车制动系统

行车制动系统由空气压缩机、多功能卸荷阀（油水分离组合阀）、储气缸、制动总阀、加力泵组、制动钳等组成。行车制动系统的脚踏板连接如图 2—1—4 所示。行车制动系统用于一般行驶中经常性的速度控制（即减速）、停车。此系统还具有低压起动保护功能，用于行车起动时的保护。

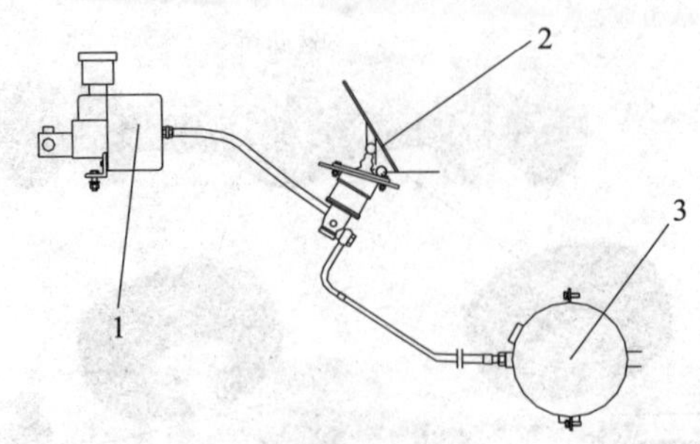

图 2—1—4　行车制动系统的脚踏板连接
1—空气加力泵　2—脚踏板（接制动阀）　3—加力器

（2）紧急和驻车制动系统

紧急和驻车制动系统由制动按钮、手动控制阀、制动气缸、制动器及制动软轴等组成，如图 2—1—5 所示。紧急和驻车制动系统用于装载机在运行中出现紧急情况时的制动，装载机在平地或坡道上长时间停车，以及当制动系统气压过低时起安全保护作用。

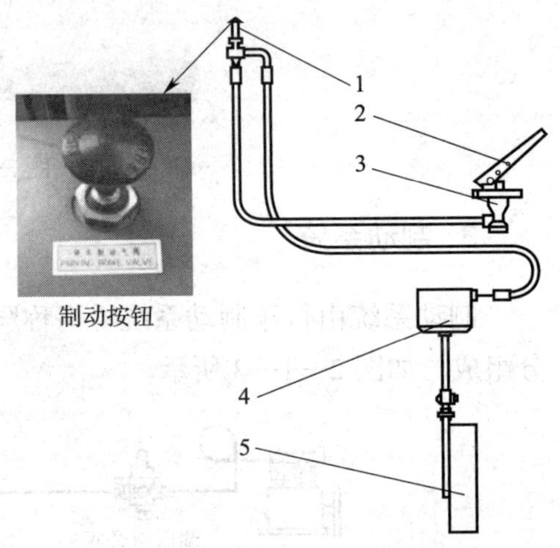

图 2—1—5　紧急和驻车制动系统示意
1—手控紧急制动阀（制动按钮）
2—手动控制阀（操纵驻车机构）
3—空气制动阀　4—切断气缸　5—制动器

4. 工作装置

工作装置由铲斗、动臂、摇臂、拉杆等组成，如图 2—1—6 所示。工作装置用来对物料进行铲掘、装载等多种作业。

二、装载机液压系统

1. 液压系统的组成及功能

装载机液压系统以液压油为介质，利用液体的压力能来传递能量。它由液压缸（动臂缸、转向缸、翻斗缸等）、泵（转向泵、工作泵、先导泵等）、阀（分配阀、流量放大阀、先导阀等）以及液压管路接头等组成。装载机液压系统包括工作液压系统、先导控制液压系统、转向液压系统。工作液压系统用于控制铲斗的翻转及动臂的升降。转向液压系统用于控制转向。先导控制系

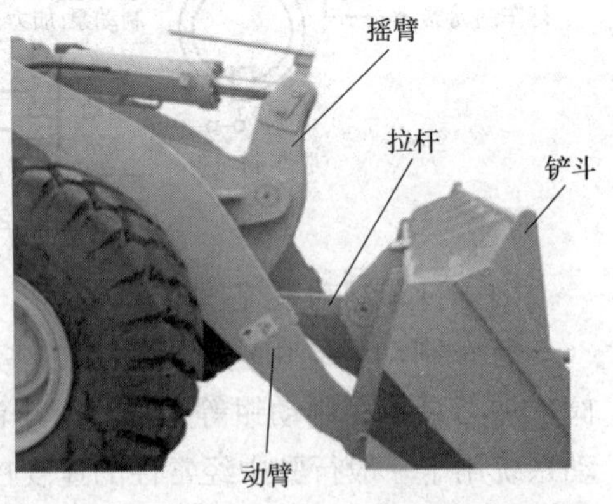

图 2—1—6　装载机工作装置结构

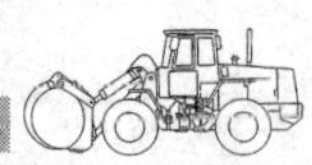

统使操纵轻松自如，降低了装载机操纵的工作强度。如图 2—1—7 所示为小型装载机液压系统原理图。以图 2—1—7 为例，介绍装载机液压系统（包括工作液压系统、先导控制系统、转向液压系统）工作原理。

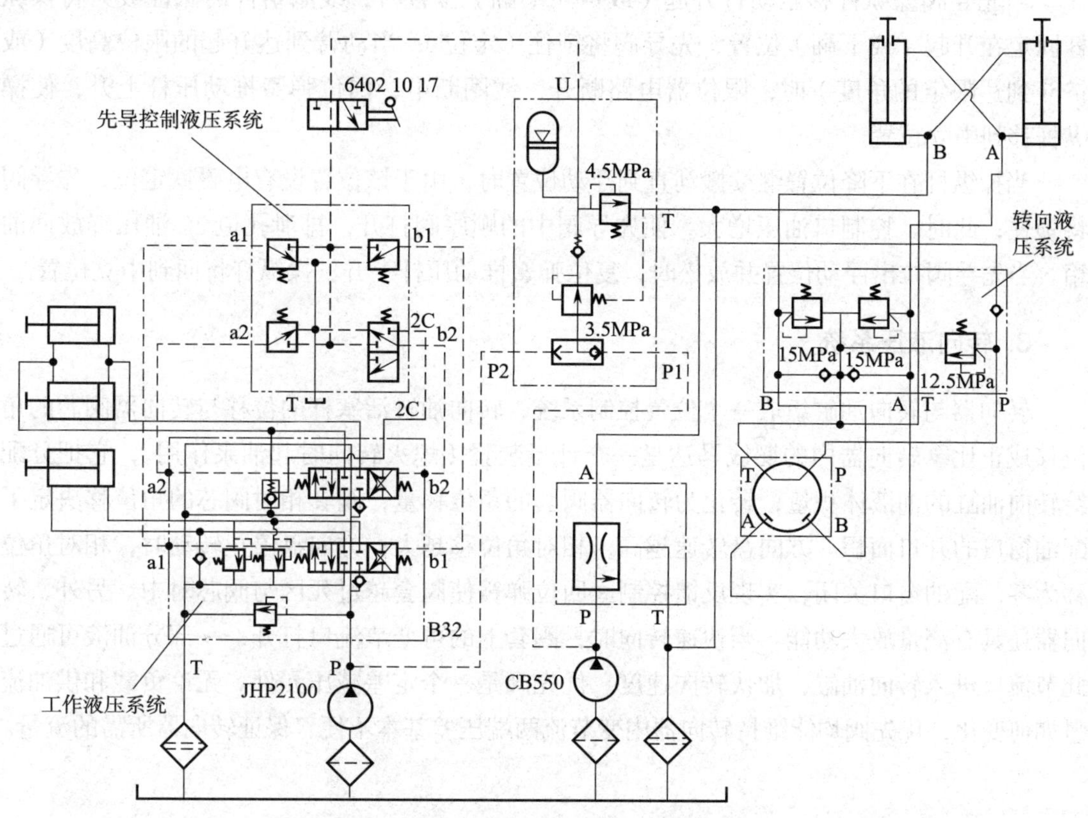

图 2—1—7　小型装载机液压系统原理图

2. 工作液压系统和先导控制系统

先导阀有铲斗操纵杆和动臂操纵杆。铲斗操纵杆有下翻、中立和上翻三个位置，动臂操纵杆有升起、中立、下降和浮动四个位置，在升起、浮动和下翻等位置设有电磁铁定位。

当操纵杆在中立位置时，滑阀处于起始位置，进油腔、回油腔均不相通，控制口与回油腔相通，多路阀处于中位。

当扳动操纵杆压下压销时，压杆被推动而向下移动，使计量弹簧推动计量阀芯也向下移动，截断控制油腔与回油腔的通路，连通进油腔与控制油腔，先导压力油到达多路阀的一端，推动多路阀阀芯移动，实现换向动作。

同时，控制油腔的压力油作用在计量阀芯的下端，并与计量弹簧力平衡。操纵杆保持在某一位置，则弹簧力一定，控制油腔的压力也一定，与定值减压阀的动作过程相似。

弹簧力因操纵杆摆角的变化而变化。摆角大，弹簧力大，控制腔压力高，多路阀阀芯承受的推力也相应增大，即主阀阀芯的行程与先导阀的手柄操纵角度成正比关系，从而实现比例先导控制。

当先导阀操纵杆移至动臂升起（或铲斗下翻）位置时，线圈组件的磁性吸力将操纵杆固定在升起（或下翻）位置，先导阀将锁住（定位）；当动臂到达升起的限位高度（或铲斗到达限定的角度）时，限位器电路断开，线圈断电，回位弹簧推动压杆上升，使操纵杆移到中立位置。

当操纵杆在下降位置继续搬动直到浮动位置时，由于该位置设有电磁铁定位，先导阀将锁住；此时，控制口油压增大，使先导阀中的顺序阀打开，排泄孔道 2C 油压释放回油箱。当先导阀拉出浮动位置并放松时，复位弹簧推动压杆上升，操纵杆将回到中立位置。

3. 转向液压系统

转向器与转向油缸组成一个位置控制系统，转向油缸活塞杆的位移与转向器阀芯的角位移成正比。转向器内的摆线马达是一个计量装置（熄火转向时起油泵作用），它把分配给转向油缸的油液体积量，转化为转向器阀套的角位移量，阀套相对阀芯的角位移决定了配油窗口的开口面积。方向盘转速越高，相对角位移越大；方向盘停止转动时，相对角位移为零，配油窗口关闭，实现反馈控制。回位弹簧使阀套越过死区与阀芯对中。另外，转向器还具有流量放大功能。当快速转向时，阀套上的可变节流口打开，一部分油液可通过此节流口进入转向油缸，加快转向速度。优先阀是一个定差减压元件。无论负载和供油流量如何变化，优先阀均能维持转向器内变节流两端压差基本不便，保证转向器所需的流量。

三、装载机电气系统

1. 电气系统的组成及功能

装载机电气系统由电源部分、起动部分、照明信号部分、监测显示部分、辅助部分等组成。

（1）电源部分：包括蓄电池（电瓶）、发电机和调节器等。

（2）起动装置：以起动机为主。

（3）照明信号设备：照明和信号灯以及喇叭、蜂鸣器等。

（4）仪表检测监测显示设备：油压表、水温表、电流表、气压表、低压报警装置等。

（5）电子控制设备：电磁控制阀、微处理器、显示器、滤波及放大电路等。

（6）辅助设备：刮水器、空调等。

装载机电气系统的主要功能是起动发动机，向照明信号设备、仪表检测设备、电控

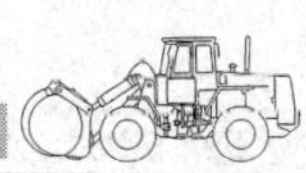

设备和其他辅助设备供电。

2. 电气系统各部分工作原理

（1）电源部分

1）蓄电池

装载机使用2只蓄电池串联：第一只蓄电池正极接到电源总开关，第二只蓄电池负极搭铁，合上电源总开关，即可向全车供电。

2）交流发电机

硅整流交流发电机由发动机驱动。在发动机正常工作转速范围内，装载机上所有用电设备主要靠发电机供电。而且当蓄电池电量不足时，发电机向其充电，将多余的电能转换为化学能储存起来，以备下次使用。

3）调节器

它用于调节发电机输出电压，具有自动调整发电机励磁电流，保证发电机输出电压稳定的功能。

（2）起动部分

起动部分主要由点火开关、电源总开关、起动电动机等成。起动时，将点火开关置于“ON”，电源总开关工作；再将点火开关置于“START”，起动电动机工作，带动发动机飞轮旋转。起动发动机时，起动时间不要超过10 s。如果需连续起动，则起动间隔应大于3 min。严禁在发动机未完全停转时起动发动机。

（3）照明信号部分

装载机配有前、后照明灯，工作灯，前、后转向灯，前、后示宽灯，后转向灯，仪表灯，制动车灯等。另外装载机一般还设置报警指示灯组，适时进行左转向、右转向、充电、低气压、低油压报警。

（4）仪表显示部分

装载机上的仪表可以将正在工作的装载机重要部位的状态参数显示给操作人员，使操作人员及时了解整机的运行情况，以便适时采取措施，保证车辆在良好的状态下工作，防止发生人身或机械事故。

装载机一般有六种仪表：电压表、制动气压表、变矩器油温表、燃油油位表、发动机转速小时表、发动机水温表。

复习思考题

1. 简述装载机机械结构及功能。
2. 简述装载机传动系统组成。
3. 简述装载机制动系统组成。

4. 简述装载机液压系统组成及功能。
5. 简述装载机转向液压系统工作原理。
6. 简述装载机电气系统组成及功能。
7. 简述装载机电气系统各部分工作原理。

课题 2 装载机手动控制系统安装与调试

学习目标

1. 了解装载机手动控制系统的液压元件组成。
2. 熟悉装载机手动控制系统的动作和任务要求。
3. 掌握装载机手动控制系统的工作原理图绘制和动作顺序表的编制。
4. 掌握装载机手动控制系统的安装与调试。

一、液压元件组成及动作要求

1. 液压元件组成

液压元件包括液压泵站、转向器、转向油缸、动臂手动换向阀、动臂油缸、铲斗手动换向阀、铲斗油缸双作用安全阀、溢流阀、单向阀、电磁换向阀。

2. 动作要求

（1）手动阀控制动臂升降。
（2）手动阀控制铲斗的上翻、下翻。
（3）转向器控制工作装置的转向。

二、设备需求和任务要求

1. 设备需求

装载机执行机构、液压通用实训平台（简称液压实训台）。

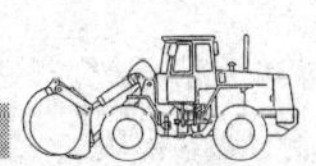

2. 任务要求

采用给出的液压元件设计装载机手动控制液电系统（溢流阀远程卸荷），并在液压实训台上进行安装与调试。具体要求如下：

（1）后拉动臂换向阀手柄，动臂升起；前推动臂换向阀手柄，动臂下降。

（2）后拉铲斗换向阀手柄，铲斗上翻；前推铲斗换向阀手柄，铲斗下翻。

（3）方向盘左转，装载机左转；方向盘右转，装载机右转。

（4）动臂换向阀、铲斗换向阀和方向盘均在中位时，装载机无动作。

（5）符合条件（4）时，放松双作用安全阀，铲斗慢慢下翻。

（6）实现动作顺序：动臂起→铲斗下翻→左转→右转→铲斗上翻→动臂落。

三、装载机手动控制系统工作原理图

工作原理图如图 2—2—1 所示。

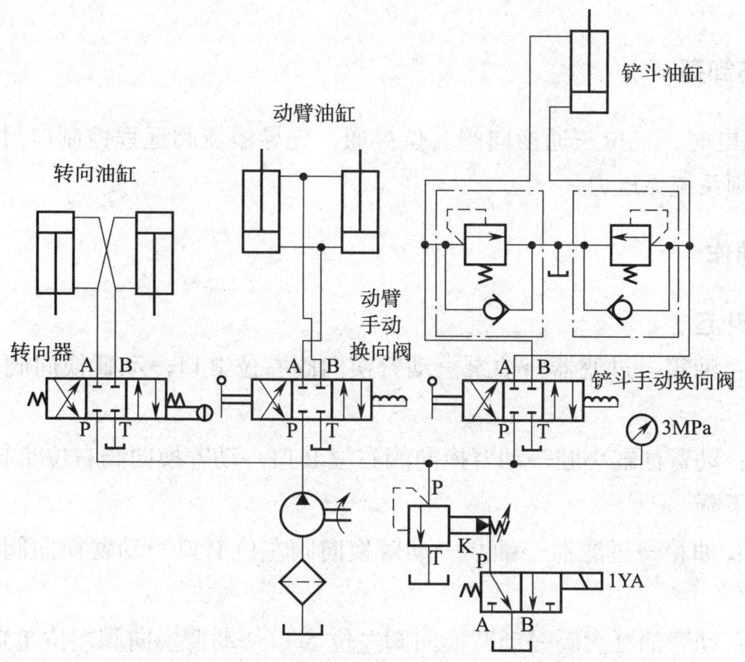

图 2—2—1　装载机手动控制系统工作原理图

四、装载机手动控制动作顺序表

动作顺序见表 2—2—1。

表 2—2—1　　装载机手动控制动作顺序表

工况	动臂阀动作	铲斗阀动作	转向器动作	卸荷阀动作
				1YA
加载	中位	中位	中位	+
动臂升起	右位	中位	中位	+
铲斗下翻	中位	左位	中位	+
左转	中位	中位	左位	+
右转	中位	中位	右位	+
铲斗上翻	中位	右位	中位	+
动臂下降	左位	中位	中位	+
停止	中位	中位	中位	−

五、油路分析

1. 加载与卸荷

当 1YA 通电时，二位三通换向阀右位接通，先导溢流阀远程控制口封闭，系统建立压力。反之，则系统无压力。

2. 动臂动作

（1）动臂升起

进油线路：油箱→过滤器→油泵→动臂换向阀右位 P 口→动臂换向阀右位 A 口→动臂油缸大腔。

回油线路：动臂油缸小腔→动臂换向阀右位 B 口→动臂换向阀右位 T 口→油箱。

（2）动臂下降

进油线路：油箱→过滤器→油泵→动臂换向阀左位 P 口→动臂换向阀左位 B 口→动臂油缸小腔。

回油线路：动臂油缸大腔→动臂换向阀左位 A 口→动臂换向阀左位 T 口→油箱。

（3）动臂停止

油箱→过滤器→油泵→动臂换向阀中位（O 型中位机能）→停止，经溢流阀流回油箱。

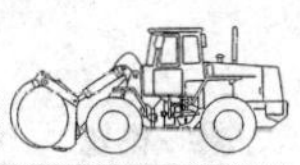

3. 铲斗动作

（1）铲斗上翻

进油线路：油箱→过滤器→油泵→铲斗换向阀右位 P 口→铲斗换向阀右位 A 口→铲斗油缸大腔。

回油线路：铲斗油缸小腔→铲斗换向阀右位 B 口→铲斗换向阀右位 T 口→油箱。

（2）铲斗下翻

进油线路：油箱→过滤器→油泵→铲斗换向阀左位 P 口→铲斗换向阀左位 B 口→铲斗油缸小腔。

回油线路：铲斗油缸大腔→铲斗换向阀左位 A 口→铲斗换向阀左位 T 口→油箱。

（3）铲斗停止

油箱→过滤器→油泵→铲斗换向阀中位（O 型中位机能）→停止，经溢流阀流回油箱。

4. 转向动作

（1）左转

进油线路：油箱→过滤器→油泵→转向器左位 P 口→转向器左位 B 口→左缸大腔和右缸小腔。

回油线路：左缸小腔和右缸大腔→转向器左位 A 口→转向器左位 T 口→油箱。

（2）右转

进油线路：油箱→过滤器→油泵→转向器右位 P 口→转向器右位 A 口→左缸小腔和右缸大腔。

回油线路：左缸大腔和右缸小腔→转向器右位 B 口→转向器右位 T 口→油箱。

（3）转向停止

油箱→过滤器→油泵→转向器中位（O 型中位机能）→停止，经溢流阀流回油箱。

六、液压系统安装与调试

根据装载机手动控制系统工作原理图，结合图 2—2—2 所示的连接示意图，进行装载机手动控制系统的安装。

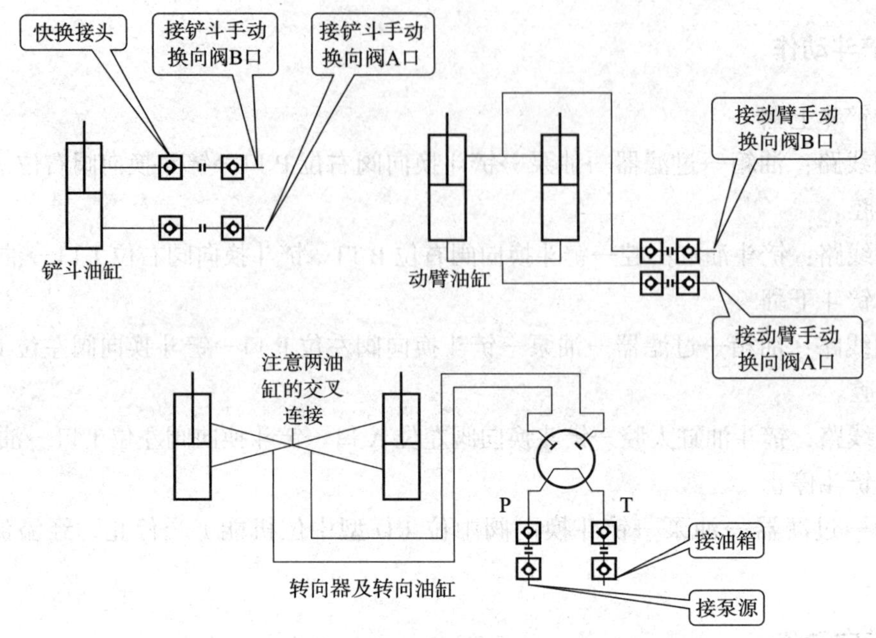

图 2—2—2 装载机手动控制系统安装示意图

系统调试步骤如下：

1. 接通电源。
2. 放松溢流阀至零位状态。
3. 起动液压泵。
4. 打开先导油源开关旋钮，使 1YA 通电，压力表的压力指数会有微微上升。
5. 顺时针旋紧溢流阀调节手柄，压力表的压力指数调整到 3 MPa。
6. 根据动作顺序表的步骤进行调试。动作顺序：后拉动臂手柄，动臂升起；前推铲斗手柄，铲斗下翻；方向盘左转，装载机执行机构左转；方向盘右转，装载机执行机构右转；后拉铲斗手柄，铲斗上翻；前推动臂手柄，动臂下降。
7. 放松溢流阀，使压力回零。
8. 关闭先导油源开关旋钮，使 1YA 断电。
9. 停泵，并断开电源。

复习思考题

1. 简述装载机手动控制系统的液压元件。
2. 简述装载机手动控制系统的动作要求。
3. 简述装载机手动控制系统安装与调试的任务要求。
4. 简述装载机手动控制系统的工作原理。

5. 根据任务要求和工作原理图编制装载机手动控制系统的动作顺序表。
6. 简述装载机手动控制系统的油路。
7. 简述装载机手动控制系统的调试步骤。

课题 3 装载机电动控制系统安装与调试

学习目标

1. 了解装载机电动控制系统的液压元件组成。
2. 熟悉装载机电动控制系统需要完成的动作和任务要求。
3. 掌握装载机电动控制系统的工作原理图绘制和动作顺序表的编制。
4. 掌握装载机电动控制系统的安装与调试。

一、液压元件组成和动作要求

1. 液压元件组成

液压元件包括液压泵站、转向器、转向油缸、动臂电磁换向阀、动臂油缸、铲斗电磁换向阀、铲斗油缸、双作用安全阀、溢流阀、单向阀、电磁换向阀。

2. 动作要求

（1）电磁换向阀控制动臂升降。
（2）电磁换向阀控制铲斗的上翻、下翻。
（3）转向器控制工作装置的转向。

二、设备需求和任务要求

1. 设备需求

装载机执行机构、液压通用实训平台。

2. 任务要求

采用给出的液压元件设计装载机电动控制液电系统（溢流阀远程卸荷），并在液压实训台上进行安装与调试。具体要求如下：

（1）操纵动臂换向阀，使2YA通电，动臂升起；操纵动臂换向阀，使3YA通电，动臂下降。

（2）操纵铲斗换向阀，使4YA通电，铲斗上翻；操纵铲斗换向阀，使5YA通电，铲斗下翻。

（3）方向盘左转，装载机左转；方向盘右转，装载机右转。

（4）动臂换向阀、铲斗换向阀和方向盘均在中位时，装载机无动作。

（5）中位无动作，且符合条件（4）时，放松双作用安全阀，铲斗慢慢下翻。

（6）实现动作顺序：动臂起→铲斗下翻→左转→右转→铲斗上翻→动臂下降。

三、装载机电动控制系统工作原理图

工作原理图如图2—3—1所示。

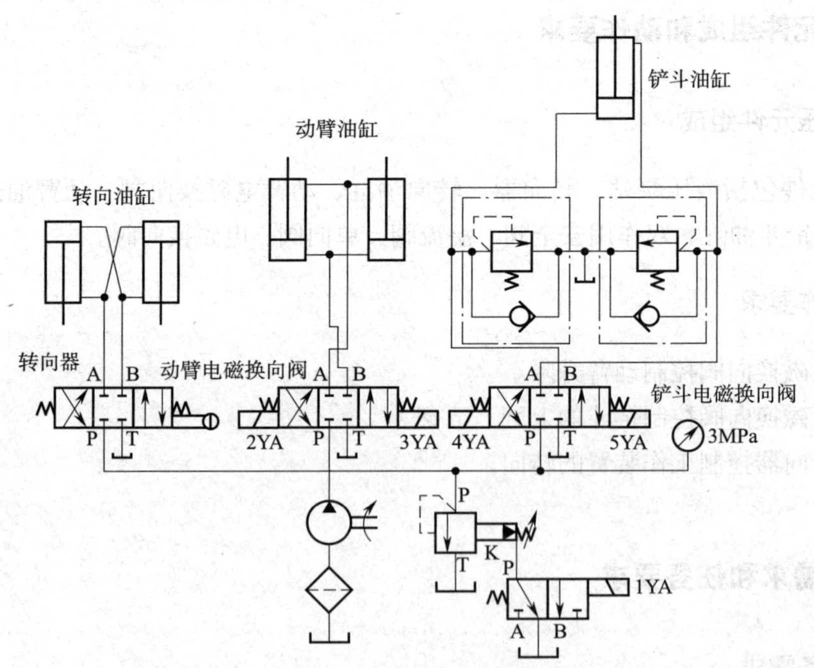

图2—3—1 装载机电动控制系统工作原理图

四、装载机电动控制动作顺序表

动作顺序见表 2—3—1。

表 2—3—1　　装载机电动控制动作顺序表

工况	动臂阀动作		铲斗阀动作		转向器动作	卸荷阀动作
	2YA	3YA	4YA	5YA		1YA
加载	–	–	–	–	中位	+
动臂升起	+	–	–	–	中位	+
铲斗下翻	–	–	–	+	中位	+
左转	–	–	–	–	左位	+
右转	–	–	–	–	右位	+
铲斗上翻	–	–	+	–	中位	+
动臂下降	–	+	–	–	中位	+
卸荷	–	–	–	–	中位	–

五、油路分析

1. 加载与卸荷

当 1YA 通电时，二位三通换向阀右位接通，先导溢流阀远程控制口封闭，系统建立压力。反之，则系统无压力。

2. 动臂动作

（1）动臂升起

进油线路：油箱→过滤器→油泵→动臂换向阀左位 P 口（2YA 通电）→动臂换向阀左位 B 口→动臂油缸大腔。

回油线路：动臂油缸小腔→动臂换向阀左位 A 口（2YA 通电）→动臂换向阀左位 T 口→油箱。

（2）动臂下降

进油线路：油箱→过滤器→油泵→动臂换向阀右位 P 口（3YA 通电）→动臂换向阀右位 A 口→动臂油缸小腔。

回油线路：动臂油缸大腔→动臂换向阀右位 B 口→动臂换向阀右位 T 口（3YA 通电）→油箱。

（3）动臂停止

油箱→过滤器→油泵→动臂换向阀中位（O 型中位机能）（2YA、3YA 均断电）→停止，经溢流阀流回油箱。

3. 铲斗动作

（1）铲斗上翻

进油线路：油箱→过滤器→油泵→铲斗换向阀左位 P 口（4YA 通电）→铲斗换向阀左位 B 口→铲斗油缸大腔。

回油线路：铲斗油缸小腔→铲斗换向阀左位 A 口（4YA 通电）→铲斗换向阀左位 T 口→油箱。

（2）铲斗下翻

进油线路：油箱→过滤器→油泵→铲斗换向阀右位 P 口（5YA 通电）→铲斗换向阀右位 A 口→铲斗油缸小腔。

回油线路：铲斗油缸大腔→铲斗换向阀右位 B 口（5YA 通电）→铲斗换向阀右位 T 口→油箱。

（3）铲斗停止

油箱→过滤器→油泵→铲斗换向阀中位（O 型中位机能）（4YA、5YA 均断电）→停止，经溢流阀流回油箱。

4. 转向动作

（1）左转

进油线路：油箱→过滤器→油泵→转向器左位 P 口→转向器左位 B 口→左缸大腔和右缸小腔。

回油线路：左缸小腔和右缸大腔→转向器左位 A 口→转向器左位 T 口→油箱。

（2）右转

进油线路：油箱→过滤器→油泵→转向器右位 P 口→转向器右位 A 口→左缸小腔和右缸大腔。

回油线路：左缸小腔和右缸大腔→转向器右位 B 口→转向器右位 T 口→油箱。

（3）转向停止

油箱→过滤器→油泵→转向器中位（O 型中位机能）→停止，经溢流阀流回油箱。

六、系统安装与调试

根据装载机液电系统工作原理图，结合图 2—3—2 所示的连接示意图，进行装载机

电动控制系统的安装。

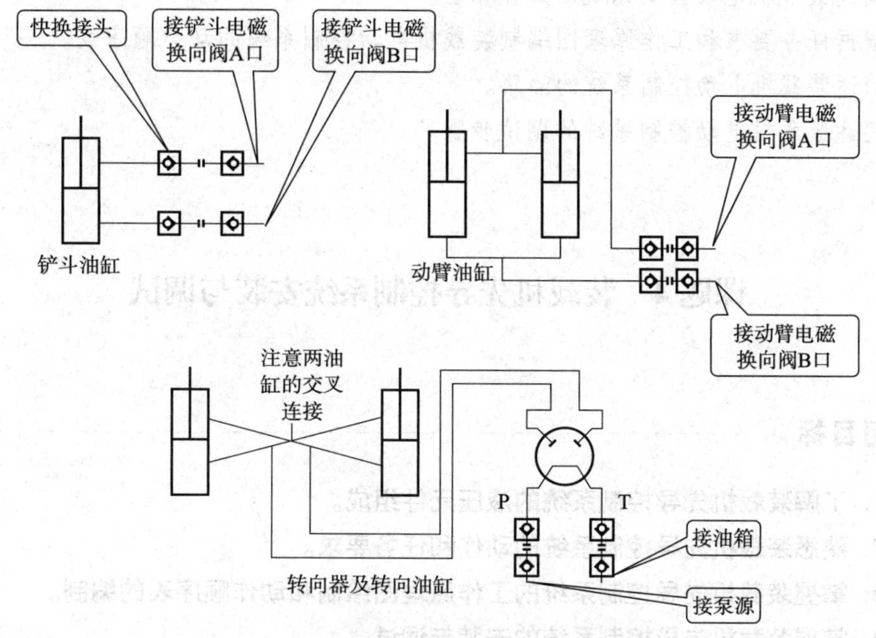

图 2—3—2　装载机电动控制系统安装示意图

系统调试步骤如下：

1. 接通电源。
2. 放松溢流阀至零位状态。
3. 起动液压泵。
4. 打开先导油源开关旋钮，使 1YA 通电，压力表的压力指数会有微微上升。
5. 顺时针旋紧溢流阀调节手柄，压力表的压力指数调整到 3 MPa。
6. 根据动作顺序表的步骤进行调试。动作顺序：按下按钮，使 2YA 通电，动臂升起；按下按钮，使 5YA 通电，铲斗下翻；方向盘左转，装载机执行机构左转；方向盘右转，装载机执行机构右转；按下按钮，使 4YA 通电，铲斗上翻；按下按钮，使 3YA 通电，动臂下降。
7. 放松溢流阀，使压力回零。
8. 关闭先导油源开关旋钮，使 1YA 断电。
9. 停泵，并断开电源。

复习思考题

1. 简述装载机电动控制系统的动作要求。
2. 简述装载机电动控制系统的液压元件。

3. 简述装载机电动控制系统安装与调试的任务要求。
4. 简述装载机电动控制系统的工作原理。
5. 根据任务要求和工作原理图编制装载机电动控制系统的动作顺序表。
6. 简述装载机电动控制系统的油路。
7. 简述装载机电动控制系统的调试步骤。

课题4 装载机先导控制系统安装与调试

学习目标

1. 了解装载机先导控制系统的液压元件组成。
2. 熟悉装载机先导控制系统的动作和任务要求。
3. 掌握装载机先导控制系统的工作原理图绘制和动作顺序表的编制。
4. 掌握装载机先导控制系统的安装与调试。

一、液压元件组成和动作要求

1. 液压元件组成

液压元件包括液压泵站、转向器、转向油缸、动臂液动换向阀、动臂油缸、铲斗液动换向阀、铲斗油缸、先导手柄、双作用安全阀、溢流阀、单向阀、电磁换向阀。

2. 动作要求

（1）先导控制手柄控制动臂升降。
（2）先导控制手柄控制铲斗的上翻和下翻。
（3）转向器控制工作装置的转向。

二、设备需求和任务要求

1. 设备需求

液压通用实训平台、装载机执行机构。

2. 任务要求

采用给出的液压元件设计装载机先导控制液压系统（溢流阀远程卸荷），并在液压实训台上进行安装与调试。具体要求如下：

（1）后拉先导手柄，动臂升起；前推先导手柄，动臂下降。

（2）左推先导手柄，铲斗上翻；右推先导手柄，铲斗下翻。

（3）方向盘左转，装载机左转；方向盘右转，装载机右转。

（4）动臂换向阀、铲斗换向阀和方向盘均在中位时，装载机无动作。

（5）符合条件（4）时，放松双作用安全阀，铲斗慢慢下翻。

（6）实现动作顺序：动臂起升→铲斗下翻→左转→右转→铲斗上翻→动臂下降。

三、装载机先导控制系统工作原理图

工作原理图如图 2—4—1 所示。

四、装载机先导控制动作顺序表

动作顺序见表 2—4—1。

表 2—4—1　　装载机先导控制动作顺序表

工况	动臂阀动作	铲斗阀动作	转向器动作	先导手柄动作	卸荷阀动作
					1YA
加载	中位	中位	中位	中位	+
动臂升起	右位	中位	中位	后位	+
铲斗下翻	中位	右位	中位	右位	+
左转	中位	中位	左位	中位	+
右转	中位	中位	右位	中位	+
铲斗上翻	中位	左位	中位	左位	+
动臂下降	左位	中位	中位	前位	+
卸荷	中位	中位	中位	中位	−

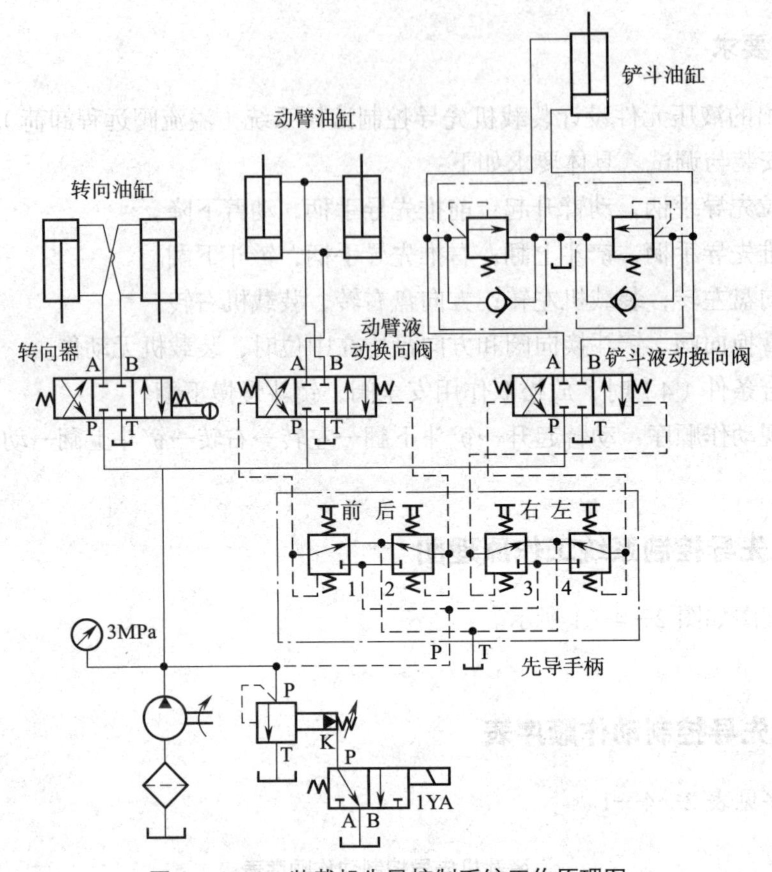

图 2—4—1 装载机先导控制系统工作原理图

五、油路分析

1. 加载与卸荷

当 1YA 通电时，二位三通换向阀右位接通，先导溢流阀远程控制口封闭，系统建立压力。反之，则系统无压力。

2. 动臂动作

（1）动臂起升

控制油路：油箱→过滤器→油泵→先导手柄 2 口→动臂液动换向阀（右控制口）→动臂液动换向阀右位接通。

主油路进油线路：油箱→过滤器→油泵→动臂液动换向阀右位 P 口→动臂液动换向阀右位 A 口→动臂油缸大腔。

主油路回油线路：动臂油缸小腔→动臂液动换向阀右位 B 口→动臂液动换向阀右位

T 口→油箱。

（2）动臂下降

控制油路：油箱→过滤器→油泵→先导手柄 1 口→动臂液动换向阀（左控制口）→动臂液动换向阀左位接通。

主油路进油线路：油箱→过滤器→油泵→动臂液动换向阀左位 P 口→动臂液动换向阀左位 B 口→动臂油缸小腔。

主油路回油线路：动臂油缸大腔→动臂液动换向阀左位 A 口→动臂液动换向阀左位 T 口→油箱。

（3）动臂停止

控制油路：油箱→过滤器→油泵→先导手柄。

主油路：油箱→过滤器→油泵→动臂液动换向阀中位（O 型中位机能）→停止，经溢流阀流回油箱。

3. 铲斗动作

（1）铲斗上翻

控制油路：油箱→过滤器→油泵→先导手柄 4 口→铲斗液动换向阀（左控制口）→铲斗液动阀左位接通

主油路进油线路：油箱→过滤器→油泵→铲斗液动换向阀左位 P 口→铲斗液动换向阀左位 B 口→铲斗油缸大腔。

主油路回油线路：铲斗油缸小腔→铲斗液动换向阀左位 A 口→铲斗液动换向阀左位 T 口→油箱。

（2）铲斗下翻

控制油路：油箱→过滤器→油泵→先导手柄 3 口→铲斗液动换向阀（右控制口）→铲斗液动阀右位接通。

主油路进油线路：油箱→过滤器→油泵→铲斗液动换向阀右位 P 口→铲斗液动换向阀右位 A 口→铲斗油缸小腔。

主油路回油线路：铲斗油缸大腔→铲斗液动阀右位 B 口→铲斗液动阀右位 T 口→油箱。

（3）铲斗停止

控制油路：油箱→过滤器→油泵→先导手柄。

主油路：油箱→过滤器→油泵→铲斗液动换向阀中位（O 型中位机能）→停止，经溢流阀流回油箱。

4. 转向动作

（1）左转

进油线路：油箱→过滤器→油泵→转向器左位 P 口→转向器左位 B 口→左缸大腔和右缸小腔。

回油线路：左缸小腔和右缸大腔→转向器左位 A 口→转向器左位 T 口→油箱。

（2）右转

进油线路：油箱→过滤器→油泵→转向器右位 P 口→转向器右位 A 口→左缸小腔和右缸大腔。

回油线路：左缸小腔和右缸大腔→转向器右位 B 口→转向器右位 T 口→油箱。

（3）转向停止

油箱→过滤器→油泵→转向器中位（O 型中位机能）→停止，经溢流阀流回油箱。

六、系统安装与调试

根据装载机先导控制系统工作原理图，结合图 2—4—2 所示的连接示意图，进行装载机先导控制系统的安装。

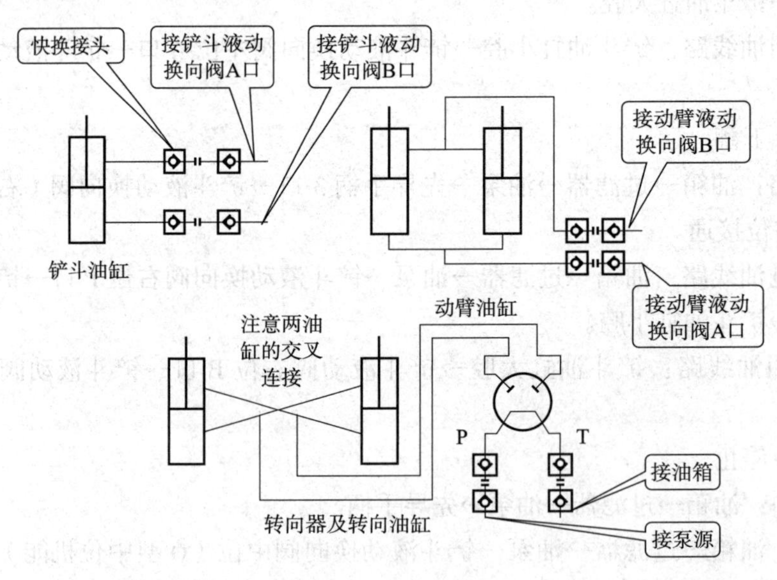

a）

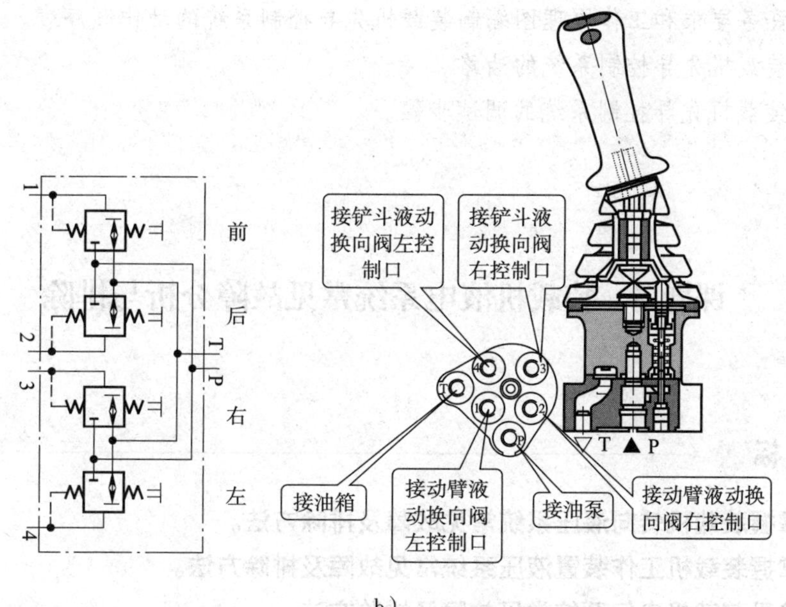

b）

图 2—4—2　装载机先导控制系统安装示意图

a）主油路连接　b）控制油路连接

系统调试步骤如下：

1. 接通电源。

2. 放松溢流阀至零位状态。

3. 起动液压泵。

4. 打开先导油源开关旋钮，使 1YA 通电，压力表的压力指数会有微微上升。

5. 顺时针旋紧溢流阀调节手柄，压力表的压力指数调整到 3 MPa。

6. 根据动作顺序表的步骤进行调试。动作顺序：后拉先导手柄，动臂升起；右推先导手柄，铲斗下翻；方向盘左转，装载机执行机构左转；方向盘右转，装载机执行机构右转；左扳先导手柄，铲斗上翻；前推先导手柄，动臂下降。

7. 放松溢流阀，使压力回零。

8. 关闭先导油源开关旋钮，使 1YA 断电。

9. 停泵，并断开电源。

复习思考题

1. 简述装载机先导控制系统的动作要求。

2. 简述装载机先导控制系统的液压元件。

3. 简述装载机先导控制系统安装与调试的任务要求。

4. 简述装载机先导控制系统的工作原理。

5. 根据任务要求和工作原理图编制装载机先导控制系统的动作顺序表。
6. 简述装载机先导控制系统的油路。
7. 简述装载机先导控制系统的调试步骤。

*课题 5　装载机液电系统常见故障分析与排除

学习目标

1. 掌握装载机转向液压系统常见故障及排除方法。
2. 掌握装载机工作装置液压系统常见故障及排除方法。
3. 熟悉装载机电气系统常见故障及排除方法。

一、液压系统常见故障排除

1. 转向液压系统常见故障及排除方法（表 2—5—1）

表 2—5—1　　转向液压系统常见故障及排除方法

故障现象	故障原因	排除方法
转向费力	1）油温太低 2）先导油路连接不对 3）先导油路堵塞 4）转向泵压力低 5）螺栓拧得太紧	1）升温后工作 2）按规定油路连接管路 3）清洗先导管路 4）按规定调整溢流阀压力 5）将螺栓放松
装载机转到极限位置后，方向盘仍可转动	先导油路溢流阀出故障	检修先导油路溢流阀
转向不平稳	流量控制阀动作不平稳	检修或更换流量控制阀
左右转向都慢	1）流量控制阀的弹簧调整不对 2）转向泵流量不足 3）流量放大阀的阀芯移动不到位	1）调整先导油路压力或换弹簧 2）检修或更换转向泵 3）按规定增减调整垫片
一边转向快而另一边转向慢	流量放大阀的阀芯两端调整垫片数量不对	按规定调整阀芯垫片数量

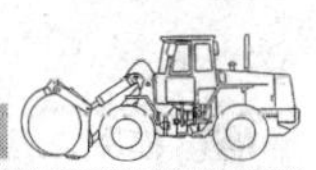

续表

故障现象	故障原因	排除方法
转向阻力小时转向正常，阻力大时左、右转向均慢	1）主油路溢流阀阀座渗漏大 2）球形判别阀渗漏大 3）流量控制阀配合不好	1）检修阀座或更换密封圈 2）检修或更换阀及密封圈 3）检修或更换流量控制阀
转向阻力小时转向正常；转向阻力大时一边转向正常，而另一边转向慢	球形判别阀一端渗漏小，另一端渗漏大	检修或更换球形判别阀，更换密封圈
转动方向时装载机不转向	1）流量控制阀不动作 2）先导油路溢流阀故障 3）主油路溢流阀故障	1）检修或更换流量控制阀 2）检修先导油路溢流阀 3）检修主油路溢流阀
未操纵方向盘转动而装载机自转	1）流量放大阀的阀芯回不到中位 2）流量放大阀固定螺栓太紧 3）流量放大阀端盖螺栓太紧 4）流量放大阀阀芯与孔配合不当	1）检修阀芯和复位弹簧 2）将螺栓旋松 3）检修或更换阀芯
未操纵方向盘转动而方向盘自转	1）全液压转向器卡死 2）全液压转向器弹簧片断	1）清除阀内异物 2）更换弹簧片
装载机高速行驶时转向过快	1）流量控制阀调整不对 2）流量放大阀阀芯动作不灵敏 3）流量放大阀阀芯两端计量孔被堵或孔位置不对	1）按规定调整垫片 2）检修或更换阀芯 3）清洗或更换阀芯
转向泵噪声大，转向缸活塞运动缓慢	1）转向油路内有空气 2）转向泵磨损，流量不足 3）油液黏度不够 4）压力油不够 5）主油路溢流阀调整压力过低 6）转向缸内漏大	1）加强泵吸油接头密封 2）检修或更换转向泵 3）按规定换油 4）按规定加油 5）按规定调整溢流阀压力 6）检修油缸或更换密封

2. 工作装置液压系统常见故障及排除方法（表 2—5—2）

表 2—5—2　　工作装置液压系统常见故障及排除方法

故障现象	故障原因	排除方法
动臂提升力不足或转斗力不足	1）油缸的油封磨损或损坏 2）分配阀过度磨损，阀芯与阀体配合间隙超过规定值 3）管路系统漏油 4）工作泵严重内漏 5）安全阀调整不当，系统压力偏低 6）吸油管及滤油器堵塞	1）更换油封 2）拆检并修复，使间隙达标 3）更换分配阀 4）找出漏油处并排除或更换工作泵 5）将系统工作压力调至规定值 6）清洗滤油器并换油

续表

故障现象	故障原因	排除方法
发动机转速高时，铲斗或动臂提升缓慢	双作用安全阀卡死	拆开双作用安全阀检查
工作装置压力油与变速箱油液混合	工作装置油泵的油封老化、破裂，造成变速箱油液与工作装置压力油混合	更换油封，清洗滤网，检查吸油管道是否变形或裂缝

二、电气系统常见故障排除

电气系统常见故障及排除方法见表 2—5—3。

表 2—5—3　　电气系统常见故障及排除方法

故障现象	故障原因	排除方法
柴油机起动困难或不能起动	1）蓄电池损坏或充电不足 2）吸力开关损坏 3）起动机损坏 4）线路接触不良或断路 5）燃油油路或气路故障 6）挡位未回中位 7）熔丝断	1）更换新蓄电池或充足电 2）检修或更换吸力开关 3）检修或更换起动电机 4）检查维修起动线路 5）检修燃油油路或气路 6）挡位置中位 7）更换熔断器
起动电动机经常烧坏	1）起动电路中点火开关不能有效回位 2）起动电动机接触盘触点有粘连现象，不能顺利脱开 3）起动线路短路	1）检修或更换点火开关 2）维修触点 3）检修起动线路
仪表指示不正常	1）连接线松动、脱落 2）传感器损坏 3）仪表损坏	1）检修连接线，连接要可靠 2）更换配套传感器 3）更换同种型号仪表
报警器鸣叫不止	1）连接线松动、脱落 2）制动气压低 3）报警器损坏 4）压力传感器损坏	1）检修连接线，连接要可靠 2）检查气路 3）更换报警器 4）更换压力传感器
灯不亮	1）熔丝断 2）灯丝烧坏 3）连接线松动、脱落	1）更换熔断器 2）更换灯泡 3）检修连接线，连接要可靠
发电机不发电或充电电流过小、过大	1）充电系统连接线断开或脱落 2）充电系统熔丝断 3）硅整流二极管损坏 4）电刷卡死或滑环接触不良 5）发电机定子、转子绕组断路或短路 6）传动带过松 7）发动机搭铁线松动	1）接好连接线 2）更换熔断器 3）更换硅整流二极管 4）检修电刷和滑环 5）更换发电机 6）调整传动带松紧程度 7）重新拧紧搭铁线

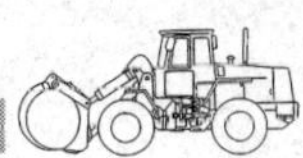

复习思考题

1. 简述转向费力的故障原因及排除方法。
2. 简述转向不平稳的故障原因及排除方法。
3. 简述左右转向都慢的故障原因及排除方法。
4. 简述一边转向快一边转向慢的故障原因及排除方法。
5. 简述转动方向盘时，装载机不转向的故障原因及排除方法。
6. 简述未操纵方向盘而装载机自转的故障原因及排除方法。
7. 简述装载机高速行驶时转向快的故障原因及排除方法。
8. 简述动臂提升力不足的故障原因及排除方法。
9. 简述发动机起动困难的故障原因及排除方法。
10. 简述起动电动机经常烧坏的故障原因及排除方法。
11. 简述发电机不发电的故障原因及排除方法。

模块三 压路机液电系统安装与调试

压路机（以单钢轮振动压路机为例）是工程机械中较典型的路面机械，其液电系统比装载机的稍复杂，所以安排在装载机之后介绍其液电系统的安装与调试，为挖掘机模块的学习打下坚实的基础。本模块以压路机执行机构和通用实训平台为载体，介绍压路机的液电系统相关知识。通过学习，可熟练掌握压路机手动控制、电动控制、先导控制系统的安装与调试，并能够对常见的故障进行分析和排除。

课题 1　压路机液电系统认知

学习目标

1. 了解压路机机械结构的组成及功能。
2. 掌握压路机液压系统的组成及功能。
3. 掌握压路机电气系统的组成及功能。

一、压路机机械结构的组成及功能

1. 压路机的整体结构

振动压路机的主要功能特点是液压振动、软轴换挡换向、铰接式全液压转向以及蓄电池免维护，同时可根据使用要求匹配密实度仪等设施。其外形及结构如图 3—1—1 所示。

（1）动力系统配备发动机，水冷、涡轮增压，功率储备大，油耗低，噪声小。

（2）前轮采用内筒式振动室结构，其结构简单、强度高、刚性好、静线压力与激振力大、作业效率高；采用专用振动轴承，寿命长、可靠性好。

（3）压路机液压振动系统采用齿轮泵和大排量齿轮马达组成的开式液压系统，静线载荷与激振力匹配，能确保对不同类型的材料、不同厚度的铺层进行有效压实。

（4）压路机传动装置由分动箱、变速箱、驱动桥、振动轮减速器、激振机构等组成。压路机的变速操纵有前进三挡、后退两挡。其驱动桥带有自动差速功能，能够根据路面状况自动实现扭矩分配。

（5）采用全液压转向器，转向操纵轻便、灵活。

（6）采用铰接梁式车架，便于维修保养。

（7）电气系统主要包括起动系统、发电系统、控制系统、照明系统、仪表信号系统，操作简单，便于观察。仪表上的声光报警装置可随时提供保养和维修信息，预防设备损坏，缩短停机时间。

2. 压路机的主要机械系统

（1）动力系统（图 3—1—2）

压路机采用柴油发动机，通过减振器衰减发动机的振动。动力系统的组成如下：

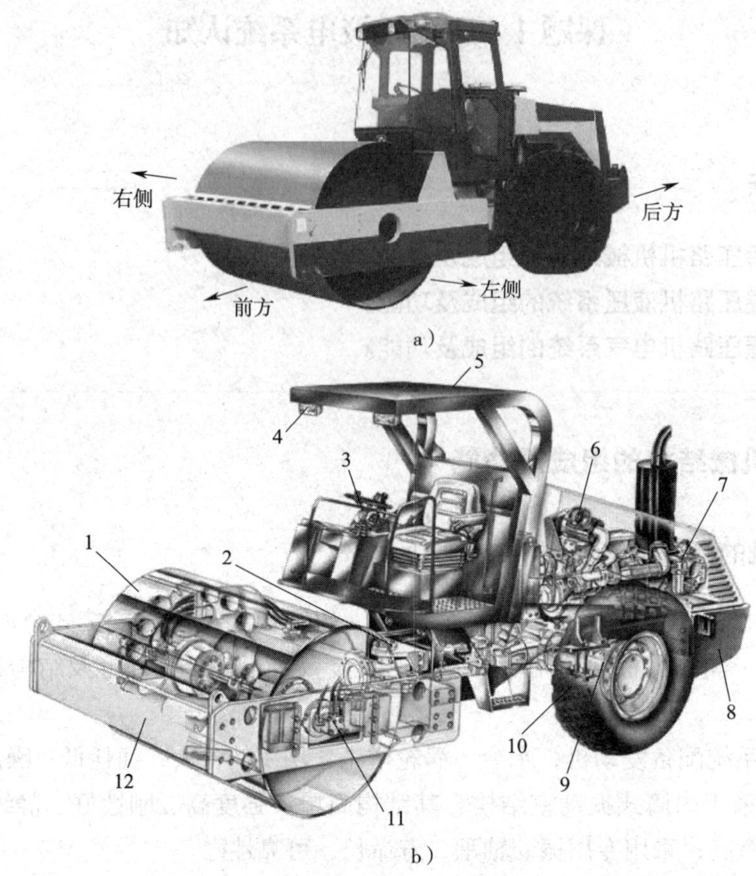

图 3—1—1　压路机外形及结构

a）外形　b）结构

1—振动轮（前轮）　2—中心铰架　3—操纵机构　4—电气系统（照明灯）　5—驾驶室　6—发动机　7—液压系统　8—后车架　9—后驱动桥　10—行走轮（后轮）　11—液压马达　12—前车架

1）动力输出部分

发动机的动力通过离合器到达变速箱等部分，然后传递给驱动轮，另一端经分动箱将动力传递给振动泵、转向泵。

2）进气系统

进气系统采用两级过滤，雨帽过滤较大颗粒的尘埃，且防止雨水流入管路，空气滤清器进一步净化空气，保证发动机获得干净空气。与自然进气式发动机相比，涡轮增压式发动机进气量大，功率也大。

3）燃油系统

燃油系统的任务是根据发动机不同工况的要求，配制出一定数量和浓度的可燃混合气，供入气缸，使之在临近压缩终了时点火燃烧而膨胀做功。

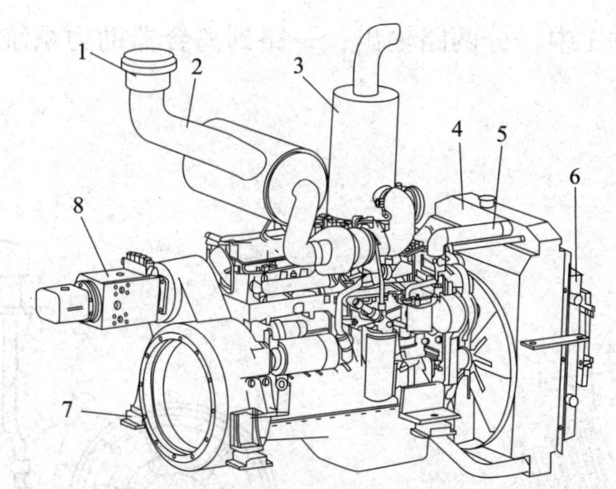

图 3—1—2　动力系统组成

1—雨帽　2—进气胶管　3—消音器　4—水散热器　5—水管　6—液压油散热器
7—减振器　8—液压泵（转向泵、振动泵）

4）排气系统

发动机燃烧燃料，产生高温、有害气体，并发出很大的噪声。发动机排气系统的功用：将发动机噪声降低，以满足法规的要求；将燃烧后排出的有害气体（包括可吸入微粒物、CO、CO_2、NO_x 等）排到远离发动机进气口和冷却、通风系统的地方，以降低发动机工作温度，从而保证其性能。

5）冷却系统

水散热器用于冷却发动机机体，液压油散热器底部有用于冷却循环发动机机油的油箱。风扇为吸风式。

6）起动、发电系统

起动机电压 24 V，发电机电压 28 V。

（2）操作系统

仪表箱（图 3—1—3）由方向盘、仪表、指示灯、开关等组成。操纵箱位于座椅右侧。

（3）制动系统

制动系统分为紧急与驻车制动系统、行车制动系统两个部分。行车制动踏板见气路系统。

紧急与驻车制动系统采用毂式制动器（图 3—1—4），安装在动力变速箱上的输出轴上。它的操纵手柄位于操纵箱与驾驶员座位中间，用于保证压路机停车制动，避免意外事故的发生，保证人员和设备的安全。

3. 压路机的气路系统

气路系统为辅助装置，可使操纵更轻便。如图 3—1—5 所示，空气压缩机 2 将压缩后的空气储存在储气罐 1 中，分两路输出：一路到离合器助力系统，另一路到行车制动系统。

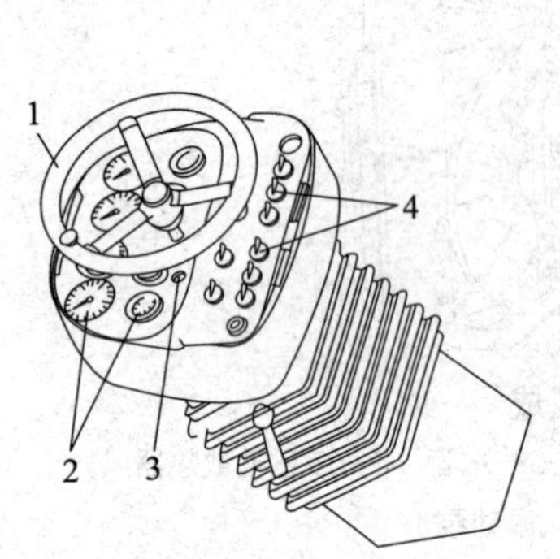

图 3—1—3　仪表箱结构组成图

1—方向盘　2—仪表

3—指示灯　4—开关

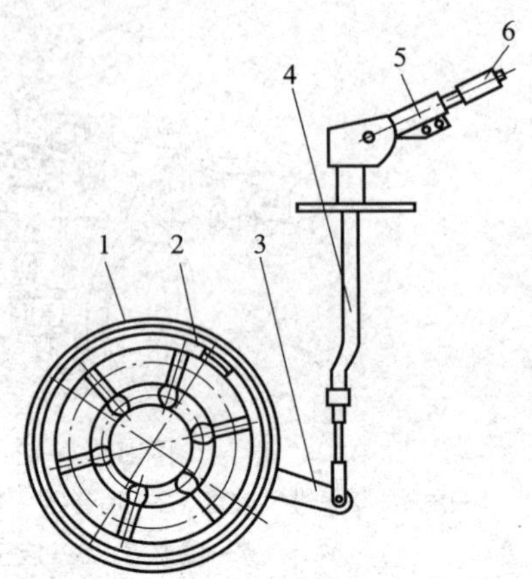

图 3—1—4　紧急与驻车制动系统

1—制动轮毂　2—制动器摩擦片　3—叉接头

4—软轴　5—手柄　6—紧急制动按钮

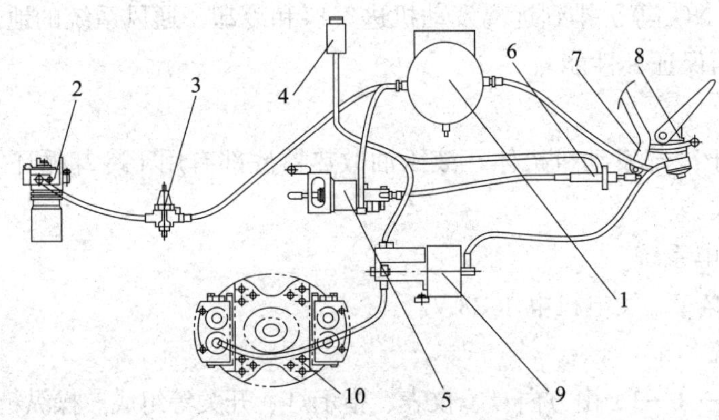

图 3—1—5　气路系统组成

1—储气罐　2—空气压缩机　3—调压阀　4—油杯　5—离合器助力缸　6—离合主缸

7—离合器踏板　8—制动踏板及气制动阀　9—加力缸　10—制动钳

（1）离合助力系统

离合助力系统是一种油推气式的助力系统。在没有压缩空气的情况下，踏下离合器踏板，离合器仍能被脱开，但会非常费力。

（2）行车制动助力系统

行车制动采用钳盘式制动器，安装在驱动桥上。行车制动助力系统是一种气顶油式的助力系统。

（3）使用注意事项

1）储气罐

压路机使用后应把放水阀门（位于储气罐下方）打开放气，将尘土及水分清除掉。

2）放气作业

液压系统的管道损坏或拆开以后，一旦液压系统进入空气，必须进行放气作业。放气时要两人配合，一个人往油杯内加制动液，并反复踏动离合器踏板，让液压系统充油，另一个人进行放气。放气时按下面顺序进行操作。

①离合助力系统放气。反复踏动踏板 7，使液压系统充油，同时不断往油杯 4 中加注制动液；打开离合器助力缸 5 的放气螺塞，踏动踏板 7 放气，然后拧紧放气螺塞；反复进行以上操作，直到无气泡时为止。

②制动系统放气。踏动踏板 8，让气路接通，不断往与加力缸 9 连接的油杯 4 中加注制动液，将制动钳上的放气螺塞轻轻拧开，踏动踏板 8，在油气流出的过程中将螺塞拧紧；反复以上操作，直到无气泡时为止。

4. 振动轮

振动轮（图 3—1—6）位于压路机的前端。它不仅是行走轮，而且是压路机的主要工作装置。

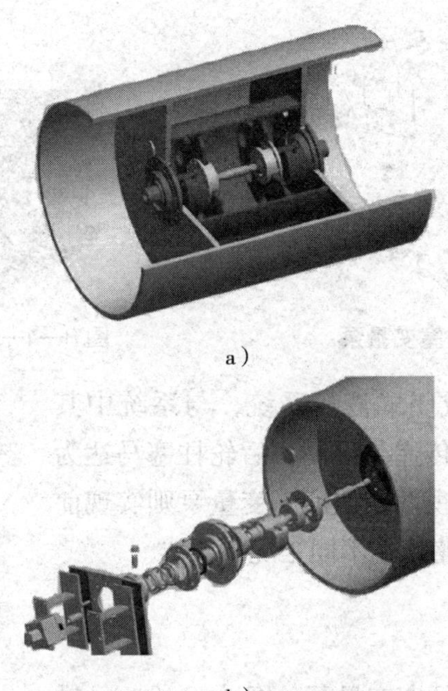

a）

b）

图 3—1—6　振动轮的结构组成

a）内部结构　b）外侧连接结构

减振器支座与前车架相连接。右侧通过花键连接使振动马达的力矩传递到左、右激振器。左、右激振器通过振动轴承支撑在轴承座上。振动室内加注有一定容量的齿轮油，前轮滚动时，齿轮油沿振动室壁自上而下滴落，润滑轴承。

二、压路机液压系统

单钢轮振动压路机液压系统包括液压驱动系统、液压振动系统、液压转向系统、液压举升系统、液压制动系统五个部分。

1. 液压驱动系统

液压驱动系统采用柱塞变量泵（图 3—1—7），其斜盘结构可以实现变量调节，即变量可以在零至最大排量之间任意调节。其内置补油泵，以补充内泄漏和维持主回路的油压，提供冷却油液，补充由外部液压阀或辅助系统所造成的其他泄漏损失，并且为控制系统提供压力油。

前、后轮采用柱塞变量马达，如图 3—1—8 所示。马达起始工作位为最大排量处，以确保马达能提供最大的起动扭矩，从而满足系统高加速的要求。

图 3—1—7　柱塞变量泵

图 3—1—8　柱塞变量马达

变量泵和柱塞马达组成闭式液压系统，与系统中其他元件一起完成液压能量的传递与控制。后轮柱塞马达为双位控制，通过排列组合实现两挡速度。变量泵则实现前进、后退无级变速，适应压路机在不同工况的要求。

2. 液压振动系统

液压振动系统采用轴向柱塞变量泵（图 3—1—9）、轴向柱塞定量马达组成闭式液压系统。变量泵出口油液方向随斜盘方向变化而改变，从而实现输出轴正转与反转的切

图 3—1—9　轴向柱塞变量泵

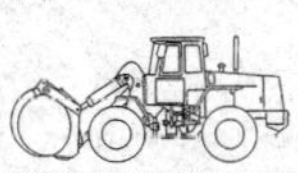

换，即双频。前轮左、右激振器的正、反转偏心矩不同，从而导致前轮振动幅度不同，即双幅。柱塞变量泵具有双频、双幅的特点，可以使压路机对不同类型的材料、不同厚度铺层实现有效压实。

3. 液压转向系统

齿轮泵、全液压转向器和转向油缸组成开式液压系统。转向操作轻便、灵活。

4. 液压举升系统

液压泵站为后机罩的举升油缸提供压力油，仪表箱上有开关控制后机罩升降，操作便捷，可靠性好。

5. 液压制动系统

（1）液压制动系统分为行车制动、紧急和驻车制动两个部分。

（2）利用驱动泵中位功能实现行车制动。

（3）驱动桥和前轮减速机均带制动盘，一般受弹簧压紧，通过压力油释放。压路机停车时，由于无压力油，制动盘闭合，前、后轮均无法转动。

（4）遇到紧急情况时，按下仪表箱上的紧急制动按钮，压力油卸载，制动盘闭合，前、后轮立即停止转动。此时，应立即把驱动手柄置于中位。

三、压路机电气系统认知

1. 压路机电气系统组成

压路机电气系统组成如图3—1—10所示。

电气系统
- 电源部分—蓄电池、发动机等
- 起动部分—起动机、起动电路等
- 用电设备—仪表电路、照明电路及辅助用电设备
- 控制部分—开关、继电器和其他电子控制装置
- 配电设备—熔断装置、整车线路

图3—1—10　压路机电气系统组成

2. 压路机电气系统的主要元件

（1）电源主电路的电气元件

电源主电路电气元件主要有蓄电池、电源开关和熔丝，如图3—1—11所示。

蓄电池

电源开关

熔丝

图 3—1—11　电源主电路的电气元件

（2）仪表指示电路的电气元件

仪表指示电路电气元件主要有仪表和传感器，如图 3—1—12 所示。仪表主要分为两大类：电阻型检测仪表和脉冲型检测仪表。电阻型检测仪表主要有油位表、温度表和压力表。脉冲型检测仪表主要有转速表、频率表和速度表。

仪表

传感器

图 3—1—12　仪表电路的电气元件

（3）报警指示电路的电气元件

报警指示电路电气元件主要有仪表和报警开关（图 3—1—13），以及各类传感器（图 3—1—14）。

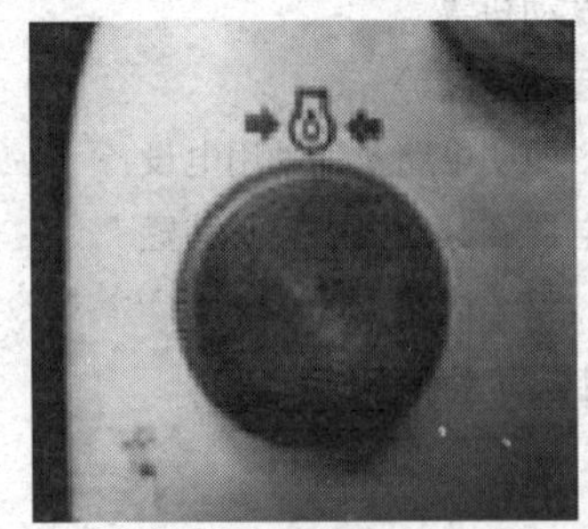
仪表

报警开关

图 3—1—13　报警指示电路电气元件

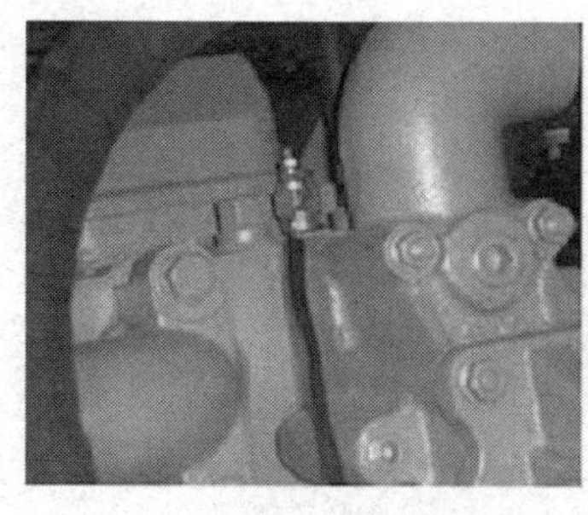

水温传感器

油温传感器

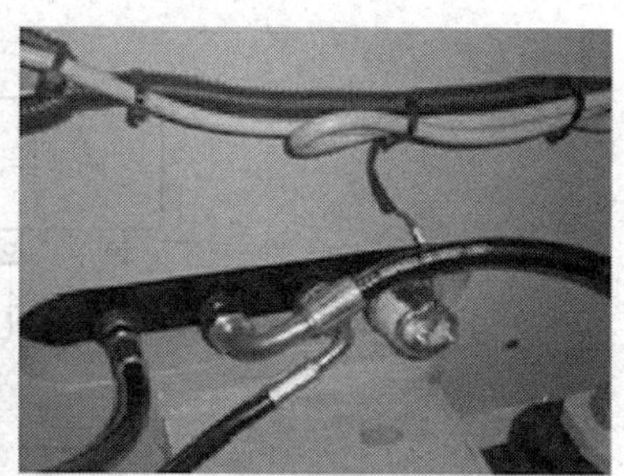

气压传感器

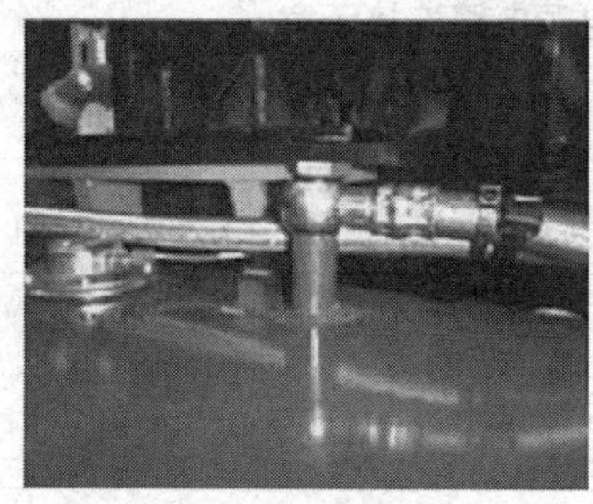

燃油液位传感器

转速传感器

图 3—1—14　报警指示电路中各类传感器

3. 压路机典型电路

（1）电源电路

电源电路由蓄电池、交流发电机（包括电枢、磁场、内置调节器等）、电源总开关、励磁电阻等组成，为全车提供所需的电能。

1）电源电路的特点主要有以下五个方面：

①蓄电池的电源由电源总开关控制。

②蓄电池与发电机并联。

③发电机的磁场由点火开关控制，磁场回路串有励磁电阻或充电指示灯。

④发电机的电压调节器一般为内置。

⑤蓄电池充、放电电流由电压表或电流表指示。

2）典型电源电路连接示意如图 3—1—15 所示。

（2）起动电路

1）一般起动电路

一般起动电路由蓄电池、起动电动机、电源开关、起动按钮等组成，如图 3—1—16 所示。

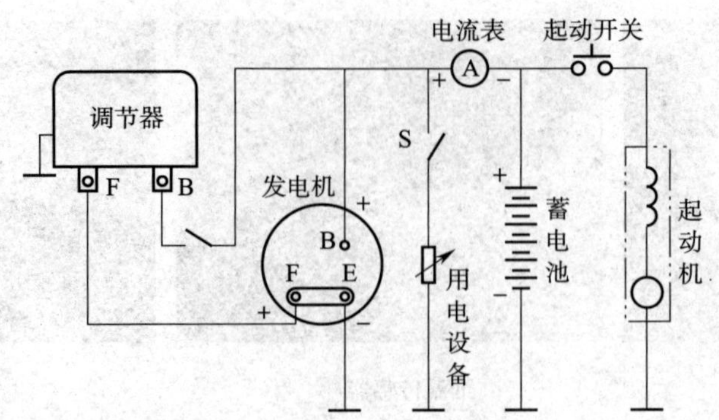

图 3—1—15　典型电源电路连接示意

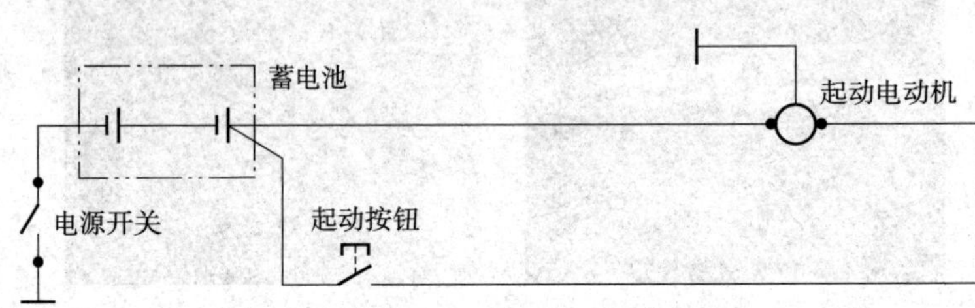

图 3—1—16　一般起动电路原理图

2）带继电器的起动电路

为了保护起动按钮（或起动钥匙）的触点，起动电路应接入一个继电器，如图 3—1—17 所示。

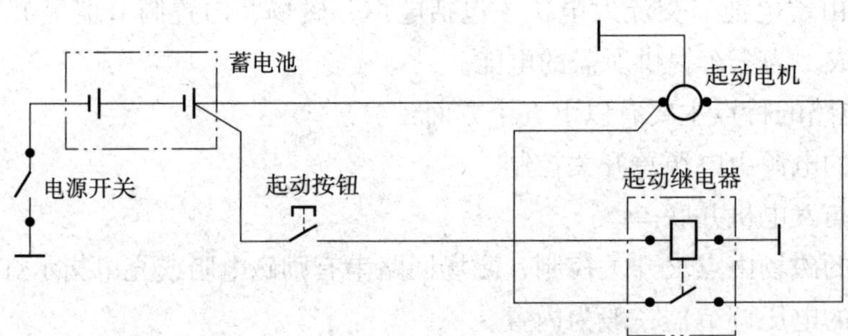

图 3—1—17　带继电器的起动电路工作原理图

3）带中位开关的起动电路

有的压路机在起动的时候，要保证行走在中位，以免起动时发生事故。起动电路中可以再加一个中位开关进行控制，如图 3—1—18 所示，只有在中位开关处于中位的时候，才能起动，保证了起动的安全性。

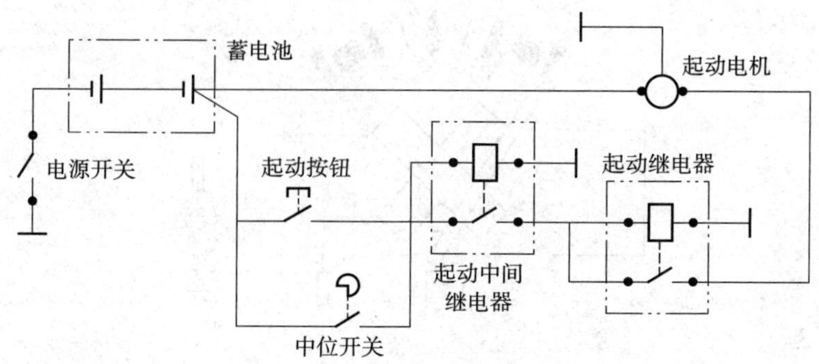

图 3—1—18　带中位开关和继电器的起动电路工作原理图

（3）仪表电路

1）仪表

①电流表。电流表是测量蓄电池充放电的电流强度，以保证蓄电池及电路可以正常工作的一种仪表。电流表的工作是基于通电导体（基座、导电板或导线等）所发生的磁场与磁钢磁场的相互作用，使指针轴上的感应片发生一定的偏转，从而指示出相应的充放电电流强度的。一般刻度盘上的右方“+”表示发电机对蓄电池充电，左方的“-”表示蓄电池对电路放电。其结构原理如图 3—1—19 所示。

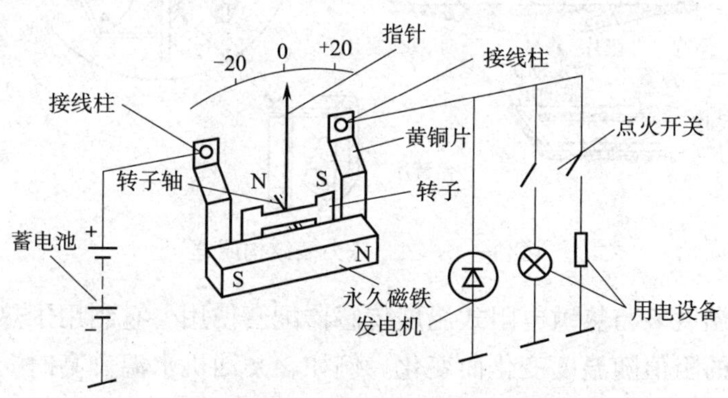

图 3—1—19　电流表结构原理图

②电压表。电压表用来指示电源系统的工作情况，它比电流表和充电指示灯等更直观和实用。接通点火开关，电源电压高于稳压管的击穿电压时，两个线圈中便有电流通过，并形成一个合成磁场。该合成磁场与永久磁铁的磁场相互作用，使转子带动指针偏转。电源电压越高，通过线圈的电流越大，磁场越强，指针偏转角度越大，电压表指示的电压越高。其结构原理如图 3—1—20 所示。

③压力表（电感式）。电感式的压力表与压力传感器配合使用。压力传感器将系统压力转变为电量信号传送至压力表。压力表中的双金属片在电阻丝传递的热量影响下产生相应的挠曲，推动指针指示出相应的压力值。其结构原理如图 3—1—21 所示。

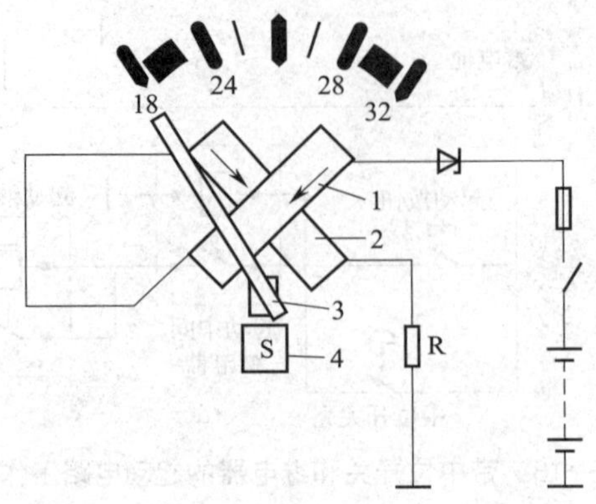

图 3—1—20　电压表结构原理图

1、2—线圈　3—转子与指针　4—永久磁铁

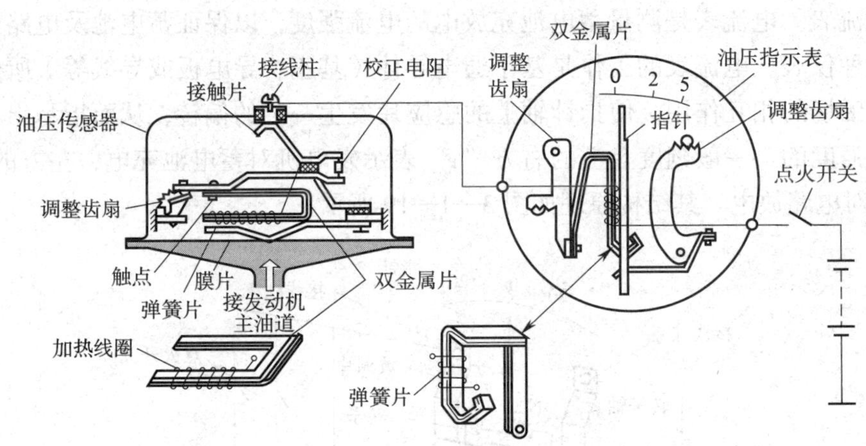

图 3—1—21　压力表结构原理

④温度表。温度表与热敏电阻式温度传感器配套使用。它利用了热敏电阻的基本特性，即热敏电阻的阻值随温度变化而变化。例如，柴油机水温升高时，装在传感器中的热敏电阻的阻值迅速减小（负温度系数热敏电阻）或迅速增大（正温度系数热敏电阻），从而使配套线路的电流值大幅度改变，电热式水温表中的双金属片在电阻丝传递的热量影响下，产生相应的挠曲，推动指针指示出冷却水的温度。温度表结构原理如图 3—1—22 所示。

⑤油位表。油位表通常显示的是燃油剩余量。它的工作原理是将油箱中油面高度的变化转换为浮筒可变阻值的变化，从而改变了表中两个线圈的电流值及由它产生的并被铁芯所加强的磁场。其结构原理如图 3—1—23 所示。

2）传感器

①温度传感器。采用热敏电阻作为检测元件的水温传感器的结构和特性曲线如图 3—1—24 所示。水温传感器以电阻值变化来检测温度的变化，随温度的不同，电阻值发

生很大的变化。从特性曲线图可以看出，当水温较低时候，电阻值较大，随着温度的升高，电阻值逐渐降低。

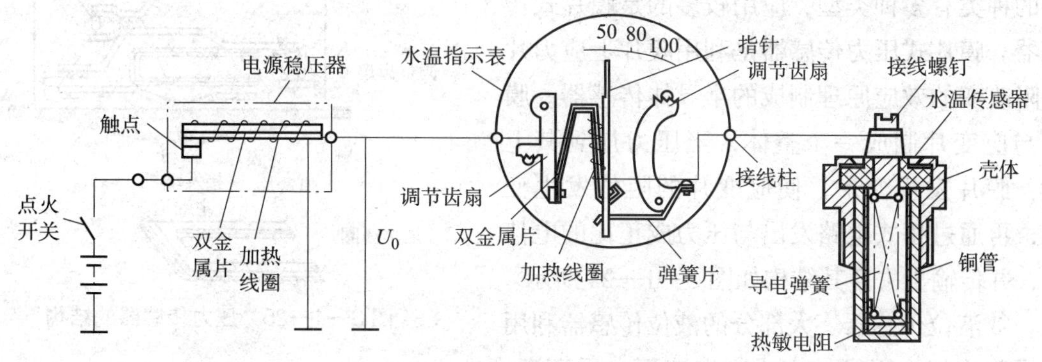

图 3—1—22　温度表结构原理

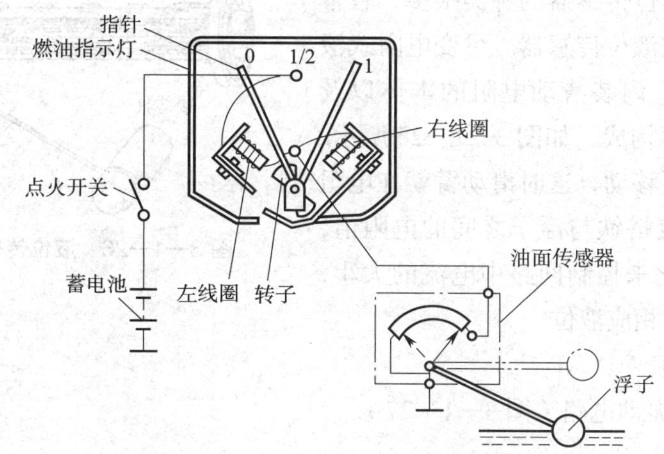

图 3—1—23　油位表结构原理

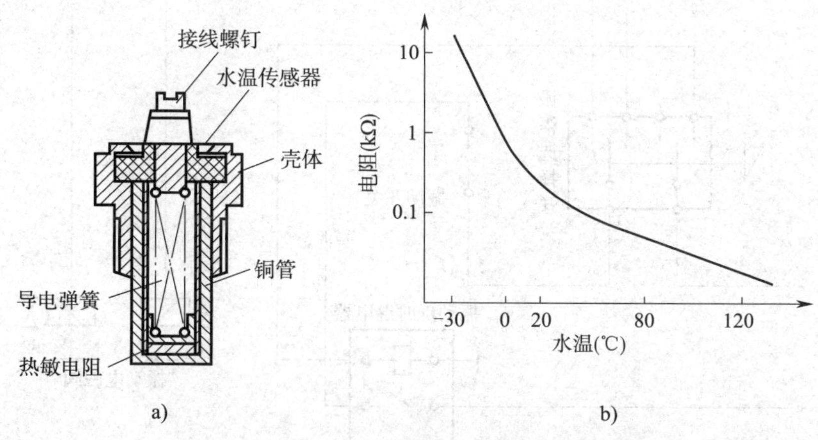

图 3—1—24　水温传感器结构和特性曲线图

a）结构　b）水温传感器特性曲线

②压力传感器。压力传感器用于检测气体压力及液体压力，它主要检测的是压差。传感器的种类有多种类型，应用较多的是膜片式传感器。膜片式压力传感器是利用膜片上应力片电阻改变的效应原理制成的半导体传感器。膜片与应变片制成一个整体，当压力加到其上时，膜片发生变形，使应变片的阻值发生变化，再通过桥式电路发出与压力成正比的电信号，并传输出去。其结构如图 3—1—25 所示。

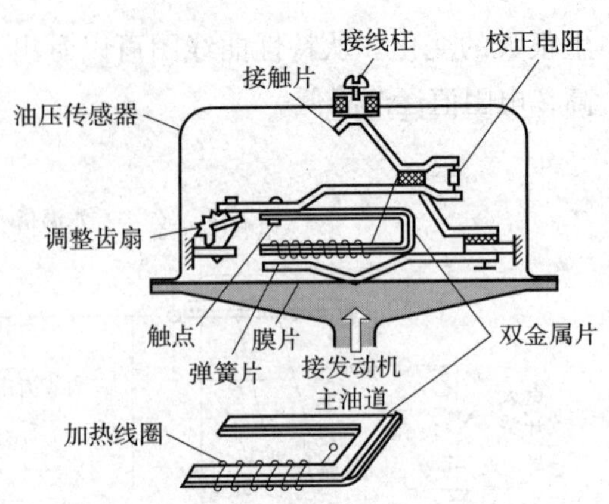

图 3—1—25　压力传感器的结构

③液位传感器。大部分的液位传感器利用浮子与连杆，用机械方式判定液面水平高度，推动仪表动作。液位传感器的种类很多，较常用的是可变电阻式液位传感器。可变电阻式液位传感器由浮子、内装滑动电阻的本体以及连接两者的浮子臂构成，如图 3—1—26 所示。浮子可随液位上下移动，这时滑动臂就在电阻上滑动，从而改变搭铁与浮子之间的电阻值，利用这一阻值变化来控制回路中电流的大小，并在仪表上显示出相应液位。

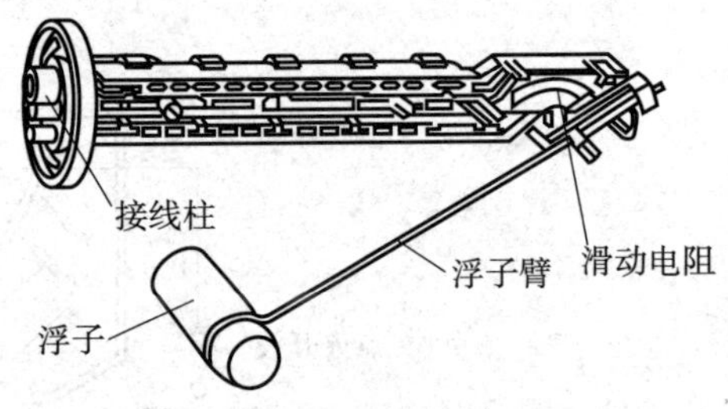

图 3—1—26　液位传感器结构组成图

（4）振动电路

1）带延时的振动电路（图 3—1—27）

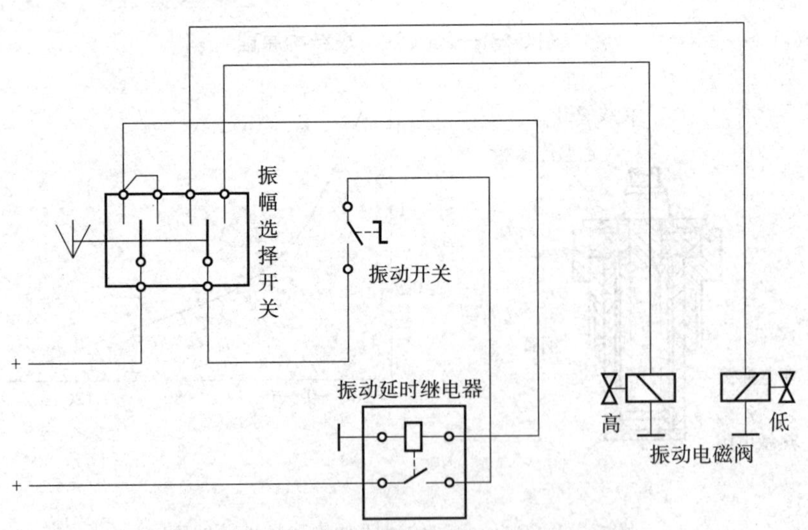

图 3—1—27　带延时的振动电路工作原理图

延时继电器是压路机上使用较多的时间继电器，是由压路机的使用工况来决定的。普通压路机一般都选择单频双幅结构，高振幅与低振幅的转变是靠振动泵的旋向改变来实现的。如果没有时间的延迟，在高、低振幅转换的过程中振动轴、振动马达、振动泵会受到冲击，影响其工作寿命。在振幅转换电路中增加延时继电器，就可以避免这种冲击，起到保护作用。

延时继电器的线圈在接到通、断电的转换信号时，触点会延时 7 s 再接通。从图中可以看出，当振幅选择开关进行高、低振幅的换幅选择时，延时继电器就开始动作，自动延时 7 s，电路才接通，振动电磁阀才开始动作。

2）通过按钮控制的振动电路（图 3—1—28）

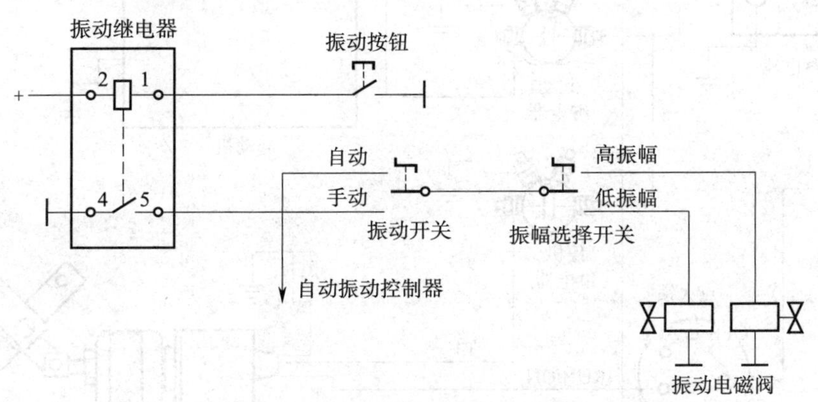

图 3—1—28　通过按钮控制的振动电路工作原理图

振动压路机上所使用的振动按钮通常具有复位功能。而驾驶员在进行振动工作的时候不可能一直按住按钮不放，这样就需要一个自锁继电器来达到这样的功能，即按一下按钮，开始振动；再按一下按钮，则振动停止。

所谓自锁继电器是指在线圈得到指令信号时，触点动作由常开转为常闭（或由常闭转为常开），此时即使线圈断电，触点仍保持闭合动作，直到线圈再次通电，触点才再次动作，由常闭转为常开（或由常开转为常闭）。

（5）熄火电路

断电熄火即在发动机起动瞬间，熄火电磁阀活塞杆动作，将油路打开并保持。电磁阀一旦断电，活塞杆就退回原位，切断油路，发动机熄火。事实上，熄火电磁阀内部可以看成有两组线圈，一个是起动线圈，一个是保持线圈。起动线圈的内阻小，电流大，瞬间产生的力矩大。其作用是在起动瞬间通过活塞杆把油路打开。保持线圈则保持常通电状态，其线圈内阻较大，电流较小，力矩较小，当油路打开后，只需要将控制油路的摇臂保持在打开位置即可。

如图 3—1—29 所示，当用钥匙将点火锁旋到 ON 时，断油电磁阀（红线）保持线圈通电，断油电磁阀处于正常供油位置；当点火锁旋到 START 时，断油电磁阀（白线）起动线圈通电，断油电磁阀处于最大供油位置；发动机起动成功后，松开钥匙，点火锁弹回 RUN/ON 位置，发动机处于正常运行状态。当点火锁旋到 OFF 或 ACC 时，断油电磁阀（红线）保持线圈断电，断油电磁阀处于断油位置，发动机停机。

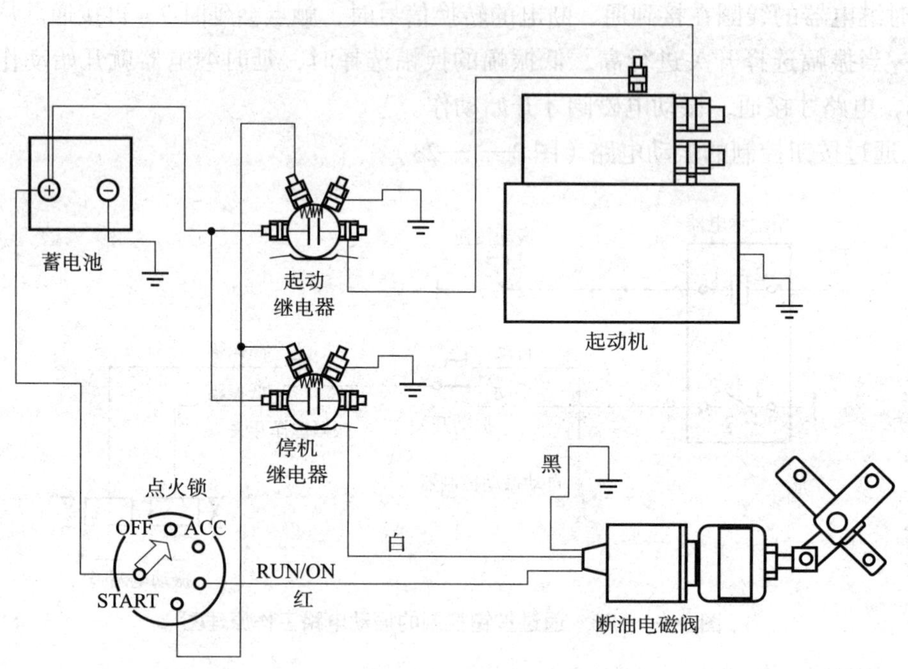

图 3—1—29　熄火电路工作原理图

（6）动力换挡电路

挡位选择器的结构为手柄操纵形式，内部线路板上装有光电耦合器。当手柄在不同位置时，通过逻辑组合判断输出相应的控制信号给电磁阀，电磁阀的不同组合产生不同的挡位。

如果振动压路机所采用的动力箱不带变矩器，则相对于其他变速箱，它会增加一个离合器保护装置。该装置位于选挡器内部，是一个电磁铁。当主离合器不动作时，电磁铁推动锁扣，使操纵手柄无法动作；当接收到主离合器动作到位信号时，电磁铁退回，操纵手柄可正常换挡。

复习思考题

1. 压路机的整体结构组成有哪些？
2. 简述压路机动力系统的组成。
3. 简述压路机制动系统的组成。

4. 简述压路机气路系统的组成。

5. 单钢轮振动压路机由哪五大系统组成？

6. 简述单钢轮振动压路机液压制动系统的组成。

7. 简述压路机电气系统的组成。

8. 简述电源电路的特点。

9. 压路机电气系统由哪些仪表和传感器组成？

课题 2　压路机手动控制系统安装与调试

学习目标

1. 了解压路机手动控制系统的液压元件组成。
2. 熟悉压路机手动控制系统的动作和任务要求。
3. 掌握压路机手动控制系统的工作原理图绘制和动作顺序表的编制。
4. 掌握压路机手动控制系统的安装与调试。

一、液压元件组成和动作要求

1. 液压元件组成

液压元件包括液压泵站、转向器、转向油缸、手动制动换向阀、制动油缸、手动支撑换向阀、双作用安全阀、溢流阀、液控单向阀、二位三通电磁换向阀。

2. 动作要求

（1）离合器控制压路机的驱动机构。

（2）按钮控制压路机的振动机构。

（3）转向器控制压路机的转向。

（4）手动换向阀控制制动油缸实现制动和解除制动。

（5）手动换向阀实现机罩的升降。

二、设备需求和任务要求

1. 设备需求

液压通用实训平台、压路机执行机构。

2. 任务要求

采用给出的液压元件设计压路机手动控制液压系统（溢流阀远程卸荷），并在液压实训台上进行安装与调试。具体要求如下：

（1）压路机的驱动系统和振动系统均采用闭式液压系统，其工作原理已在模块一课题2中详细描述，且安装与调试的实现较为困难。本课题中只对制动系统、支撑系统和转向系统进行安装与调试。

（2）方向盘左转，压路机左转；方向盘右转，压路机右转。

（3）后拉制动换向阀手柄，实施制动；前推制动换向阀手柄，制动解除。

（4）后拉支撑换向阀手柄，机罩下降；前推支撑换向阀手柄，机罩升起。

（5）制动换向阀、支撑换向阀和方向盘均在中位时，压路机无动作。

（6）机罩支撑油缸需加装液控单向阀来实现其支撑后的锁紧。

（7）实现动作顺序：左转→右转→制动→机罩升起→机罩下降→制动解除。

三、压路机手动控制系统工作原理图

工作原理如图3—2—1所示。

四、压路机手动控制动作顺序表

动作顺序见表3—2—1。

表3—2—1 压路机手动控制动作顺序表

工况	制动阀动作	支撑阀动作	转向器动作	卸荷阀动作
				1YA
加载	中位	中位	中位	+
左转	中位	中位	左位	+
右转	中位	中位	右位	+
制动	右位	中位	中位	+

续表

工况	制动阀动作	支撑阀动作	转向器动作	卸荷阀动作
				1YA
机罩升起	中位	左位	中位	+
机罩下降	中位	右位	中位	+
制动解除	左位	中位	中位	+
卸荷	中位	中位	中位	–

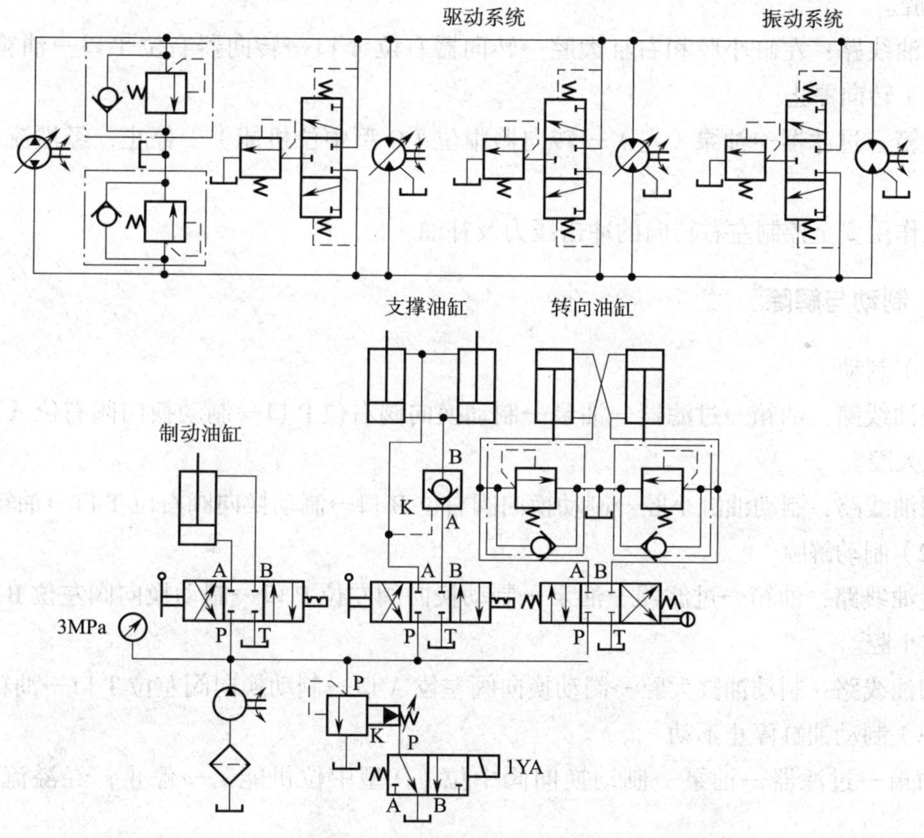

图 3—2—1　压路机手动控制系统工作原理图

五、油线路分析

1. 加载与卸荷

当 1YA 通电时，二位三通换向阀右位接通，先导溢流阀远程控制口封闭，系统建立压力。反之，则系统无压力。

2. 转向动作

（1）左转

进油线路：油箱→过滤器→油泵→转向器左位 P 口→转向器左位 A 口→左缸小腔和右缸大腔。

回油线路：左缸大腔和右缸小腔→转向器左位 B 口→转向器左位 T 口→油箱。

（2）右转

进油线路：油箱→过滤器→油泵→转向器右位 P 口→转向器右位 B 口→左缸大腔和右缸小腔。

回油线路：左缸小腔和右缸大腔→转向器右位 A 口→转向器右位 T 口→油箱。

（3）转向停止

油箱→过滤器→油泵（左）→转向器中位（O 型中位机能）→停止，经溢流阀流回油箱。

双作用安全控制左右转向的冲击压力及补油。

3. 制动与解除

（1）制动

进油线路：油箱→过滤器→油泵→制动换向阀右位 P 口→制动换向阀右位 A 口→制动油缸大腔。

回油线路：制动油缸小腔→制动换向阀右位 B 口→制动换向阀右位 T 口→油箱。

（2）制动解除

进油线路：油箱→过滤器→油泵→制动换向阀左位 P 口→制动换向阀左位 B 口→制动油缸小腔。

回油线路：制动油缸大腔→制动换向阀左位 A 口→制动换向阀左位 T 口→油箱。

（3）制动油缸停止不动

油箱→过滤器→油泵→制动换向阀中位（O 型中位机能）→停止，经溢流阀流回油箱。

4. 机罩升降

（1）机罩升起

进油线路：油箱→过滤器→油泵→支撑换向阀左位 P 口→支撑换向阀左位 B 口→液控单向阀 A 口→液控单向阀 B 口→支撑油缸大腔。

回油线路：支撑油缸小腔→支撑换向阀左位 A 口→支撑换向阀左位 T 口→油箱。

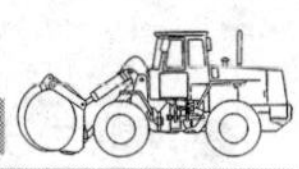

（2）机罩下降

进油线路：油箱→过滤器→油泵→支撑换向阀右位 P 口→支撑换向阀右位 A 口→支撑油缸小腔（同时油液进入液控单向阀液控口 K）。

回油线路：支撑油缸大腔→液控单向阀 B 口→液控单向阀 A 口（此时，液控单向阀控制 K 口通压力油）→支撑换向阀右位 B 口→支撑换向阀右位 T 口→油箱。

（3）机罩停止

油箱→过滤器→油泵→支撑换向阀中位（O 型中位机能）→停止，经溢流阀流回油箱。

六、系统安装与调试

根据压路机手动控制系统工作原理图，结合图 3—2—2 所示的连接示意图进行压路机手动控制系统的安装。

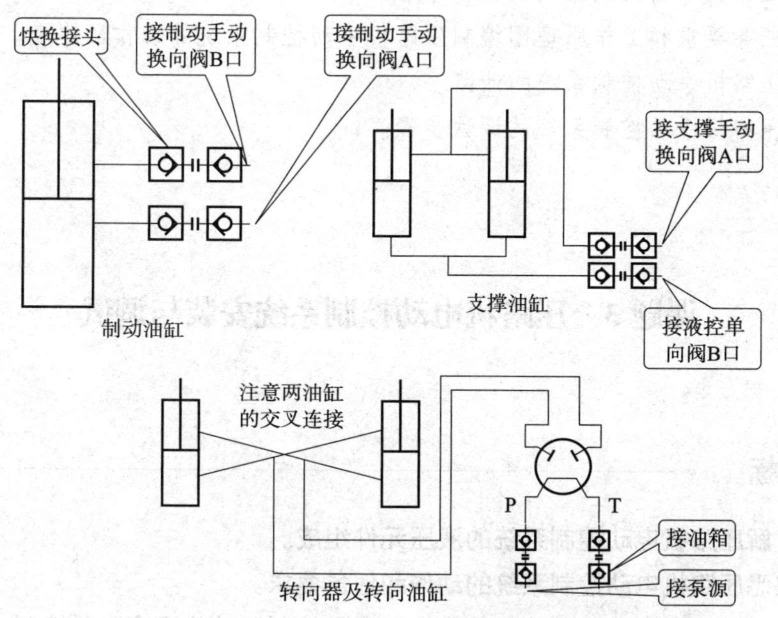

图 3—2—2　压路机手动控制系统安装示意图

系统调试步骤如下：

1. 接通电源。
2. 放松溢流阀至零位状态。
3. 起动液压泵。
4. 打开先导油源开关旋钮，使 1YA 通电，压力表的压力指数会有微微上升。
5. 顺时针旋紧溢流阀调节手柄，压力表的压力指数调整到 3 MPa。

6. 根据动作顺序表的步骤进行调试。动作顺序：方向盘左转，压路机执行机构左转；方向盘右转，压路机执行机构右转；后拉制动换向阀手柄，制动油缸制动；前推支撑换向阀手柄，机罩升起；后拉支撑换向阀手柄，机罩下降；前推制动换向阀手柄，制动解除。

7. 放松溢流阀，使压力回零。

8. 关闭先导油源开关旋钮，使 1YA 断电。

9. 停泵，并断开电源。

复习思考题

1. 简述压路机手动控制系统的动作要求。
2. 简述压路机手动控制系统的液压元件。
3. 简述压路机手动控制系统安装与调试的任务要求。
4. 简述压路机手动控制系统的工作原理。
5. 根据任务要求和工作原理图编制压路机手动控制系统的动作顺序表。
6. 简述压路机手动控制系统的油路。
7. 简述压路机手动控制系统的调试步骤。

课题 3 压路机电动控制系统安装与调试

学习目标

1. 了解压路机电动控制系统的液压元件组成。
2. 熟悉压路机电动控制系统的动作和任务要求。
3. 掌握压路机电动控制系统的工作原理图绘制和动作顺序表的编制。
4. 掌握压路机电动控制系统的安装与调试。

一、液压元件组成和动作要求

1. 液压元件组成

液压元件包括液压泵站、转向器、转向油缸、制动电磁换向阀、制动油缸、支撑电

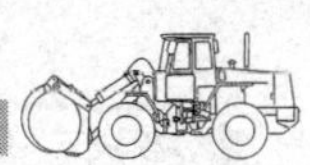

磁换向阀、双作用安全阀、溢流阀、液控单向阀、二位三通电磁换向阀。

2. 动作要求

（1）离合器控制压路机的驱动机构。

（2）按钮控制压路机的振动机构。

（3）转向器控制压路机的转向。

（4）电磁换向阀控制制动油缸实现制动和解除制动。

（5）电磁换向阀实现机罩的升降。

二、设备需求和任务要求

1. 设备需求

液压通用实训平台、压路机执行机构。

2. 任务要求

采用给出的液压元件设计压路机电动控制液压系统（溢流阀远程卸荷），并在液压实训台上进行安装与调试。具体要求如下：

（1）压路机的驱动系统和振动系统均采用闭式液压系统，其工作原理已在模块一课题 2 中详细描述，且安装与调试的实现较为困难。本课题中只对制动、支撑和转向系统进行安装与调试。

（2）方向盘左转，压路机左转；方向盘右转，压路机右转。

（3）操纵制动电磁阀，使 1YA 通电，实现制动；操纵制动电磁阀，使 2YA 通电，制动解除。

（4）操纵支撑电磁阀，使 3YA 通电，机罩升起；操纵支撑电磁阀，使 4YA 通电，机罩下降。

（5）制动换向阀、支撑换向阀和方向盘均在中位时，压路机无动作。

（6）机罩支撑油缸需加装液控单向阀来实现其支撑后的锁紧。

（7）实现动作顺序：左转→右转→制动→机罩升起→机罩下降→制动解除。

三、压路机电动控制系统工作原理图

工作原理如图 3—3—1 所示。

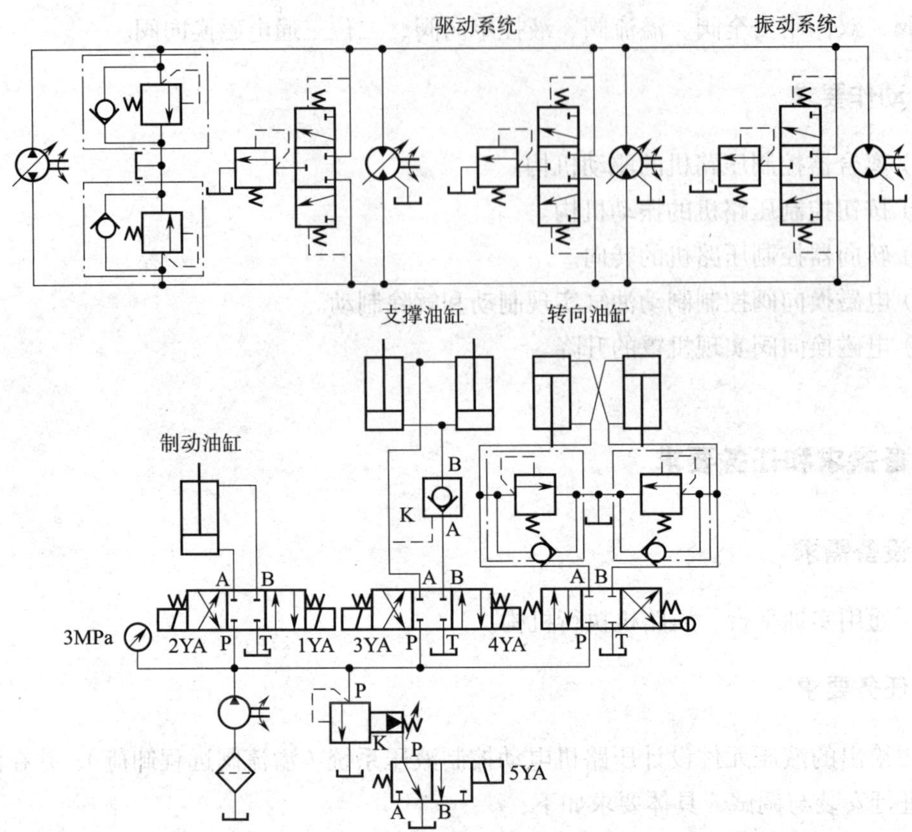

图 3—3—1 压路机电动控制系统工作原理图

四、压路机手动控制动作顺序表

动作顺序见表 3—3—1。

表 3—3—1 压路机电动控制动作顺序表

工况	制动阀动作		支撑阀动作		转向阀动作	卸荷阀动作
	1YA	2YA	3YA	4YA		5YA
加载	–	–	–	–	中位	+
左转	–	–	–	–	左位	+
右转	–	–	–	–	右位	+
制动	+	–	–	–	中位	+
机罩升起	–	–	+	–	中位	+
机罩下降	–	–	–	+	中位	+
制动解除	–	+	–	–	中位	+
卸荷	–	–	–	–	中位	–

五、油路分析

1. 加载与卸荷

当 5YA 通电时，二位三通换向阀右位接通，先导溢流阀远程控制口封闭，系统建立压力。反之，则系统无压力。

2. 转向动作

（1）左转

进油线路：油箱→过滤器→油泵→转向器左位 P 口→转向器左位 A 口→左缸小腔和右缸大腔。

回油线路：左缸大腔和右缸小腔→转向器左位 B 口→转向器左位 T 口→油箱。

（2）右转

进油线路：油箱→过滤器→油泵→转向器右位 P 口→转向器右位 B 口→左缸大腔和右缸小腔。

回油线路：左缸小腔和右缸大腔→转向器右位 A 口→转向器右位 T 口→油箱。

（3）转向停止

油箱→过滤器→油泵→转向器中位（O 型中位机能）→停止，经溢流阀流回油箱。

双作用安全控制左右转向的冲击压力及补油。

3. 制动与解除

（1）制动（1YA 通电，右位接通）

进油线路：油箱→过滤器→油泵→制动换向阀右位 P 口→制动换向阀右位 A 口→制动油缸大腔。

回油线路：制动油缸小腔→制动换向阀右位 B 口→制动换向阀右位 T 口→油箱。

（2）制动解除（2YA 通电，左位接通）

进油线路：油箱→过滤器→油泵→制动换向阀左位 P 口→制动换向阀左位 B 口→制动油缸小腔。

回油线路：制动油缸大腔→制动换向阀左位 A 口→制动换向阀左位 T 口→油箱。

（3）制动油缸停止不动（1YA 和 2YA 均断电，中位接通）

油箱→过滤器→油泵→制动换向阀中位（O 型中位机能）→停止，经溢流阀流回油箱。

4. 机罩升降

（1）机罩上升（3YA 通电，左位接通）

进油线路：油箱→过滤器→油泵→支撑换向阀左位 P 口→支撑换向阀左位 B 口→液控单向阀 A 口→液控单向阀 B 口→支撑油缸大腔。

回油线路：支撑油缸小腔→支撑换向阀左位 A 口→支撑换向阀左位 T 口→油箱。

（2）机罩下降（4YA 通电，右位接通）

进油线路：油箱→过滤器→油泵→支撑换向阀右位 P 口→支撑换向阀右位 A 口→支撑油缸小腔（同时油液进入液控单向阀液控口 K）。

回油线路：支撑油缸大腔→液控单向阀 B 口→液控单向阀 A 口（液控单向阀控制 K 口通压力油）→支撑换向阀右位 B 口→支撑换向阀右位 T 口→油箱。

（3）机罩停止（3YA 和 4YA 均断电，中位接通）

油箱→过滤器→油泵→支撑换向阀中位（O 型中位机能）→停止，经溢流阀流回油箱。

六、系统安装与调试

根据压路机电动控制系统工作原理图，结合图 3—3—2 所示的连接示意图进行压路机电动控制系统的安装。

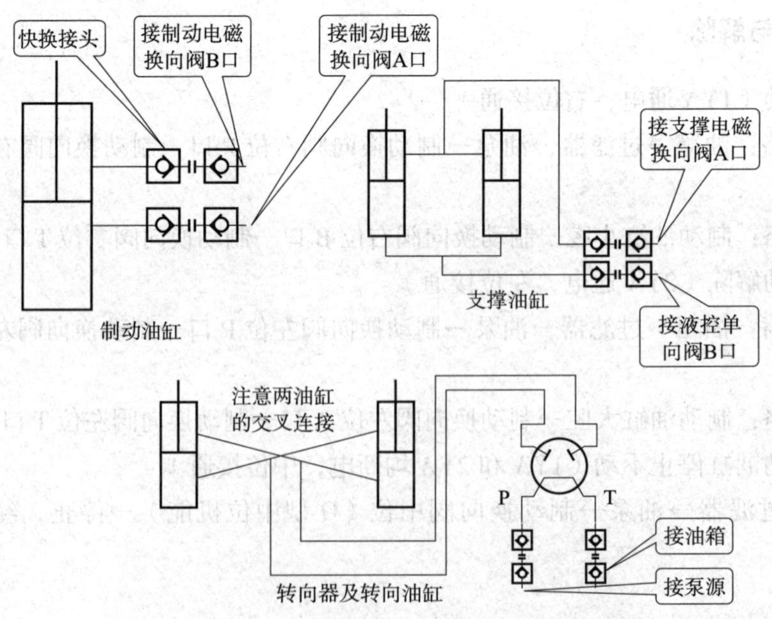

图 3—3—2　压路机电动控制系统安装示意图

系统调试的步骤如下：

1. 接通电源。

2. 放松溢流阀至零位状态。

3. 起动液压泵。

4. 打开先导油源开关旋钮，使5YA通电，压力表的压力指数会有微微上升。

5. 顺时针旋紧溢流阀调节手柄，压力表的压力指数调整到3 MPa。

6. 根据动作顺序表的步骤进行调试。动作顺序：方向盘左转，压路机执行机构左转；方向盘右转，压路机执行机构右转；按下按钮，使1YA通电，制动油缸制动；按下按钮，使3YA通电，机罩升起；再按一下按钮，使4YA通电，机罩下降；再按一下按钮，使2YA通电，制动解除。

7. 放松溢流阀，使压力回零。

8. 关闭先导油源开关旋钮，使5YA断电。

9. 停泵，并断开电源。

复习思考题

1. 简述压路机电动控制系统的动作要求。
2. 简述压路机电动控制系统的液压元件。
3. 简述压路机电动控制系统安装与调试的任务要求。
4. 简述压路机电动控制系统的工作原理。
5. 根据任务要求和工作原理图编制压路机电动控制系统的动作顺序表。
6. 简述压路机电动控制系统的油路。
7. 简述压路机电动控制系统的调试步骤。

课题4　压路机先导控制系统安装与调试

学习目标

1. 了解压路机先导控制系统的液压元件组成。
2. 熟悉压路机先导控制系统的动作和任务要求。
3. 掌握压路机先导控制系统的工作原理图绘制和动作顺序表的编制。
4. 掌握压路机先导控制系统的安装与调试。

一、液压元件组成和动作要求

1. 液压元件组成

液压元件包括液压泵站、转向器、转向油缸、制动液动换向阀、制动油缸、支撑液动换向阀、双作用安全阀、溢流阀、液控单向阀、先导手柄、二位三通电磁换向阀。

2. 动作要求

（1）离合器控制压路机的驱动机构。

（2）按钮控制压路机的振动机构。

（3）转向器控制压路机的转向。

（4）先导手柄控制制动油缸实现制动和解除制动。

（5）先导手柄控制实现机罩的升降。

二、设备需求和任务要求

1. 设备需求

液压通用实训平台、压路机执行机构。

2. 任务要求

采用给出的液压元件设计压路机先导控制液压系统（溢流阀远程卸荷），并在液压实训台上进行安装与调试。具体要求如下：

（1）压路机的驱动系统和振动系统均采用闭式液压系统，其工作原理已在模块一课题 2 中详细描述，且安装与调试的实现较为困难。本课题中只对制动、支撑和转向系统进行安装与调试。

（2）方向盘左转，压路机左转；方向盘右转，压路机右转。

（3）前推先导手柄，制动；后拉先导手柄，制动解除。

（4）右扳先导手柄，机罩下降；左拉先导手柄，机罩升起。

（5）先导手柄和方向盘均在中位时，压路机无动作。

（6）机罩支撑油缸需加装液控单向阀，来实现其支撑后的锁紧。

（7）动作顺序：左转→右转→制动→机罩升起→机罩下降→制动解除。

三、压路机先导控制系统工作原理图

工作原理如图 3—4—1 所示。

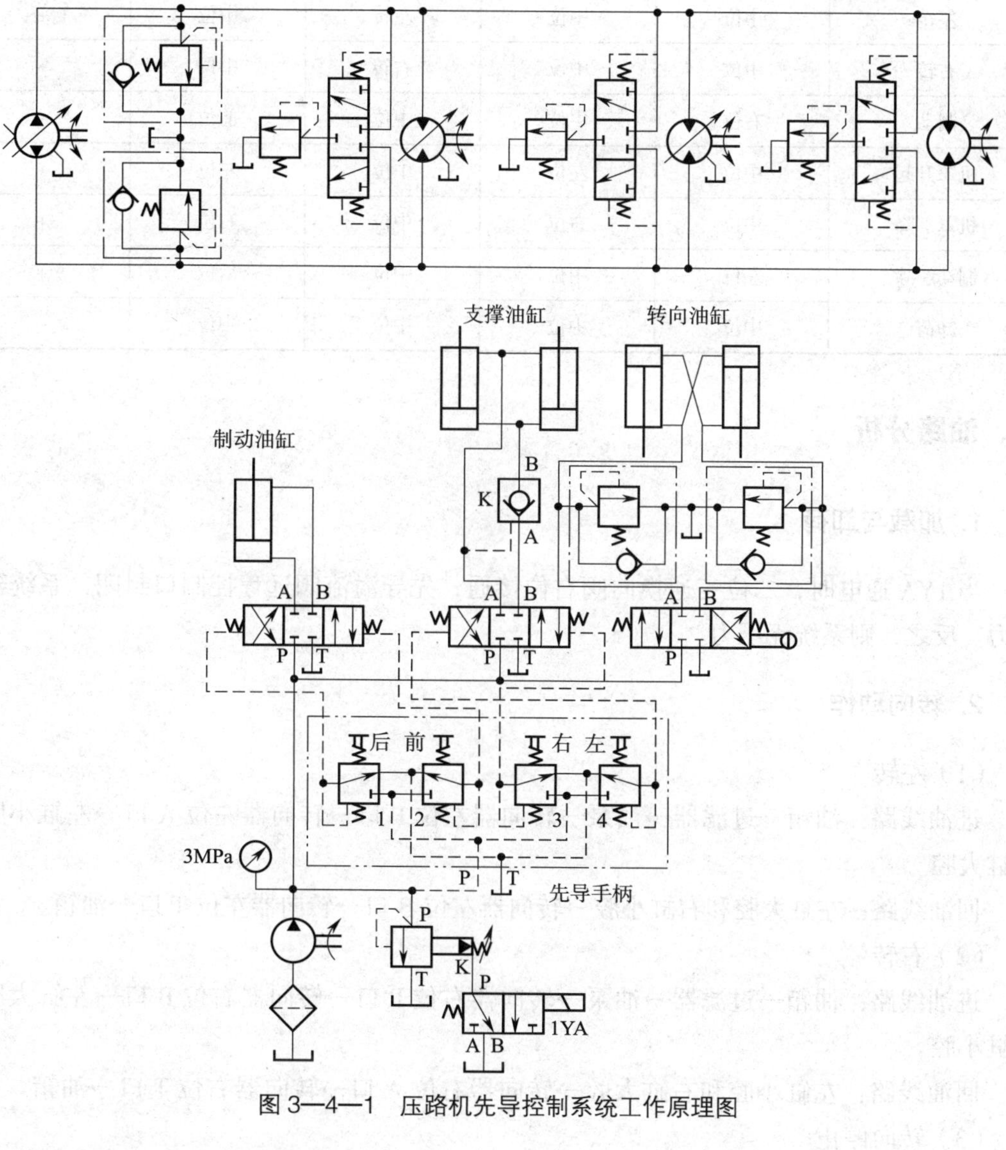

图 3—4—1　压路机先导控制系统工作原理图

四、压路机先导控制动作顺序表

动作顺序见表 3—4—1。

表 3—4—1 压路机先导控制动作顺序表

工况	动臂阀动作	支撑阀动作	转向器动作	先导手柄动作	卸荷阀动作
					1YA
加载	中位	中位	中位	中位	+
左转	中位	中位	左转	中位	+
右转	中位	中位	右转	中位	+
制动	右位	中位	中位	前位	+
机罩升起	中位	左位	中位	左位	+
机罩下降	中位	右位	中位	右位	+
制动解除	左位	中位	中位	后位	+
卸荷	中位	中位	中位	中位	−

五、油路分析

1. 加载与卸荷

当 1YA 通电时，二位三通换向阀右位接通，先导溢流阀远程控制口封闭，系统建立压力。反之，则系统无压力。

2. 转向动作

（1）左转

进油线路：油箱→过滤器→油泵→转向器左位 P 口→转向器左位 A 口→左缸小腔和右缸大腔。

回油线路：左缸大腔和右缸小腔→转向器左位 B 口→转向器左位 T 口→油箱。

（2）右转

进油线路：油箱→过滤器→油泵→转向器右位 P 口→转向器右位 B 口→左缸大腔和右缸小腔。

回油线路：左缸小腔和右缸大腔→转向器右位 A 口→转向器右位 T 口→油箱。

（3）转向停止

油箱→过滤器→油泵→转向器中位（O 型中位机能）→停止，经溢流阀流回油箱。

双作用安全阀控制左右转向的冲击压力及补油。

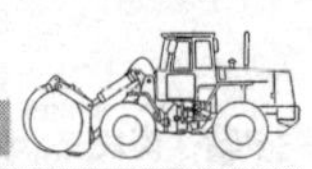

3. 制动与解除

（1）制动

控制油路：油箱→过滤器→油泵→先导手柄 2 口→制动液动换向阀（右控制口）→制动液动换向阀右位接通。

主油路进油线路：油箱→过滤器→油泵→制动液动换向阀右位 P 口→制动液动换向阀右位 A 口→制动油缸大腔。

主油路回油线路：制动油缸小腔→制动液动换向阀右位 B 口→制动液动换向阀右位 T 口→油箱。

（2）制动解除

控制油路：油箱→过滤器→油泵→先导手柄 1 口→制动液动换向阀（左控制口）→制动液动换向阀左位接通。

主油路进油线路：油箱→过滤器→油泵→制动液动换向阀左位 P 口→制动液动换向阀左位 B 口→制动油缸小腔。

主油路回油线路：制动油缸大腔→制动液动换向阀左位 A 口→制动液动换向阀左位 T 口→油箱。

（3）制动油缸停止不动

控制油路：油箱→过滤器→油泵→先导手柄。

主油路：油箱→过滤器→油泵→制动液动换向阀中位（O 型中位机能）→停止，经溢流阀流回油箱。

4. 机罩升降

（1）机罩升起

控制油路：油箱→过滤器→油泵→先导手柄 4 口→支撑液动换向阀（左控制口）→支撑液动阀左位接通

主油路进油线路：油箱→过滤器→油泵→支撑液动换向阀左位 P 口→支撑液动换向阀左位 B 口→支撑油缸大腔。

主油路回油线路：支撑油缸小腔→支撑液动换向阀左位 A 口→支撑液动换向阀左位 T 口→油箱。

（2）机罩下降

控制油路：油箱→过滤器→油泵→先导手柄 3 口→支撑液动换向阀（右控制口）→支撑液动阀右位接通。

主油路进油线路：油箱→过滤器→油泵→支撑液动换向阀右位 P 口→支撑液动换向阀右位 A 口→支撑油缸小腔。

主油路回油线路：支撑油缸大腔→支撑液动换向阀右位 B 口→支撑液动换向阀右位 T 口→油箱。

（3）机罩停止

控制油路：油箱→过滤器→油泵→先导手柄。

主油路：油箱→过滤器→油泵→支撑液动换向阀中位（O 型中位机能）→停止，经溢流阀流回油箱。

六、系统安装与调试

根据压路机先导控制系统工作原理图，结合图 3—4—2 所示的连接示意图进行压路机先导控制系统的安装。

系统调试步骤如下：

1. 接通电源。
2. 放松溢流阀至零位状态。
3. 起动液压泵。
4. 打开先导油源开关旋钮，使 1YA 通电，压力表的压力指数会有微微上升。
5. 顺时针旋紧溢流阀调节手柄，压力表的压力指数调整到 3 MPa。

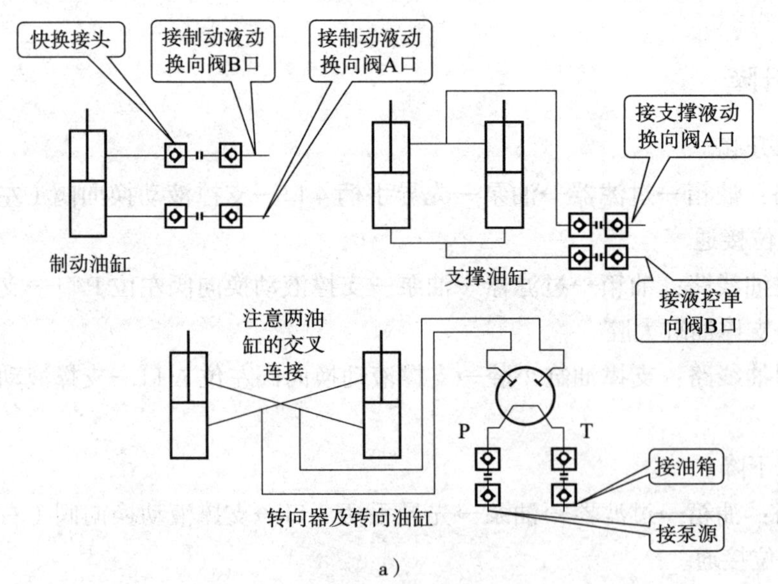

a）

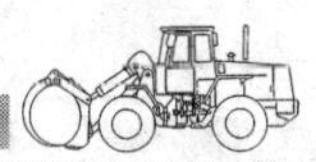

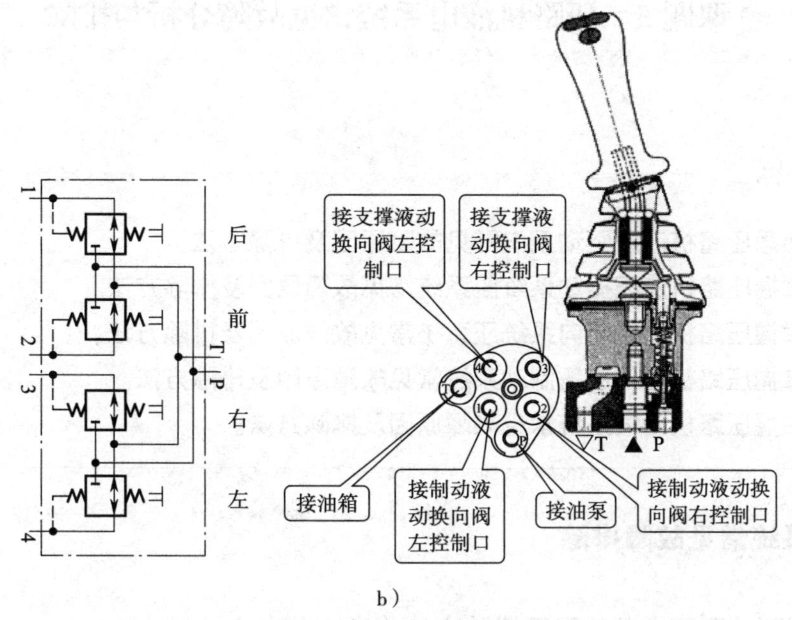

b）

图 3—4—2　压路机先导控制系统安装示意图

a）主油路连接　b）控制油路连接

6. 根据动作顺序表的步骤进行调试。动作顺序：方向盘左转，压路机执行机构左转；方向盘右转，压路机执行机构右转；前推先导手柄，制动油缸制动；左推先导手柄，机罩升起；右扳先导手柄，机罩下降；后拉先导手柄，制动解除。

7. 使溢流阀压力回零。

8. 关闭先导油源开关旋钮，使 1YA 断电。

9. 停泵，并断开电源。

复习思考题

1. 简述压路机先导控制系统的动作要求。
2. 简述压路机先导控制系统的液压元件。
3. 简述压路机先导控制系统安装与调试的任务要求。
4. 简述压路机先导控制系统的工作原理。
5. 根据任务要求和工作原理图编制压路机先导控制系统的动作顺序表。
6. 简述压路机先导控制系统的油路。
7. 简述压路机先导控制系统的调试步骤。

*课题 5　压路机液电系统常见故障分析与排除

学习目标

1. 熟悉压路机液压驱动系统常见故障原因及排除方法。
2. 掌握压路机液压振动系统压系统常见故障原因及排除方法。
3. 掌握压路机液压转向系统压系统常见故障原因及排除方法。
4. 掌握压路机工作液压制动系统常见故障原因及排除方法。
5. 掌握压路机电气系统常见故障原因及排除方法。

一、液压系统常见故障排除

1. 液压驱动系统常见故障及排除方法（表 3—5—1）

表 3—5—1　　液压驱动系统常见故障及排除方法

故障现象	故障原因	排除方法
系统不回中位或中位回位不好	1）泵的控制连接有缺陷 2）伺服阀有缺陷	1）修理或更换 2）调节、修理或更换
系统双向或单向工作不正常	1）油箱油面过低 2）单向阀有缺陷 3）伺服阀有缺陷	1）加油到适量 2）修理或更换 3）修理或更换
驱动无力	1）工作压力过低 2）马达排量状况不正常 3）泵、马达内泄大	1）调节系统压力 2）调节、修理或更换 3）调节、修理或更换

2. 液压振动系统常见故障及排除方法（表 3—5—2）

表 3—5—2　　液压振动系统常见故障及排除方法

故障现象	故障原因	排除方法
系统无振动	1）泵上溢流阀有故障 2）泵、马达损坏	1）修理或更换 2）更换
振动频率低	1）油箱油面过低 2）泵的输出流量不正常	1）加油到适量 2）调节流量调定值
振动脱不开	电磁阀卡住或损坏	修理或更换

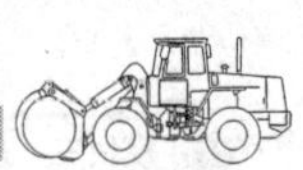

3. 液压转向系统常见故障及排除方法（表 3—5—3）

表 3—5—3　　液压转向系统常见故障及排除方法

故障现象	故障原因	排除方法
快、慢转方向盘沉重	1）泵供油不足 2）油箱油面过低	1）检查泵 2）加油到适量
空负荷或轻载转向时转向沉重	1）转向溢流阀压力低 2）溢流阀卡住	1）调节压力 2）修理或更换
转向失灵	转向器不正常	修理或更换

4. 液压制动系统常见故障及排除方法（表 3—5—4）

表 3—5—4　　液压制动系统常见故障及排除方法

故障现象	故障原因	排除方法
制动脱不开	1）制动系统压力低 2）制动片烧结	1）检查，排除 2）更换
不制动	1）制动电磁阀不回位，造成制动压力过高 2）摩擦片间隙过大	1）检查电磁阀，修理或更换 2）调整

二、电气系统常见故障排除

电气系统常见故障及排除方法见表 3—5—5。

表 3—5—5　　电气系统常见故障及排除方法

故障现象	故障原因	排除方法
不能起动	1）手柄未在中位 2）起动开关损坏 3）起动继电器故障	1）检查，放置在中位 2）检查，更换 3）检查，更换
起动无力	1）蓄电池电量不足 2）线接头松动 3）起动电动机故障	1）检查，充电或更换 2）检查，紧固 3）检查，更换
油位表显示不正常	1）油量传感器浮杆与油箱内壁干涉 2）传感器线路故障 3）油量表故障	1）检查，调整 2）检查，更换 3）检查，更换

复习思考题

1. 简述驱动无力的故障原因及排除方法。
2. 简述系统无振动的故障原因及排除方法。
3. 简述振动频率低的故障原因及排除方法。
4. 简述振动脱不开的故障原因及排除方法。
5. 简述转向沉重的故障原因及排除方法。
6. 简述转向失灵的故障原因及排除方法。
7. 简述制动脱不开的故障原因及排除方法。
8. 简述制动失灵的故障原因及排除方法。
9. 简述不能起动的故障原因及排除方法。
10. 简述起动无力的故障原因及排除方法。

模块四 挖掘机液电系统安装与调试

挖掘机是工程机械中较为典型的土方机械产品，其液电系统也较为复杂，故作为工程机械液电系统中的第三个机型进行安装与调试，并对前面所学习的装载机、压路机模块进行巩固。本模块以挖掘机执行机构和通用实训平台为载体，介绍挖掘机的结构、作用及工作原理。通过学习，可熟练进行挖掘机手动控制、电动控制、先导控制系统的安装与调试，并能够对常见的故障进行分析和排除。

课题 1　挖掘机液电系统认知

学习目标

1. 了解挖掘机机械结构组成及功能。
2. 掌握挖掘机液压系统相关知识。
3. 掌握挖掘机电气系统相关知识。

一、挖掘机的结构组成及功能

挖掘机整体结构由动力系统、工作装置、回转机构、行走机构、液压系统、电气系统、控制系统、结构件、辅件等组成，如图 4—1—1 所示。

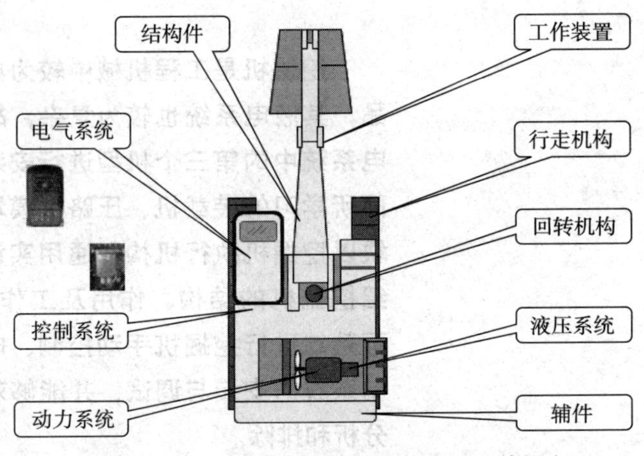

图 4—1—1　挖掘机整体结构示意图（俯视）

1. 动力系统

（1）组成

挖掘机的动力系统主要由燃油系统，进、排气系统，冷却系统，润滑系统及起动装置等组成。挖掘机的动力系统核心——发动机如图 4—1—2 所示。

（2）作用

动力系统（柴油发动机）将燃油（柴油）燃烧（压燃）所产生的热能转化为机械能，并为施工设备提供动力。为了适应工作条件复杂、恶劣，负荷变化大，因工作阻力大而造成运行速度变化大等情况，柴油机满足以下要求：

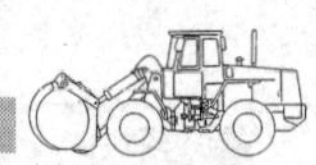

图 4—1—2　挖掘机的发动机

1）功率储备大，约为 10%。

2）扭矩大，转速低（额定转速一般在 1 500 ~ 2 000 r/min，适应性系数为 1.30 ~ 1.70）。

3）扭矩储备范围大：系数为 1.15 ~ 1.25，甚至为 1.30。

2. 工作装置

工作装置由动臂、斗杆、铲斗、连杆、摇臂（杆）和油缸等组成。如图 4—1—3 所示。它是实现挖掘土石方的基本构件或称挖掘土石方的执行机构。

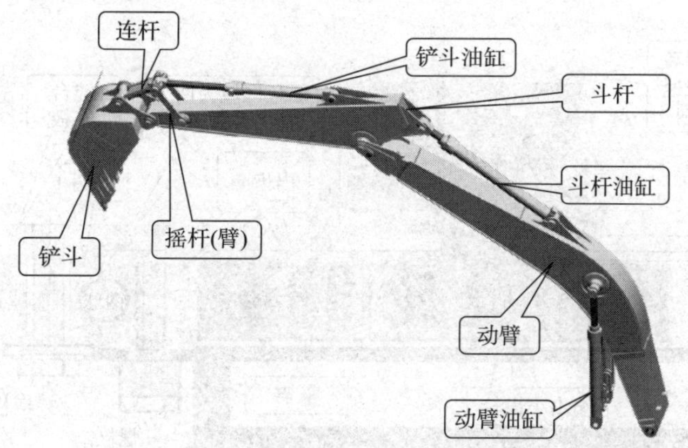

图 4—1—3　挖掘机工作装置组成

3. 回转机构

回转机构由回转减速机与回转支承组成，如图 4—1—4 所示。回转机构用于转移被挖土方。

（1）回转马达的组成

回转马达主要由活塞、压簧与压盘、制动器、太阳轮等组成，如图 4—1—5 所示。

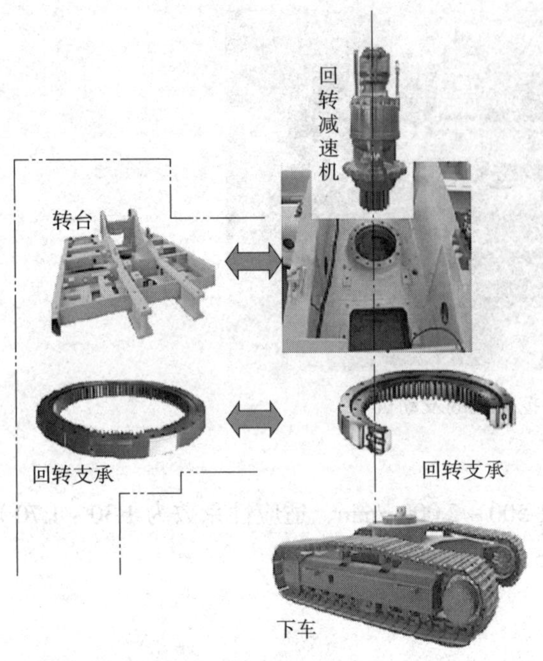

图 4—1—4 挖掘机的回转机构

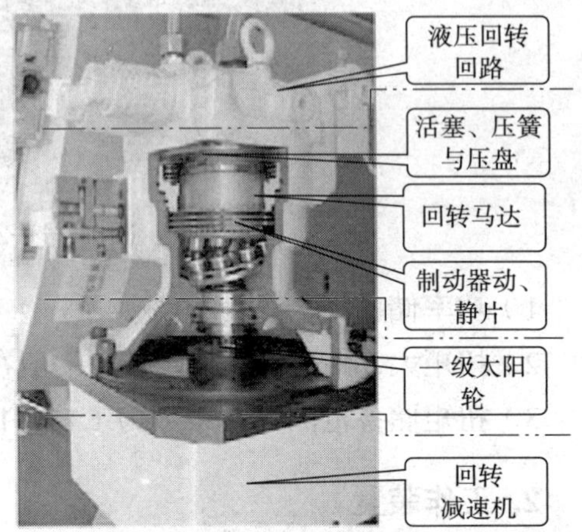

图 4—1—5 回转马达结构组成

（2）回转机构的工作原理（图 4—1—6）

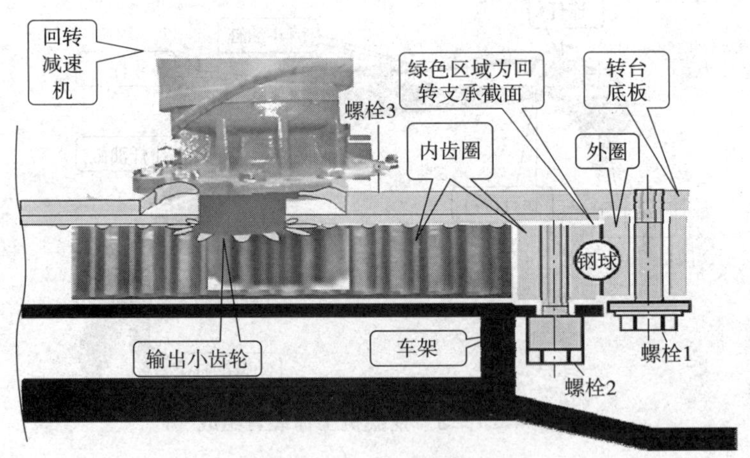

图 4—1—6 回转机构工作原理图

回转支承外圈与转台底板通过螺栓 1 连接在一起；而回转支承内齿圈与车架通过螺栓 2 连接；螺栓 3 又将回转减速机紧固在转台底板上。这样，挖掘机的上车与下车就连接在一起。输出小齿轮与回转支承内齿圈啮合。当输出小齿轮在内齿圈上滚动时，即带动转台实现旋转。

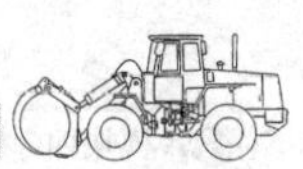

4. 行走机构

行走机构由行走减速机总成、“四轮一带”（即引导轮、驱动轮、托链轮、支重轮和履带板总成）和张紧装置等组成，如图 4—1—7 所示。它可以实现在挖掘地点之间短距离的转移。

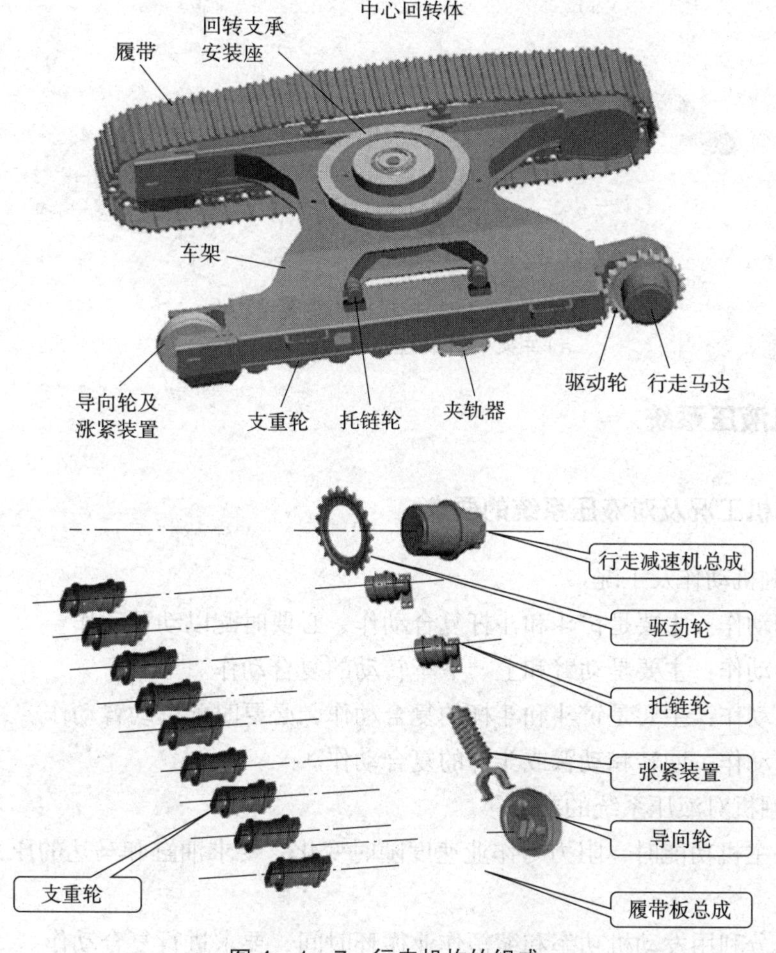

图 4—1—7　行走机构的组成

5. 结构件

挖掘机主要由三大结构件组成，即车架、转台和工作装置（包括动臂、斗杆），主要由钢制板材焊接组成，如图 4—1—8 所示。除了承载挖掘机自身及所有零部件重量外，这些结构件还承受着作业时来自于外部的静态与动态载荷。

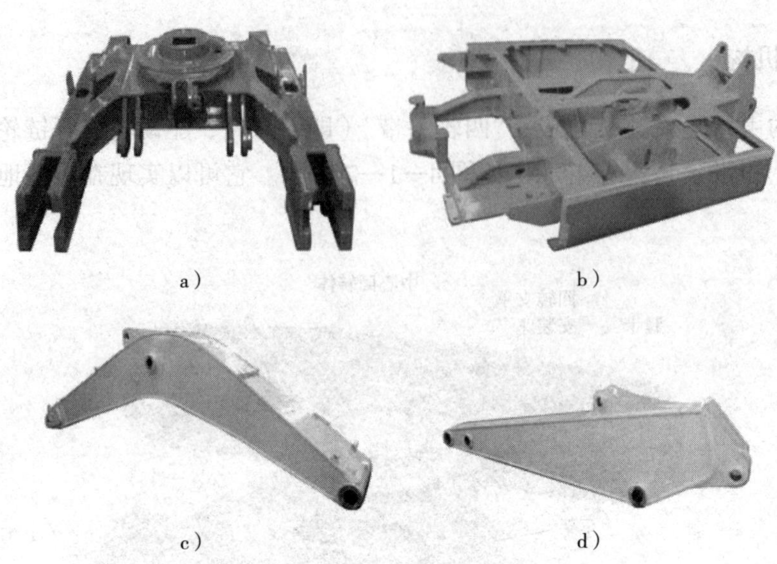

a）　　b）

c）　　d）

图 4—1—8　挖掘机的主要结构件
a）车架　b）转台　c）动臂　d）斗杆

二、挖掘机液压系统

1. 挖掘机工况及对液压系统的要求

（1）挖掘机动作及工况

1）挖掘动作：主要是铲斗和斗杆复合动作，必要时配以动臂动作。

2）回转动作：主要是动臂和上、下车转动的复合动作。

3）卸料动作：主要是铲斗和斗杆的复合动作，必要时配以动臂动作。

4）返回动作：回转和动臂或斗杆的复合动作。

（2）挖掘机对液压系统的要求

1）实现主机功能时，阻力与作业速度随时变化，要求油缸和马达的压力和流量也能相应变化。

2）为充分利用发动机功率和缩短作业循环时间，要求进行复合动作。

3）左、右履带分别驱动。

4）一切动作都是可逆的，而且要求无级调速。

5）各作业油缸有良好的过载保护，回转机构和行走装置有可靠的制动和限速，要防止动臂因自重而快速下降。

2. 挖掘机常用液压系统的类型

挖掘机常用液压系统的类型有总功率控制系统、负流量控制系统、正流量控制系统、

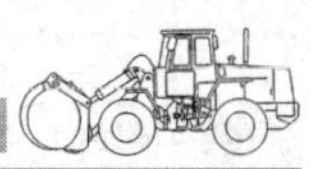

负荷传感系统、电控液压系统和定量液压系统。

（1）总功率控制系统

总功率控制系统是由双泵组成的恒扭矩变量系统。系统中，两台主泵由一个总功率调节机构平衡调节。并且，两台主泵的摆角始终相同，流量相等。在变量范围内，两台主泵的总功率恒定，但是两台主泵的功率可以不同，甚至一台泵的功率可以为零，另一台泵单独为发动机输出功率。

（2）负流量控制系统

负流量控制系统是指在主阀中位回油路增设一个节流口，利用节流口前产生的压力来控制主泵斜盘摆角，从而控制流量。其工作原理如图 4—1—9 所示。

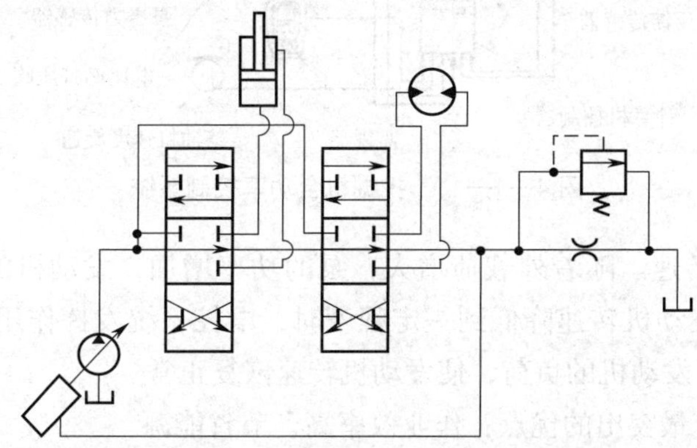

图 4—1—9　负流量控制系统工作原理图

（3）负荷传感系统

在主阀各阀片处设置压力补偿阀，利用压力补偿阀平衡各动作间压力差值，保持各主阀前后压差恒定。这样，流经各主阀的流量仅与主阀开度有关，而与各动作负载大小无关。其工作原理如图 4—1—10 所示。

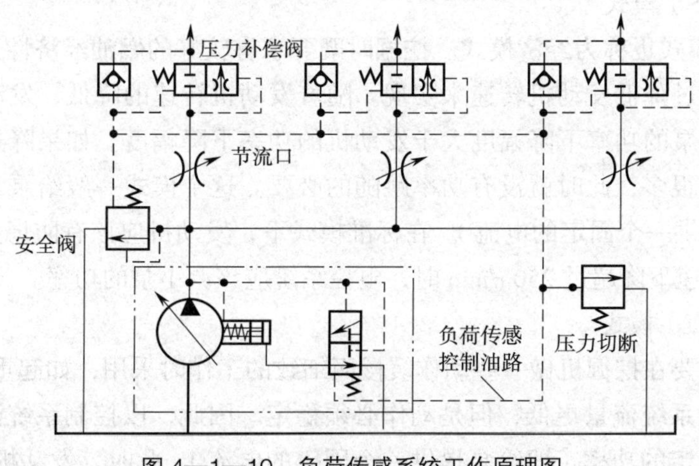

图 4—1—10　负荷传感系统工作原理图

3. 挖掘机全功率控制系统

全功率控制系统又称为发动机转速传感控制系统（ESS），简称电控系统，如图 4—1—11 所示。

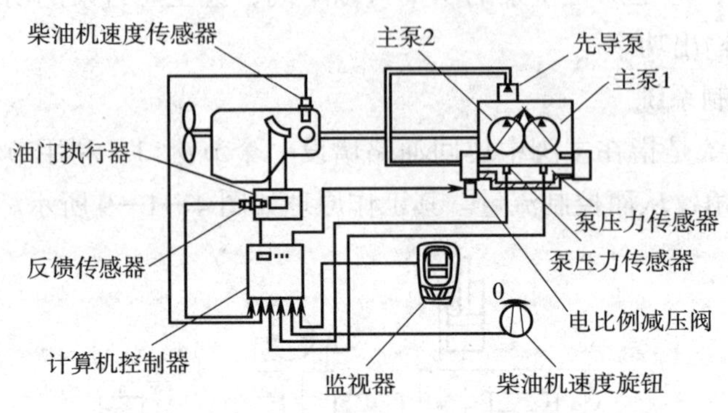

图 4—1—11　挖掘机全功率控制系统

它监测发动机转速。随着外载荷增大，泵的功率增加，发动机的负荷也随之增大。当外载荷增大致使发动机转速降低到一定程度时，电控系统发挥作用，自动调小泵的输出功率，也就减小了发动机的负荷，使发动机转速恢复正常。

全功率控制系统最突出的优点：作业效率高，节省能源。

（1）重载（H）模式

重载（H）模式主要分有快速模式、高功率模式等。对于要求高效率挖掘的工况，将发动机转速设定为最高。此时不预留发动机的功率储备，即泵的设定功率等于或略大于发动机的飞轮功率。作业时要求泵功率跟随，即当外载荷增大到致使发动机转速下降至一定程度时，电控系统调整泵的输入电流，自动减小泵的功率，使发动机转速恢复正常。

（2）标准（S）模式

标准（S）模式也称为经济模式。挖掘时既要求有较好的燃油经济性又要有一定的作业效率，可以通过降低发动机转速来实现。随着发动机转速的降低，发动机和泵的功率都将下降，但是泵的功率下降幅度大于发动机的功率下降幅度。如果降速后发动机的功率比泵的功率大很多，此时就没有功率跟随的必要。这个模式一般给泵设定一个固定的功率（即给泵提供一个固定的电流）。在标准模式下，发动机应该有防熄火措施。一般情况下当发动机转速下降超过 250 r/min 时，电控系统应该调小泵的功率。

（3）精细（F）模式

这个模式主要在挖掘机做一些动作缓慢而细致的工作时采用，如起重、吊装焊接等。这种模式要求的系统流量更低，但是动作必须稳定。因此，以控制系统流量为主，一般给泵设定一个固定的功率（即给泵提供一个固定的电流）。此时，发动机转速降得较低，

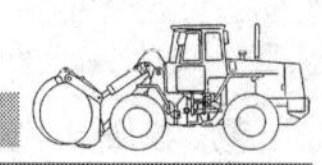

容易熄火，必须在电控系统上设置防熄火功能。

（4）平地模式

平整场地时，如果驾驶员操作手柄的动作较大而斗杆摆动速度放慢或将发动机转速降低，将更容易控制。这个模式下可以采用有多种方法控制进入斗杆油缸的流量。一般给泵设定一个固定的功率（即给泵一个固定的电流）。这种模式下，为了避免因遇到大块石头、树根等障碍物而出现发动机熄火现象，系统应该采取防熄火措施。

（5）附件模式

这个模式专门为破碎锤、液压剪等附件设置，以满足附件要求的流量为控制目的。一般给泵设定一个固定的功率（即给泵一个固定的电流），同时根据具体情况决定是否增加防熄火措施。有些挖掘机采用电控流量调节，可以更方便地调整附件的流量。

（6）挖沟模式

部分挖掘机专门为挖掘沟壕设置这个模式，有利于挖掘沟壕的边缘，主要措施包括增大回转力矩、回转优先（相对于动臂和斗杆）。

（7）其他功能

1）应急模式

当电控系统失效时启用这种模式，给泵提供一个固定的电流，使泵的功率保持在标准或轻载模式。它可以保证用户在等待维修的过程中仍然可以满足一般情况下的作业需要。

应急模式有两种方式可以实现，一种是专门设置模拟电路驱动油门执行器并且设定泵的固定功率，需要时拨动转换手柄即可；另一种是机械式油门，设定电控系统断电时，泵有一个固定功率。

2）自动怠速

当操作杆全部中立时，延迟约 5 s，然后发动机自动降至怠速。当再次操纵操作杆时，发动机自动恢复原来转速。应注意：油门执行器提升油门的动作必须早于液压主阀打开的动作，否则很容易造成柴油机熄火。

3）触式怠速

按下触式怠速开关，发动机转速降至怠速；再次按下该开关，转速恢复至原来转速。

4）自动降低转速

与自动怠速类似，区别是降低 100 r/min 左右。这样，再次恢复工作状态时发动机的反应速度比较快。

5）自动暖机

发动机起动后，系统利用传感器检测冷却液温度。如果冷却液温度低于设定值，则自动预热。

6）防止过热

如果工作中水温过高，工作模式将自动降低一挡，减轻发动机负荷，以防止发动机过热。

此外，系统还具有远程控制、故障报警和诊断等功能。

三、挖掘机电气系统

1. 挖掘机电气系统的组成与原理

（1）电源

挖掘机电气系统采用直流电源供电，2 节 12 V 蓄电池串联作为发动机起动电源。

1）蓄电池

蓄电池主要用于起动发动机。当发动机未起动时，整车电器均由蓄电池供电，所以在使用的过程中要经常检查蓄电池的电量是否充足。

2）发电机

一般发动机自带发电机。当发动机起动后，整车电源由发电机提供。当发电机发出的电压高于蓄电池电压时，蓄电池开始充电，从而稳定系统电压且维持蓄电池电量。

（2）钥匙开关（图 4—1—12）

钥匙开关用于控制整车电路通、断电，预热及起动发动机。

a）

钥匙开关 (JK406C-2)

挡位	端子					
	B	BR	ACC	C	R1	R2
左1，预热	◎	◎	◎		◎	
0位，停止	◎					
右1，上电	◎	◎	◎			
右2，起动	◎	◎	◎	◎		◎

b）

图 4—1—12 钥匙开关
a）外形图 b）接线图

（3）起动马达（图 4—1—13）

通常发动机自带起动马达。它主要用于带动发动机起动，一般由电动机、传动装置、控制装置组成。

（4）熄火马达（图 4—1—14）

断电时，熄火马达通过执行元件切断燃油供给，使发动机熄火。电动机通过蜗杆机构带动塑料齿轮旋转，齿轮的旋转通过销子和槽转变成软轴的伸缩运动。电动机电路的

通断由塑料齿轮背面的铜片控制。齿轮旋转至不同位置，来控制电机的运转和停止。

图 4—1—13　起动马达

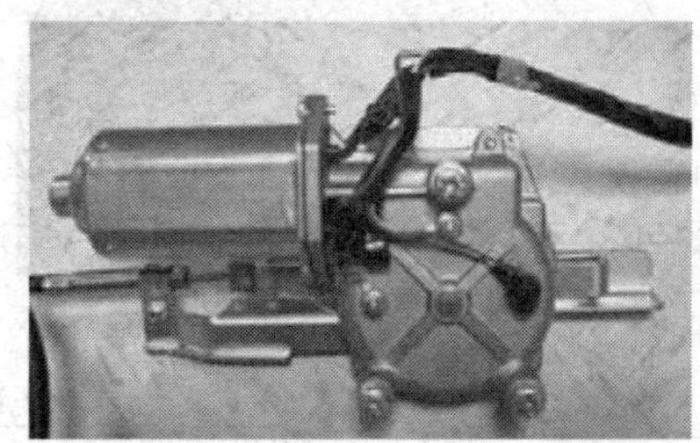

图 4—1—14　熄火马达

（5）水温传感器（图 4—1—15）

水温传感器为电阻式温度传感器，它把非电量的参数转换成电量参数传给仪表。

图 4—1—15　水温传感器

（6）燃油油位传感器（图 4—1—16）

燃油油位传感器自身带有具有一定磁性的油浮子，油浮子随着燃油液位的变化而上下滑动，从而改变传感器内部一系列电阻组合的阻值，然后传给仪表处理，转换成相应的油位值显示。

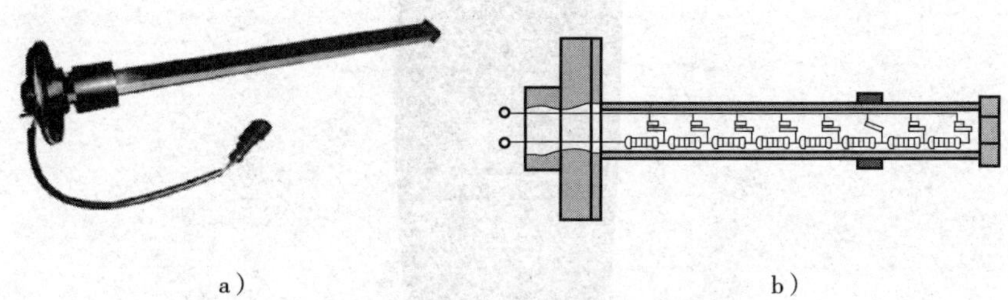

图 4—1—16　燃油油位传感器

a）实物　b）结构原理示意

（7）继电器（图 4—1—17）

继电器是具有控制系统（又称输入回路）和被控制系统（又称输出回路）之间互动关系的电子控制器件，通常应用于自动控制电路中。它在电路中起着自动调节、安全保护、转换电路等作用。继电器可以看作是用较小的电流去控制较大电流的一种“自动开关”。

a)

电磁继电器
衔铁
触点
弹簧
电磁铁
大电流
小电流
控制电路
工作电路

b)

图 4—1—17　继电器及其连接示意图

a）外形图　b）连接示意图

（8）仪表

挖掘机仪表如图 4—1—18 所示。仪表显示挖掘机的工作状态、系统异常的报警信号等，见表 4—1—1、表 4—1—2。另外，挖掘机各系统保养项目及含义见表 4—1—3。

图 4—1—18　挖掘机仪表

表 4—1—1　　挖掘机正常工作信号（绿色）及含义

仪表信号	含义	仪表信号	含义
	发动机水温		液压油温

续表

仪表信号	含义	仪表信号	含义
	燃油量		回转锁紧
	发动机预热	INT	刮水器间歇
	自动降速	ON	刮水器连续
	触式加力	Lo	低速行驶
Mi	中速行驶	Hi	高速行驶

表 4—1—2　　挖掘机报警信号（红色）及含义

仪表信号	含义	仪表信号	含义
	冷却液不足		机油量不足
	机油压力太低		空气滤芯堵塞
	充电异常		

表 4—1—3　　挖掘机保养项目信号（蓝色）及含义

保养项目	含义	更换标准时间（小时）	保养项目	含义	更换标准时间（小时）
	发动机油更换	500		减震器油检查、补充	1 000
	机油滤芯更换	500		终传动油更换	2 000
	柴油机滤芯更换	500		回转机构内油液更换	1 000
	液压油滤芯更换	1 000		液压油更换	5 000
	液压油箱通气滤芯更换	500			

（9）照明与灯光信号系统

挖掘机的照明系统包括工作灯、臂灯、驾驶室内顶灯等。灯光信号包括扶手箱面板上的翘板开关（带有内置灯）、电子监控器（带有内置灯）、空调及收音机操作面板（带背景灯）。

（10）辅助装置系统

辅助装置系统包括喇叭、收音机及音响、刮水器（高速挡、低速挡）及洗涤器、点烟器等。

2. 挖掘机的基本电路及功能

电源电路和起动电路的主要元件在挖掘机电气系统内容中已经介绍，这里不再重复。

（1）起动保护电路

起动保护电路使用安全继电器来实现起动保护功能。

发动机运转后发电机 L 端子有电压输出，此时即使钥匙开关转到起动位置，继电器也不会接通，起动机不会运行，从而起到保护起动机的作用。

部分型号的挖掘机可以通过监控器（或控制器）控制起动继电器线圈的通断。当发动机转速大于 500 r/h 时，即使钥匙开关转到起动位置，继电器也不会接通，起动机不会运行，从而实现起动保护功能。

（2）中位起动电路

必须将安全锁杆放下，方可起动发动机。这样，可以避免因起动时误碰到操纵手柄而使挖掘机产生误动作。

（3）熄火控制电路

不同的发动机在熄火控制上虽然实现形式不同，但是均以切断燃油为最终目的。

（4）冷起动预热电路

环境温度低时，通过接通预热塞对发动机进气进行加热，提高发动机起动性能。

1）可通过钥匙开关预热挡进行手动预热，并可通过电子监控器或预热定时器进行预热定时。

2）通过预热控制器进行自动预热。

①水温 10℃以上，水温开关接通，不预热。

②水温 10℃以下时起动，水温开关断开，起动结束后继续预热 30 s，预热指示灯亮 8 s（后预热）。

③水温 10℃以下时钥匙开关处于“ON”位置，水温开关断开，预热继电器接通 30 s，预热指示灯亮 8 s（前预热）。

3. 挖掘机控制系统的功能

挖掘机控制系统的功能主要包括液压—发动机功率控制、电子油门控制、自动怠速功能、低速加速功能、增力控制、行走速度控制、模式控制、分级锁车功能、自动暖机功能和过热保护功能。

（1）液压—发动机功率控制

油门旋钮→油门电动机→比例阀电流→转速，这个路径构成整个液压系统和动力系统（即发动机）的闭环功率控制，使发动机和液压传动系统与外部负荷之间始终保持最合理的匹配，进而提高能量利用率，是挖掘机控制系统的核心控制。

（2）电子油门控制

通过油门执行器实现发动机油门调速。

（3）自动怠速功能

所有的操纵手柄都在中位时，降低发动机转速，以减少油耗和噪声。

1）自动怠速生效条件：操纵手柄处于中位 3 s 后；自动怠速功能允许；油门旋钮设定转速大于自动怠速转速。

2）自动怠速取消条件：操纵手柄有动作；自动怠速功能取消；工作模式开关发生转换；发动机油门旋钮发生变化。

（4）低速加速功能

当发动机低速运转时，如果操纵手柄（或压力开关）动作，控制器驱动油门电动机，使发动机转速增加到自动怠速转速。

1）低速加速生效条件：油门旋钮设定转速小于自动怠速转速；操纵手柄有动作。

2）低速加速取消条件：操纵手柄处于中位 3 s 后；油门旋钮设定转速小于自动怠速转速。

（5）增力控制

挖掘作业时，如果需要更大的挖掘力（如挖岩石）时可以按下增力按钮，将液压力提高 9% 左右并持续 8 s，通过临时增加溢流压力增加挖掘力。

1）提高溢流压力条件：手动增力按钮按下；二次溢流阀断开（休息）8 s 以上。

2）恢复溢流压力条件：二次溢流阀接通 8 s 以上。

（6）行走速度控制

行走速度开关处于高速挡时，高低速电磁阀接通，改变行走马达的斜盘角度，使行走速度加快。

（7）模式控制

挖掘机可以设置 H（重载）、S（标准）、L（轻载）、B（破碎）四种工作模式。

1）H 模式

在 H 模式下转速感应控制生效，根据发动机因负荷变化而产生的转速变化控制泵流量，在保证发动功率得到最大利用的同时，发动机不会因过载而熄火。发动机油门处于最大供油位置，泵设定为最高负载挡。在此模式下，发动机达到最高转速、最大功率，作业效率最高。

2）S 模式

S 模式适用于一般挖掘及装载作业。这种模式下，发动机耗油少，工作效率高。

3）L 模式

在 L 模式下，发动机转速较低，适合于挖掘机的平整作业。

4）B 模式

在 B 模式下，挖掘机使用破碎装置，可通过限制发动机的转速来限制主泵的最大流量。

（8）分级锁车

二级锁车时，挖掘机在怠速转速下运行。一级锁车时，挖掘机不能工作，二级锁车同时生效。

（9）自动暖机

发动机水温低于 10℃时，电子监控器输出低电平信号，使控制器暖机模式回路接通，控制发动机油门，使发动机在自动怠速转速下运转，进入控制器的暖机模式。在发动机水温大于 30℃或暖机进行达 6 min 后，该功能自动取消，系统进入正常运行模式。

1）自动暖机生效条件：发动机水温不超过 10℃；发动机起动后 3 s 内；油门旋钮设定转速小于自动怠速转速。

2）自动暖机取消条件：发动机水温超过 30℃；自动暖机时间超过 6 min；油门旋钮有动作。

（10）过热保护

当发动机冷却水温 $T \geqslant 105$℃时，电子监控器通过 CAN 总线发送命令给 ESS 控制器，起动过热保护功能，控制发动机在自动怠速转速下运行。如果发动机冷却水温 $T \leqslant 100$℃，电子监控器通过 CAN 总线发送取消命令给 ESS 控制器，过热保护功能取消。

复习思考题

1. 挖掘机由哪些部分组成？
2. 绘制进、排气流程图。
3. 简述起动系统的作用。
4. 简述工作装置的组成。

5. 简述回转马达的组成。
6. 简述行走机构的组成及作用。
7. 简述张紧装置的组成及作用。
8. 简述挖掘机的三大结构件。
9. 简述挖掘机的常用液压系统类型。
10. 简述挖掘机的四种工作模式。
11. 简述挖掘机电气系统的组成。
12. 简述挖掘机的基本电路及功能。

课题 2　挖掘机手动控制系统安装与调试

学习目标

1. 了解挖掘机手动控制系统的液压元件组成。
2. 熟悉挖掘机手动控制系统的动作和任务要求。
3. 掌握挖掘机手动控制系统的工作原理图绘制和动作顺序表的编制。
4. 掌握挖掘机手动控制系统的安装与调试。

一、液压元件组成和动作要求

1. 液压元件组成

液压泵站、溢流阀、电磁换向阀、动臂手动换向阀、动臂油缸、斗杆手动换向阀、斗杆油缸、铲斗手动换向阀、铲斗油缸、单向节流阀、回转手动换向阀、回转马达、行走手动换向阀、行走马达、压力表及压力表接头。

2. 动作要求

（1）手动换向阀控制行走机构的前进、后退和转向。
（2）手动换向阀控制动臂的升降。
（3）手动换向阀控制斗杆的外摆和内收。
（4）手动换向阀控制铲斗的上翻和下翻。

（5）手动换向阀控制转台机构的回转。

二、设备需求和任务要求

1. 设备需求

挖掘机执行机构、液压通用实训平台。

2. 任务要求

采用给出的液压元件设计挖掘机手动控制液压系统，并在液压实训台上进行安装与调试。具体要求如下：

（1）由溢流阀和电磁阀控制泵的压力建立和压力切断。

（2）前推左行走手动换向阀手柄，左履带前进；后拉左行走手动换向阀手柄，左履带后退。

（3）前推右行走手动换向阀手柄，右履带前进；后拉右行走手动换向阀手柄，右履带后退。

（4）同时前推左、右行走手动换向阀手柄，挖掘机前进；同时后拉左、右行走手动换向阀手柄，挖掘机后退。

（5）前推右行走手动换向阀手柄，同时后拉左行走手动换向阀手柄，挖掘机左转。后拉右行走手动换向阀手柄，同时前推左行走手动换向阀手柄，挖掘机右转。

（6）后拉动臂换向阀手柄，动臂升起；前推动臂换向阀手柄，动臂下降。

（7）后拉斗杆换向阀手柄，斗杆内收；前推斗杆换向阀手柄，斗杆外摆。

（8）后拉铲斗换向阀手柄，铲斗下翻；前推铲斗换向阀手柄，铲斗上翻。

（9）后拉挖掘机回转换向阀手柄，挖掘机左回转；前推挖掘机回转换向阀手柄，挖掘机右回转。

（10）实现动作顺序：前进→后退→左转→右转→动臂升起→斗杆外摆→铲斗上翻→左回转→右回转→铲斗下翻→斗杆内收→动臂下降。

挖掘机的各执行机构均采用节流阀实现速度调节。

三、挖掘机手动控制系统工作原理图

工作原理如图 4—2—1 所示。

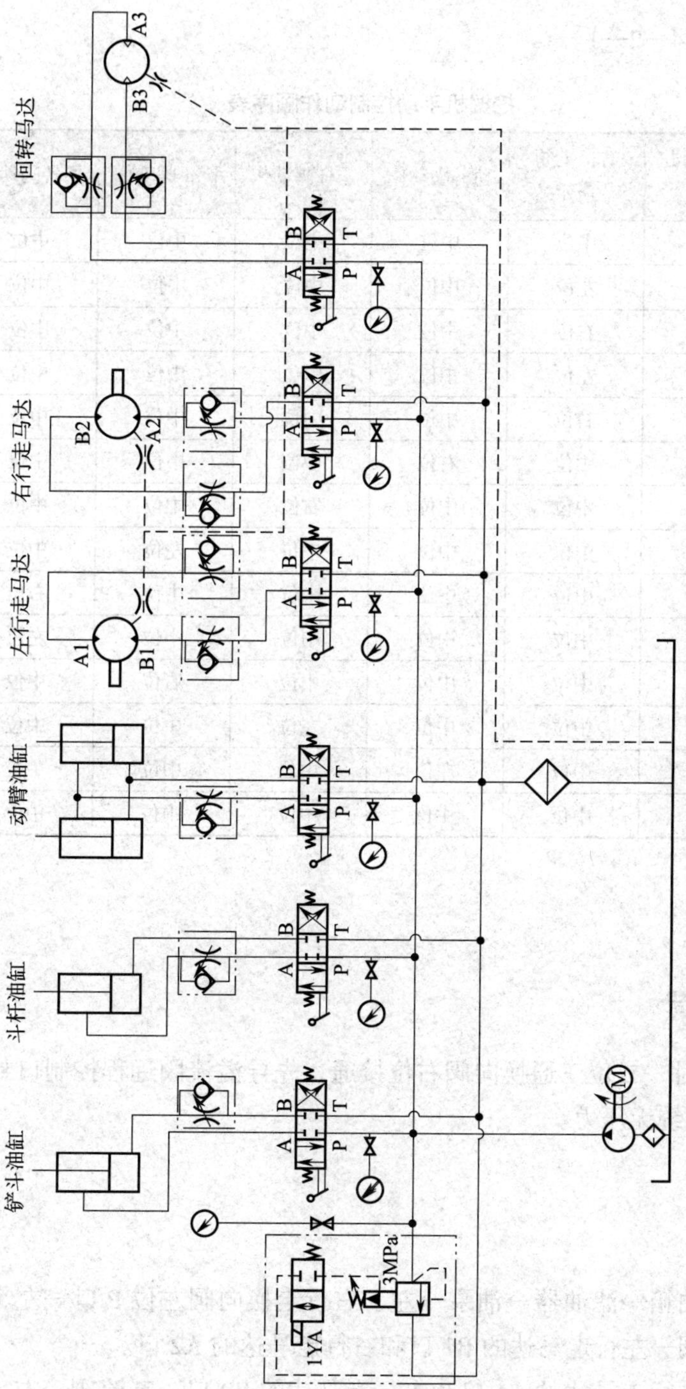

图 4—2—1　挖掘机手动控制系统工作原理图

四、挖掘机手动控制动作顺序表

动作顺序见表 4—2—1。

表 4—2—1　　挖掘机手动控制动作顺序表

工况	左行走阀动作	右行走阀动作	动臂阀动作	斗杆阀动作	铲斗阀动作	回转阀动作	卸荷阀动作
							1YA
加载	中位	中位	中位	中位	中位	中位	–
前进	左位	左位	中位	中位	中位	中位	–
后退	右位	右位	中位	中位	中位	中位	–
左转	右位	左位	中位	中位	中位	中位	–
右转	左位	右位	中位	中位	中位	中位	–
动臂升起	中位	中位	右位	中位	中位	中位	–
斗杆外摆	中位	中位	中位	右位	中位	中位	–
铲斗上翻	中位	中位	中位	中位	左位	中位	–
左回转	中位	中位	中位	中位	中位	右位	–
右回转	中位	中位	中位	中位	中位	左位	–
铲斗下翻	中位	中位	中位	中位	右位	中位	–
斗杆内收	中位	中位	中位	左位	中位	中位	–
动臂下降	中位	中位	左位	中位	中位	中位	–
停止	中位	中位	中位	中位	中位	中位	+

五、油路分析

1. 加载与卸荷

当 1YA 断电时，二位三通换向阀右位接通，先导溢流阀远程控制口封闭，系统建立压力。反之，则系统无压力。

2. 行走动作

（1）前进

进油线路：油箱→滤油器→油泵→左、右行走换向阀左位 P 口→左、右行走换向阀左位 A 口→单向阀→左行走马达的 B1 口和右行走马达的 A2 口。

回油线路：左行走马达的 A1 口和右行走马达的 B2 口→节流阀→左、右行走换向阀左位 B 口→左、右行走换向阀左位 T 口→油箱。

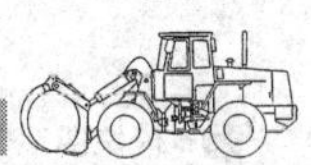

（2）后退

进油线路：油箱→滤油器→油泵→左、右行走换向阀右位 P 口→左、右行走换向阀右位 B 口→单向阀→左行走马达的 A1 口和右行走马达的 B2 口。

回油线路：左行走马达的 B1 口和右行走马达的 A2 口→节流阀→左、右行走换向阀右位 A 口→左、右行走换向阀右位 T 口→油箱。

（3）左转

1）左行走马达进油线路：油箱→滤油器→油泵→左行走换向阀右位 P 口→左行走换向阀右位 B 口→单向阀→左行走马达的 A1 口。

右行走马达进油线路：油箱→滤油器→油泵→右行走换向阀左位 P 口→右行走换向阀左位 A 口→单向阀→右行走马达的 A2 口。

2）左行走马达回油线路：左行走马达的 B1 口→节流阀→左行走换向阀右位 A 口→左行走换向阀右位 T 口→油箱。

右行走马达回油线路：右行走马达的 B2 口→节流阀→右行走换向阀左位的 B 口→右行走换向阀左位的 T 口→油箱。

（4）右转

1）左行走马达进油线路：油箱→滤油器→油泵→左行走换向阀左位 P 口→左行走换向阀左位 A 口→单向阀→左行走马达的 B1 口。

右行走马达进油线路：油箱→滤油器→油泵→右行走换向阀右位的 P 口→右行走换向阀右位的 B 口→单向阀→右行走马达的 B2 口。

2）左行走马达回油线路：左行走马达的 A1 口→节流阀→左行走换向阀左位 B 口→左行走换向阀左位 T 口→油箱。

右行走马达回油线路：右行走马达的 A2 口→节流阀→右行走换向阀右位的 A 口→右行走换向阀右位的 T 口→油箱。

（5）行走停止

油箱→油泵→左、右行走换向阀中位（O 型中位机能）→停止，经溢流阀流回油箱。

3. 动臂动作

（1）动臂升起

进油线路：油箱→过滤器→油泵→动臂换向阀右位 P 口→动臂换向阀右位 B 口→单向阀→动臂油缸大腔。

回油线路：动臂油缸小腔→动臂换向阀右位 A 口→动臂换向阀左位 T 口→油箱。

（2）动臂下降

进油线路：油箱→过滤器→油泵→动臂换向阀左位 P 口→动臂换向阀左位 A 口→动臂油缸小腔。

回油线路：动臂油缸大腔→节流阀→动臂换向阀左位 B 口→动臂换向阀左位 T 口→过滤器→油箱。

（3）动臂停止

油箱→过滤器→油泵→动臂换向阀中位（O 型中位机能）→停止，经溢流阀流回油箱。

4. 斗杆动作

（1）斗杆外摆

进油线路：油箱→过滤器→油泵→斗杆换向阀左位 P 口→斗杆换向阀左位 A 口→斗杆油缸小腔。

回油线路：斗杆油缸大腔→节流阀→斗杆换向阀左位 B 口→斗杆换向阀左位 T 口→油箱。

（2）斗杆内收

进油线路：油箱→过滤器→油泵→斗杆换向阀右位 P 口→斗杆换向阀右位 B 口→单向阀→斗杆油缸大腔。

回油线路：斗杆油缸小腔→斗杆换向阀右位 A 口→斗杆换向阀右位 T 口→油箱。

（3）斗杆停止

油箱→过滤器→油泵→斗杆换向阀中位（O 型中位机能）→停止，经溢流阀流回油箱。

5. 铲斗动作

（1）铲斗上翻

进油线路：油箱→过滤器→油泵→铲斗换向阀左位 P 口→铲斗换向阀左位 A 口→单向阀→铲斗油缸小腔。

回油线路：铲斗油缸大腔→铲斗换向阀左位 B 口→铲斗换向阀左位 T 口→油箱。

（2）铲斗下翻

进油线路：油箱→过滤器→油泵→铲斗换向阀右位 P 口→铲斗换向阀右位 B 口→铲斗油缸大腔。

回油线路：铲斗油缸小腔→节流阀→铲斗换向阀右位 A 口→铲斗换向阀右位 T 口→油箱。

（3）铲斗停止

油箱→过滤器→油泵→铲斗换向阀中位（O 型中位机能）→停止，经溢流阀流回油箱。

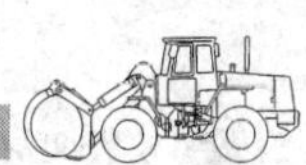

6. 回转

（1）左回转

进油线路：油箱→过滤器→油泵→回转换向阀右位 P 口→回转换向阀右位 B 口→单向阀→回转马达 B3 口。

回油线路：回转马达 A3 口→节流阀→回转换向阀右位 A 口→回转换向阀右位 T 口→油箱。

（2）右回转

进油线路：油箱→过滤器→油泵→回转换向阀左位 P 口→回转换向阀左位 A 口→单向阀→回转马达 A3 口。

回油线路：回转马达 B3 口→节流阀→回转换向阀左位 B 口→回转换向阀左位 T 口→油箱。

（3）回转停止

油箱→过滤器→油泵→回转换向阀中位（O 型中位机能）→停止，经溢流阀流回油箱。

六、系统安装与调试

根据挖掘机手动控制系统工作原理图，结合图 4—2—2 所示的连接示意图进行挖掘机手动控制系统的安装。

系统调试步骤如下：

1. 接通电源。

2. 放松溢流阀至零位状态。

3. 起动液压泵。

4. 打开先导油源开关旋钮，使 1YA 断电，压力表的压力指数会微微上升。

5. 顺时针旋紧溢流阀调节手柄，压力表的压力指数调整到 3 MPa。

6. 根据动作顺序表的步骤进行调试。动作顺序：前推左、右行走换向阀手柄，挖掘机前进；后拉左、右行走换向阀手柄，挖掘机后退；后拉左行走换向阀手柄，前推右行走换向阀手柄，挖掘机左转；前推左行走换向阀手柄，后拉右行走换向阀手柄，挖掘机右转；后拉动臂换向阀手柄，动臂升起；前推斗杆换向阀手柄，斗杆外摆；前推铲斗控制手柄，铲斗上翻；后拉回转控制手柄，挖掘机向左回转；前推回转换向阀手柄，挖掘机向右回转；后拉铲斗换向阀手柄，铲斗下翻；后拉斗杆换向阀手柄，斗杆内收；前推动臂换向阀手柄，动臂下降。注意：在进行各项操作前，须先将各单向节流阀调至关闭状态，然后再慢慢放松，直至动作平稳。

7. 放松溢流阀，使压力回零。

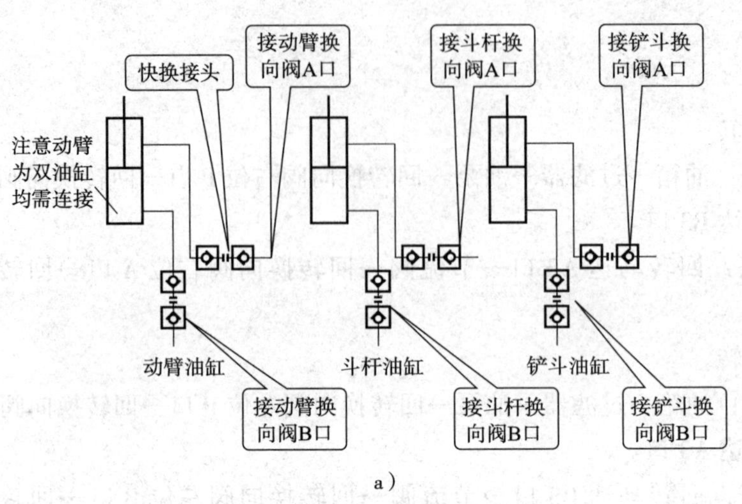

a）

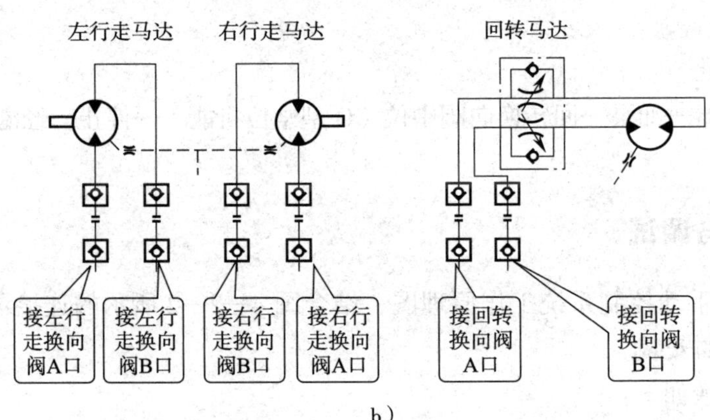

b）

图 4—2—2　挖掘机手动控制系统安装示意图

a）油缸连接示意图　b）马达连接示意图

8. 关闭先导油源开关旋钮，使 1YA 通电。
9. 停泵，并断开电源。

复习思考题

1. 简述挖掘机手动控制系统的动作要求。
2. 简述挖掘机手动控制系统的液压元件。
3. 简述挖掘机手动控制系统安装与调试的任务要求。
4. 简述挖掘机手动控制系统的工作原理。
5. 根据任务要求和工作原理图编制挖掘机手动控制系统的动作顺序表。
6. 简述挖掘机手动控制系统的油路。
7. 简述挖掘机手动控制系统的调试步骤。

课题 3　挖掘机电动控制系统安装与调试

学习目标

1. 了解挖掘机电动控制系统的液压元件组成。
2. 熟悉挖掘机电动控制系统的动作和任务要求。
3. 掌握挖掘机电动控制系统的工作原理图绘制和动作顺序表的编制。
4. 掌握挖掘机电动控制系统的安装与调试。

一、动作要求和液压元件组成

1. 液压元件组成

液压元件包括液压泵站、溢流阀、电磁换向阀、动臂电磁换向阀、动臂油缸、斗杆电磁换向阀、斗杆油缸、铲斗电磁换向阀、铲斗油缸、单向节流阀、回转电磁换向阀、回转马达、行走电磁换向阀、行走马达、压力表及压力表接头。

2. 动作要求

（1）电磁换向阀控制行走机构的前进、后退和转向。

（2）电磁换向阀控制动臂的升降。

（3）电磁换向阀控制斗杆的外摆和内收。

（4）电磁换向阀控制铲斗的上翻和下翻。

（5）电磁换向阀控制转台机构的回转。

二、设备需求和任务要求

1. 设备需求

挖掘机执行机构、液压通用实训平台。

2. 任务要求

采用给出的液压元件设计挖掘机电动控制液压系统，并在液压实训台上进行安装与调试。具体要求如下：

（1）由溢流阀和电磁阀控制泵的压力建立和压力切断。

（2）操纵左行走控制阀，使 7YA 通电，左履带前进；操纵左行走控制阀，使 8YA 通电，左履带后退。

（3）操纵右行走控制阀，使 10YA 通电，右履带前进；操纵右行走控制阀，使 9YA 通电，右履带后退。

（4）操纵左、右行走控制阀，使 7YA 和 10YA 同时通电，挖掘机前进；操纵左、右行走控制阀，使 8YA 和 9YA 同时通电，挖掘机后退。

（5）操纵左、右行走控制阀，使 8YA 和 10YA 同时通电，挖掘机左转；操纵左、右行走控制阀，使 7YA 和 9YA 同时通电，挖掘机右转。

（6）操纵动臂换向阀，使 6YA 通电，动臂升起；操纵动臂换向阀，使 5YA 通电，动臂下降。

（7）操纵斗杆换向阀，使 4YA 通电，斗杆内收；操纵斗杆换向阀使 3YA 通电，斗杆外翻。

（8）操纵铲斗换向阀，使 2YA 通电，铲斗下翻；操纵铲斗换向阀，使 1YA 通电，铲斗上翻。

（9）操纵挖掘机回转换向阀，使 12YA 通电，挖掘机左回转，操纵挖掘机回转换向阀，使 11YA 通电，挖掘机右回转。

（10）动作顺序：前进→后退→左转→右转→动臂升起→斗杆外摆→铲斗上翻→左回转→右回转→铲斗下翻→斗杆内收→动臂下降。

挖掘机的各执行机构均采用节流阀实现速度调节。

三、挖掘机电动控制系统工作原理图

工作原理如图 4—3—1 所示。

四、挖掘机电动控制动作顺序表

动作顺序见表 4—3—1。

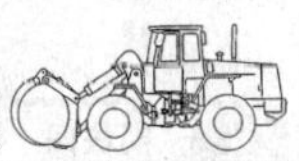

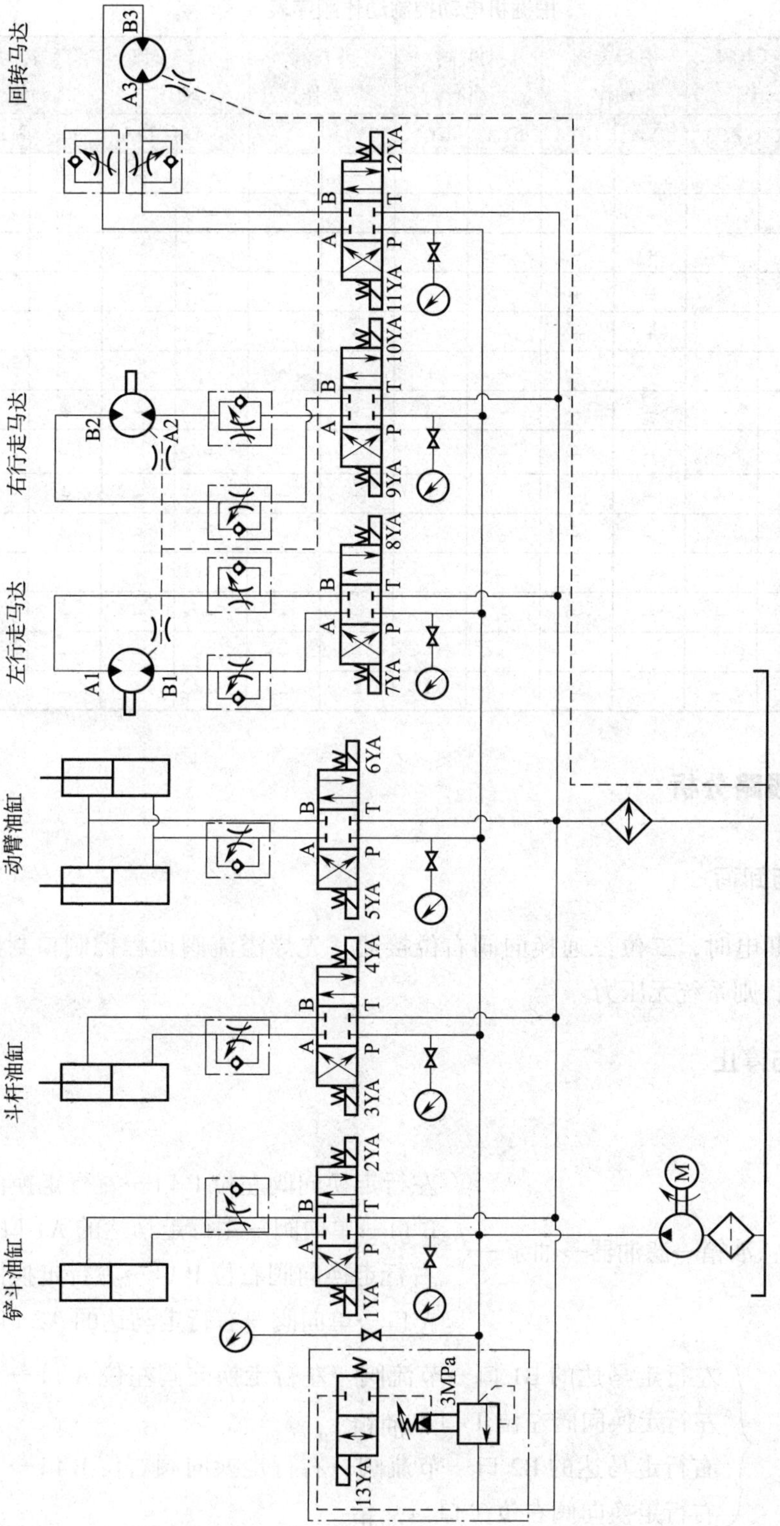

图 4—3—1 挖掘机电动控制系统工作原理图

表 4—3—1 挖掘机电动控制动作顺序表

工况	左行走阀动作		右行走阀动作		动臂阀动作		斗杆阀动作		铲斗阀动作		回转阀动作		卸荷阀动作
	7YA	8YA	9YA	10YA	5YA	6YA	3YA	4YA	1YA	2YA	11YA	12YA	13YA
加载	−	−	−	−	−	−	−	−	−	−	−	−	−
前进	+	−	−	+	−	−	−	−	−	−	−	−	−
后退	−	+	+	−	−	−	−	−	−	−	−	−	−
左转	−	+	−	+	−	−	−	−	−	−	−	−	−
右转	−	+	+	−	−	−	−	−	−	−	−	−	−
动臂升起	−	−	−	−	−	+	−	−	−	−	−	−	−
斗杆外摆	−	−	−	−	−	−	+	−	−	−	−	−	−
铲斗上翻	−	−	−	−	−	−	−	−	+	−	−	−	−
左回转	−	−	−	−	−	−	−	−	−	−	−	+	−
右回转	−	−	−	−	−	−	−	−	−	−	+	−	−
铲斗下翻	−	−	−	−	−	−	−	−	−	+	−	−	−
斗杆内收	−	−	−	−	−	−	−	+	−	−	−	−	−
动臂下降	−	−	−	−	+	−	−	−	−	−	−	−	−
停止	−	−	−	−	−	−	−	−	−	−	−	−	+

五、进回油线路分析

1. 加载与卸荷

当 13YA 断电时，二位三通换向阀右位接通，先导溢流阀远程控制口封闭，系统建立压力。反之，则系统无压力。

2. 行走与停止

（1）前进

进油线路：油箱→滤油器→油泵→
- 左行走换向阀左位 P 口→左行走换向阀左位 B 口→单向阀→左行走马达的 A1 口。
- 右行走换向阀右位 P 口→右行走换向阀右位 A 口→单向阀→右行走马达的 A2 口。

回油线路：
- 左行走马达的 B1 口→节流阀→左行走换向阀左位 A 口→左行走换向阀左位 T 口→油箱。
- 右行走马达的 B2 口→节流阀→右行走换向阀右位 B 口→右行走换向阀右位 T 口→油箱。

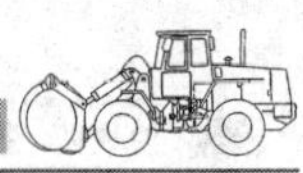

（2）后退

进油路线：油箱→滤油器→油泵→ { 左行走换向阀右位 P 口→左行走换向阀右位 A 口→单向阀→左行走马达的 B1 口。右行走换向阀左位 P 口→右行走换向阀左位 B 口→单向阀→右行走马达的 B2 口。}

回油线路：{ 左行走马达的 A1 口→节流阀→左行走换向阀右位 B 口→左行走换向阀右位 T 口→油箱。右行走马达的 A2 口→节流阀→右行走换向阀左位 A 口→右行走换向阀左位 T 口→油箱。}

（3）左转

1）左行走马达进油线路：油箱→滤油器→油泵→左行走换向阀右位 P 口→左行走换向阀右位 A 口→单向阀→左行走马达的 B1 口。

右行走马达进油线路：油箱→滤油器→油泵→右行走换向阀右位的 P 口→右行走换向阀右位的 A 口→单向阀→右行走马达的 A2 口。

2）左行走马达回油线路：左行走马达的 A1 口→节流阀→左行走换向阀右位 B 口→左行走换向阀右位 T 口→油箱。

右行走马达回油线路：右行走马达的 B2 口→节流阀→右行走换向阀右位的 B 口→右行走换向阀右位的 T 口→油箱。

（4）右转向

1）左行走马达进油线路：油箱→滤油器→油泵→左行走换向阀左位 P 口→左行走换向阀左位 B 口→单向阀→左行走马达的 A1 口。

右行走马达进油线路：油箱→滤油器→油泵→右行走换向阀左位的 P 口→右行走换向阀左位的 B 口→单向阀→右行走马达的 B2 口。

2）左行走马达回油线路：左行走马达的 B1 口→节流阀→左行走换向阀左位 A 口→左行走换向阀左位 T 口→油箱。

右行走马达回油线路：右行走马达的 A2 口→节流阀→右行走换向阀左位的 A 口→右行走换向阀左位的 T 口→油箱。

（5）行走停止

油箱→油泵→行走换向阀中位（O 型中位机能）→停止，经溢流阀流回油箱。

3. 动臂动作

（1）动臂升起

进油线路：油箱→过滤器→油泵→动臂换向阀右位 P 口→动臂换向阀右位 A 口→单

向阀→动臂油缸大腔。

回油线路：动臂油缸小腔→动臂换向阀右位 B 口→动臂换向阀右位 T 口→油箱。

（2）动臂下降

进油线路：油箱→过滤器→油泵→动臂换向阀左位 P 口→动臂换向阀左位 B 口→动臂油缸小腔。

回油线路：动臂油缸大腔→节流阀→动臂换向阀左位 A 口→动臂换向阀左位 T 口→油箱。

（3）动臂停止

油箱→过滤器→油泵→动臂换向阀中位（O 型中位机能）→停止，经溢流阀流回油箱。

4. 斗杆动作

（1）斗杆外摆

进油线路：油箱→过滤器→油泵→斗杆换向阀左位 P 口→斗杆换向阀左位 B 口→斗杆油缸小腔。

回油线路：斗杆油缸大腔→节流阀→斗杆换向阀左位 A 口→斗杆换向阀左位 T 口→过滤器→油箱。

（2）斗杆内收

进油线路：油箱→过滤器→油泵→斗杆换向阀右位 P 口→斗杆换向阀右位 A 口→单向阀→斗杆油缸大腔。

回油线路：斗杆油缸小腔→斗杆换向阀右位 B 口→斗杆换向阀右位 T 口→过滤器→油箱。

（3）斗杆停止

油箱→过滤器→油泵→斗杆换向阀中位（O 型中位机能）→停止，经溢流阀流回油箱。

5. 铲斗动作

（1）铲斗上翻

进油线路：油箱→过滤器→油泵→铲斗换向阀左位 P 口→铲斗换向阀左位 B 口→单向阀→铲斗油缸小腔。

回油线路：铲斗油缸大腔→铲斗换向阀左位 A 口→铲斗换向阀左位 T 口→油箱。

（2）铲斗下翻

进油线路：油箱→过滤器→油泵→铲斗换向阀右位 P 口→铲斗换向阀右位 A 口→铲斗油缸大腔。

回油线路：铲斗油缸小腔→节流阀→铲斗换向阀右位 B 口→铲斗换向阀右位 T 口→油箱。

（3）铲斗停止

油箱→过滤器→油泵→铲斗换向阀中位（O 型中位机能）→停止，经溢流阀流回油箱。

6. 回转

（1）左回转

进油线路：油箱→过滤器→油泵→回转换向阀右位 P 口→回转换向阀右位 A 口→单向阀→回转马达 B3 口。

回油线路：回转马达 A3 口→节流阀→回转换向阀右位 B 口→回转换向阀右位 T 口→油箱。

（2）右回转

进油线路：油箱→过滤器→油泵→回转换向阀左位 P 口→回转换向阀左位 B 口→单向阀→回转马达 A3 口。

回油线路：回转马达 B3 口→节流阀→回转换向阀左位 A 口→回转换向阀左位 T 口→油箱。

（3）回转停止

油箱→过滤器→油泵→回转换向阀中位（O 型中位机能）→停止，经溢流阀流回油箱。

六、系统安装与调试

根据挖掘机电动控制系统工作原理图，结合图 4—3—2 所示的连接示意图进行挖掘机电动控制系统的安装。

系统调试步骤如下：

1. 接通电源。
2. 放松溢流阀至零位状态。
3. 起动液压泵。
4. 打开先导油源开关旋钮，使 13YA 断电，压力表的压力指数会有微微上升。
5. 顺时针旋紧溢流阀调节手柄，观察系统压力表的压力指数调整到 3 MPa。
6. 根据动作顺序表的步骤进行调试。动作顺序：操纵按钮使 7YA 和 10YA 通电，挖掘机前进；操纵按钮使 8YA 和 9YA 通电，挖掘机后退；操纵按钮使 8YA 和 10YA 通电，挖掘机左转；操纵按钮使 7YA 和 9YA 通电，挖掘机右转；操纵按钮使 6YA 通电，动臂升起；操纵按钮使 3YA 通电，斗杆外摆；操纵按钮使 1YA 通电，铲斗上翻；操纵按钮使 12YA 通电，挖掘机向左回转；操纵按钮使 11YA 通电，挖掘机向右回转；操纵按钮使 2YA 通电，铲斗下翻；操纵按钮使 4YA 通电，斗杆内收；操纵按钮使 5YA 通电，动臂下降。注意：在进行各项操作前，须先将各单向节流阀调至关闭状态，然后再慢慢放松，直至动作平稳。

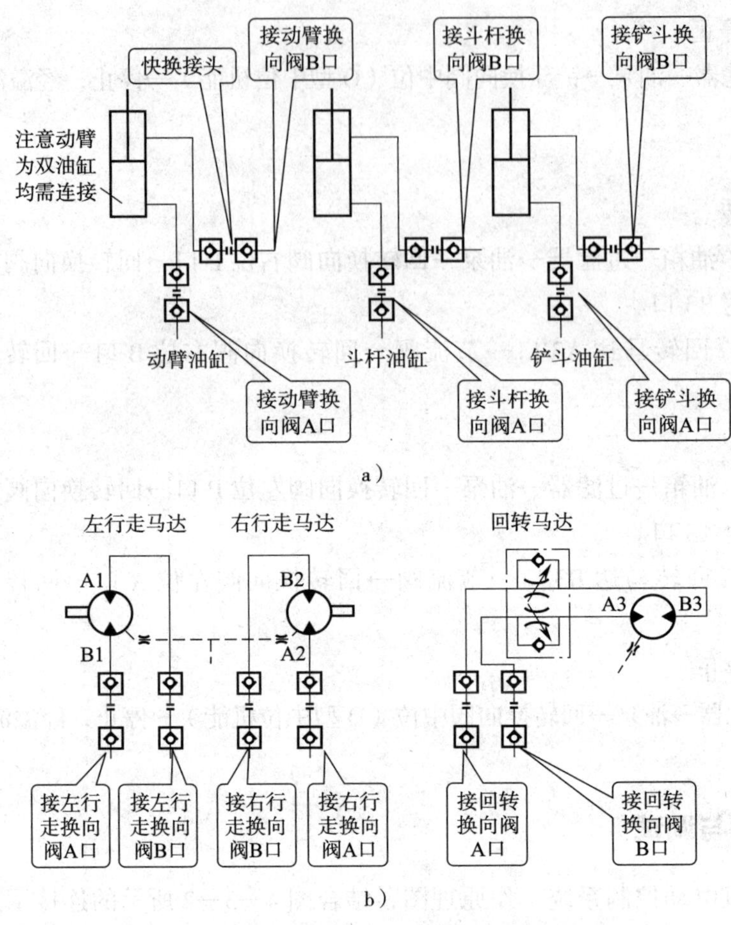

图 4—3—2 挖掘机电动控制系统安装示意图

a）油缸连接示意图 b）马达连接示意图

7. 放松溢流阀，使压力回零。
8. 关闭先导油源开关旋钮，使 13YA 通电。
9. 停泵，并断开电源。

复习思考题

1. 简述挖掘机电动控制系统的动作要求。
2. 简述挖掘机电动控制系统的液压元件。
3. 简述挖掘机电动控制系统安装与调试的任务要求。
4. 简述挖掘机电动控制系统的工作原理。
5. 根据任务要求和工作原理图编制挖掘机电动控制系统的动作顺序表。
6. 简述挖掘机电动控制系统的油路。
7. 简述挖掘机电动控制系统的调试步骤。

课题 4　挖掘机先导控制系统安装与调试

学习目标

1. 了解挖掘机先导控制系统的液压元件组成。
2. 熟悉挖掘机先导控制系统的动作和任务要求。
3. 掌握挖掘机先导控制系统的工作原理图绘制和动作顺序表的编制。
4. 掌握挖掘机先导控制系统的安装与调试。

一、液压元件组成和动作要求

1. 液压元件组成

液压元件包括液压泵站、溢流阀、电磁换向阀、动臂液动换向阀、动臂油缸、斗杆液动换向阀、斗杆油缸、铲斗液动换向阀、铲斗油缸、单向节流阀、回转液动换向阀、先导手柄、回转马达、行走手动换向阀、行走马达、压力表及压力表接头。

2. 动作要求

（1）手动换向阀控制行走机构的前进、后退和转向。
（2）先导手柄控制动臂的升降。
（3）先导手柄控制斗杆的外摆和内收。
（4）先导手柄控制铲斗的上翻和下翻。
（5）先导手柄控制转台机构的回转。

二、设备需求和任务要求

1. 设备需求

挖掘机执行机构、液压通用实训平台。

2. 任务要求

采用给出的液压元件设计挖掘机先导控制液压系统，并在液压实训台上进行安装与调试。具体要求如下：

（1）由溢流阀和电磁阀控制泵的压力建立和压力切断。

（2）前推左行走换向阀，左履带前进；后拉左行走换向阀，左履带后退。

（3）前推右行走换向阀，右履带前进；后拉右行走换向阀，右履带后退。

（4）同时前推左、右行走换向阀，挖掘机前进；同时后拉左、右行走换向阀，挖掘机后退。

（5）后拉左行走换向阀，前推右行走换向阀，挖掘机左转；前推左行走换向阀，后拉右行走换向阀，挖掘机右转。

（6）后拉右先导手柄，动臂升起；前推右先导后柄，动臂下降。

（7）前推左先导手柄，斗杆外摆；后拉左先导手柄，斗杆内收。

（8）左推右先导手柄，铲斗下翻；右推右先导手柄，铲斗上翻。

（9）左推左先导手柄，挖掘机左回转；右推左先导手柄，挖掘机右回转。

（10）实现动作顺序：前进→后退→左转→右转→动臂升起→斗杆外摆→铲斗上翻→左回转→右回转→铲斗下翻→斗杆内收→动臂下降。

挖掘机的各执行机构均采用节流阀实现速度调节。

三、挖掘机先导控制系统工作原理图（图 4—4—1）

工作原理图如图 4—4—1 所示。

四、挖掘机先导控制动作顺序表

动作顺序见表 4—4—1。

表 4—4—1　　挖掘机电动控制动作顺序表

工况	左行走阀动作	右行走阀动作	动臂阀动作	斗杆阀动作	铲斗阀动作	回转阀动作	左先导手柄动作	右先导手柄动作	卸荷阀动作
									1YA
加载	中位	中位	中位	中位	中位	中位	中位	中位	–
前进	左位	左位	中位	中位	中位	中位	中位	中位	–
后退	右位	右位	中位	中位	中位	中位	中位	中位	–
左转	右位	左位	中位	中位	中位	中位	中位	中位	–
右转	左位	右位	中位	中位	中位	中位	中位	中位	–
动臂升起	中位	中位	左位	中位	中位	中位	中位	后位	–
斗杆外摆	中位	中位	中位	左位	中位	中位	前位	中位	–
铲斗上翻	中位	中位	中位	中位	右位	中位	中位	右位	–

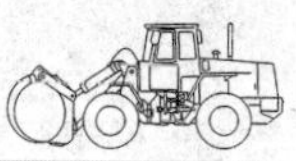

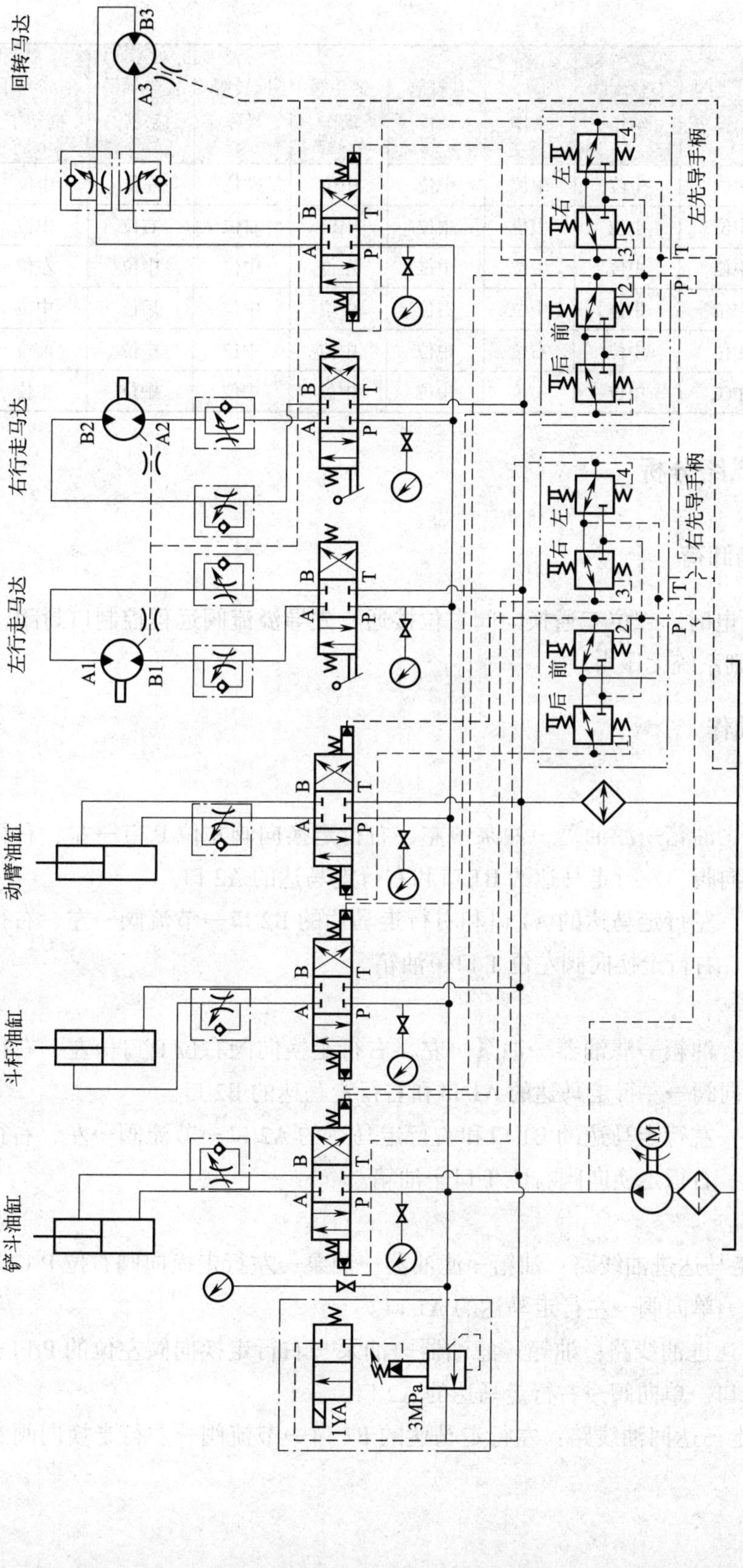

图 4—4—1　挖掘机先导控制系统工作原理图

续表

工况	左行走阀动作	右行走阀动作	动臂阀动作	斗杆阀动作	铲斗阀动作	回转阀动作	左先导手柄动作	右先导手柄动作	卸荷阀动作
									1YA
左回转	中位	中位	中位	中位	中位	左位	左位	中位	-
右回转	中位	中位	中位	中位	中位	右位	右位	中位	-
铲斗下翻	中位	中位	中位	中位	左位	中位	中位	左位	-
斗杆内收	中位	中位	中位	右位	中位	中位	后位	中位	-
动臂下降	中位	中位	右位	中位	中位	中位	中位	前位	-
停止	中位	中位	中位	中位	中位	中位	中位	中位	+

五、进回油线路分析

1. 加载与卸荷

当1YA断电时，二位三通换向阀右位接通，先导溢流阀远程控制口封闭，系统建立压力。反之，则系统无压力。

2. 行走动作

（1）前进

进油线路：油箱→滤油器→油泵→左、右行走换向阀左位P口→左、右行走换向阀左位A口→单向阀→左行走马达的B1口和右行走马达的A2口。

回油线路：左行走马达的A1口和右行走马达的B2口→节流阀→左、右行走换向阀左位B口→左、右行走换向阀左位T口→油箱。

（2）后退

进油线路：油箱→滤油器→油泵→左、右行走换向阀右位P口→左、右行走换向阀右位B口→单向阀→左行走马达的A1口和右行走马达的B2口。

回油线路：左行走马达的B1口和右行走马达的A2口→节流阀→左、右行走换向阀右位A口→左、右行走换向阀右位T口→油箱。

（3）左转

1）左行走马达进油线路：油箱→滤油器→油泵→左行走换向阀右位P口→左行走换向阀右位B口→单向阀→左行走马达的A1口。

右行走马达进油线路：油箱→滤油器→油泵→右行走换向阀左位的P口→右行走换向阀左位的A口→单向阀→右行走马达的A2口。

2）左行走马达回油线路：左行走马达的B1口→节流阀→左行走换向阀右位A口→

左行走换向阀右位 T 口→油箱。

右行走马达回油线路：右行走马达的 B2 口→节流阀→右行走换向阀左位的 B 口→右行走换向阀左位的 T 口→油箱。

（4）右转

1）左行走马达进油线路：油箱→滤油器→油泵→左行走换向阀左位 P 口→左行走换向阀左位 A 口→单向阀→左行走马达的 B1 口。

右行走马达进油线路：油箱→滤油器→油泵→右行走换向阀右位的 P 口→右行走换向阀右位的 B 口→单向阀→右行走马达的 B2 口。

2）左行走马达回油线路：左行走马达的 A1 口→节流阀→左行走换向阀左位 B 口→左行走换向阀左位 T 口→油箱。

右行走马达回油线路：右行走马达的 A2 口→节流阀→右行走换向阀右位的 A 口→右行走换向阀右位的 T 口→油箱。

（5）行走停止

油箱→油泵→行走换向阀中位（O 型中位机能）→停止，经溢流阀流回油箱。

3. 动臂动作

（1）动臂升起

控制油路：油箱→过滤器→油泵→右先导手柄 1 口→动臂液动换向阀左控制口→动臂液动阀左位接通

主油路进油线路：箱油→过滤器→油泵→动臂换向阀左位 P 口→动臂换向阀左位 A 口→单向阀→动臂油缸大腔。

主油路回油线路：动臂油缸小腔→节流阀→动臂换向阀左位 B 口→动臂换向阀左位 T 口→油箱。

（2）动臂下降

控制油路：油箱→过滤器→油泵→右先导手柄 2 口→动臂液动换向阀右控制口→动臂液动换向阀右位接通

主油路进油线路：油箱→过滤器→油泵→动臂换向阀右位 P 口→动臂换向阀右位 B 口→动臂油缸小腔。

主油路回油线路：动臂油缸大腔→节流阀→动臂换向阀右位 A 口→动臂换向阀右位 T 口→油箱。

（3）动臂停止

油箱→过滤器→油泵→动臂换向阀中位（O 型中位机能）→停止，经溢流阀流回油箱。

4. 斗杆动作

（1）斗杆外摆

控制油路：油箱→过滤器→油泵→左先导手柄 2 口→斗杆液动换向阀左控制口→斗杆液动换向阀左位接通

主油路进油线路：油箱→过滤器→油泵→斗杆换向阀左位 P 口→斗杆换向阀左位 A 口→斗杆油缸小腔。

主油路回油线路：斗杆油缸大腔→节流阀→斗杆换向阀左位 B 口→斗杆换向阀左位 T 口→油箱。

（2）斗杆内收

控制油路：油箱→过滤器→油泵→左先导手柄 1 口→斗杆液动换向阀右控制口→斗杆液动换向阀右位接通

主油路进油线路：油箱→过滤器→油泵→斗杆换向阀右位 P 口→斗杆换向阀右位 B 口→单向阀→斗杆油缸大腔。

主油路回油线路：斗杆油缸小腔→斗杆换向阀右位 A 口→斗杆换向阀右位 T 口→油箱。

（3）斗杆停止

油箱→过滤器→油泵→斗杆换向阀中位（O 型中位机能）→停止，经溢流阀流回油箱。

5. 铲斗动作

（1）铲斗上翻

控制油路：油箱→过滤器→油泵→右先导手柄 3 口→铲斗液动换向阀右控制口→铲斗液动换向阀右位接通

主油路进油线路：油箱→过滤器→油泵→铲斗换向阀右位 P 口→铲斗换向阀右位 B 口→单向阀→铲斗油缸小腔。

主油路回油线路：铲斗油缸大腔→铲斗换向阀右位 A 口→铲斗换向阀右位 T 口→油箱。

（2）铲斗下翻

控制油路：油箱→过滤器→油泵→右先导手柄 4 口→铲斗液动换向阀左控制口→铲斗液动换向阀左位接通

主油路进油线路：油箱→过滤器→油泵→铲斗换向阀左位 P 口→铲斗换向阀左位 A 口→铲斗油缸大腔。

主油路回油线路：铲斗油缸小腔→节流阀→铲斗换向阀左位 B 口→铲斗换向阀左位

T 口→油箱。

（3）铲斗停止

油箱→过滤器→油泵→铲斗换向阀中位（O 型中位机能）→停止，经溢流阀流回油箱。

6. 回转

（1）左回转

控制油路：油箱→过滤器→油泵→左先导手柄 4 口→回转液动换向阀左控制口→回转液动换向阀左位接通

主油路进油线路：油箱→过滤器→油泵→回转换向阀左位 P 口→回转换向阀左位 A 口→单向阀→回转马达 B3 口。

主油路回油线路：回转马达 A3 口→节流阀→回转换向阀左位 B 口→回转换向阀左位 T 口→油箱。

（2）右回转

控制油路：油箱→过滤器→油泵→左先导手柄 3 口→回转液动换向阀右控制口→回转液动换向阀右位接通

主油路进油线路：油箱→过滤器→油泵→回转换向阀右位 P 口→回转换向阀右位 B 口→单向阀→回转马达 A3 腔。

主油路回油线路：回转马达 B3 腔→节流阀→回转换向阀右位 A 口→回转换向阀右位 T 口→油箱。

（3）回转停止

油箱→过滤器→油泵→回转换向阀中位（O 型中位机能）→停止，经溢流阀流回油箱。

六、系统安装与调试

根据挖掘机先导控制系统工作原理图，结合图 4—4—2 所示的连接示意图进行挖掘机先导控制系统的安装。

系统调试步骤如下：

1. 接通电源。
2. 放松溢流阀至零位状态。
3. 起动液压泵。
4. 打开先导油源开关旋钮，使 1YA 断电，压力表的压力指数会有微微上升。
5. 顺时针旋紧溢流阀调节手柄，压力表的压力指数调整到 3 MPa。

6. 根据动作顺序表的步骤进行调试。动作顺序：同时前推左、右行走控制手柄，挖掘机前进；同时后拉左、右行走控制手柄，挖掘机后退；后拉左行走控制手柄，前推右行走控制手柄，挖掘机左转；前推左行走控制手柄，后拉右行走控制手柄，挖掘机右转；后拉右先导手柄，动臂升起；前推左先导手柄，斗杆外摆；右推右先导手柄，铲斗上翻；左推左先导手柄，挖掘机向左回转；右推左先导手柄，挖掘机向右回转；左推右先导手柄，铲斗下翻；后拉左先导手柄，斗杆内收；前推右先导手柄，动臂下降。注意：在进行各项操作前，须先将各单向节流阀调至关闭状态，然后再慢慢放松，直至动作平稳。

7. 放松溢流阀，使压力回零。

8. 关闭先导油源开关旋钮，使 1YA 通电。

9. 停泵，并断开电源。

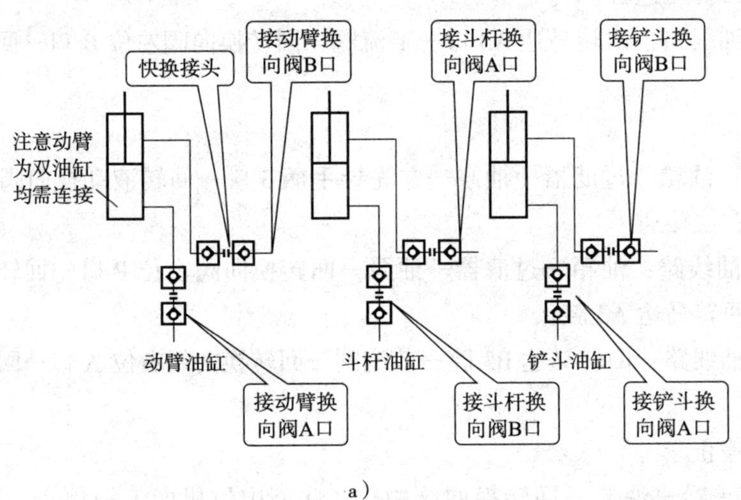

a）

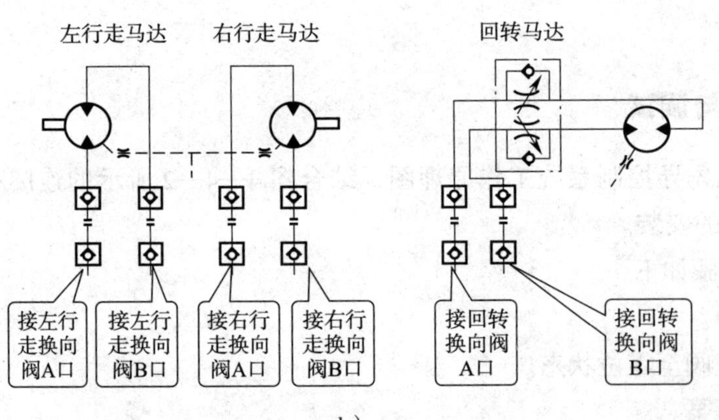

b）

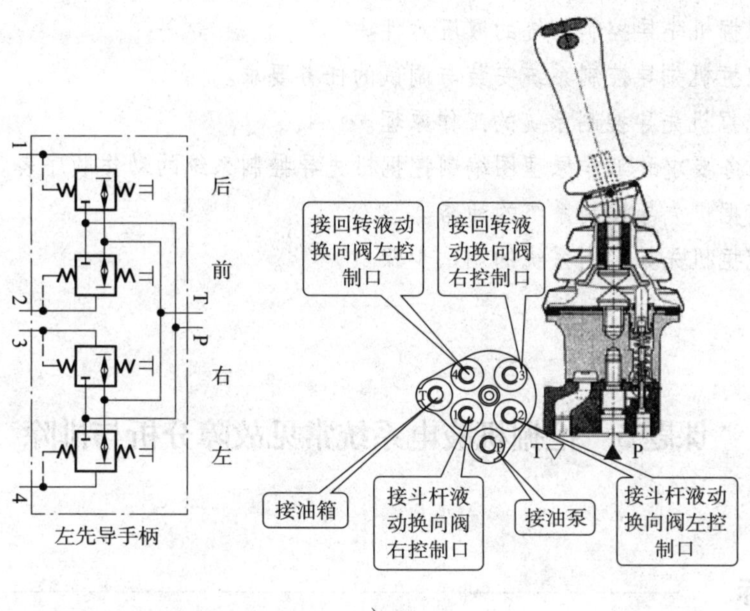

c）

1
2
3
4
后
前
右
左
T
P
右先导手柄
接铲斗液动换向阀左控制口
接铲斗液动换向阀右控制口
接油箱
接动臂液动换向阀左控制口
接油泵
接动臂液动换向阀右控制口
T
P

d）

图 4—4—2　挖掘机先导控制系统安装示意图

a）油缸连接示意图　b）马达连接示意图　c）左先导手柄连接示意图　d）右先导手柄连接示意图

复习思考题

1. 简述挖掘机先导控制系统的动作要求。

2. 简述挖掘机先导控制系统的液压元件。
3. 简述挖掘机先导控制系统安装与调试的任务要求。
4. 简述挖掘机先导控制系统的工作原理。
5. 根据任务要求和工作原理图编制挖掘机先导控制系统的动作顺序表。
6. 简述挖掘机先导控制系统的油路。
7. 简述挖掘机先导控制系统的调试步骤。

*课题5　挖掘机液电系统常见故障分析与排除

学习目标

1. 掌握挖掘机液压系统常见故障原因及排除方法。
2. 熟悉挖掘机电气系统常见故障原因及排除方法。

一、液压系统常见故障排除

液压系统常见故障及排除方法见表4—5—1。

表4—5—1　　液压系统常见故障及排除方法

故障现象	故障原因	排除方法
转向费力	1）液压油位低 2）发动机速度过低 3）泵吸油管路受阻	1）加注液压油至满刻度 2）增加速度 3）检查并清理吸油管路
液压油过热	1）液压油位低 2）过滤器堵塞 3）散热器或油冷却器堵塞 4）液压油被污染	1）加注液压油至满刻度 2）更换过滤器 3）清洗并拉直叶片 4）更换液压油
液压油起泡沫	1）液压管路扭曲或凹陷 2）液压油的牌号错误 3）液压油中有水	1）检查管路并拉直 2）使用正确牌号的液压油 3）更换液压油
油压低或无油压	安全阀故障	调整或更换安全阀
无液压功能（泵喧噪）	1）液压油位低 2）吸油过滤器堵塞，空气吸入吸油口	1）加满液压油 2）清洗过滤器系统，更换过滤器

续表

故障现象	故障原因	排除方法
液压缸动作但不能提升负载	1）吸油过滤器堵塞 2）泵的吸油管路泄漏	1）清洗过滤器系统，更换过滤器 2）检查吸油管路
左、右行走无动作，其余动作正常	1）中央回转接头损坏 2）行走换向阀高压腔与低压腔击通 3）行走换向阀内泄严重，造成行走系统的伺服压力过低 4）主阀中行走阀过载压力过低或阀芯卡死 5）左、右行走减速器有故障 6）左、右行走马达有故障 7）油管爆裂	1）先更换油封；如果沟槽损坏，应更换中央回转接头 2）更换行走换向阀 3）更换行走换向阀 4）调整，或研磨阀芯，或者更换阀 5）修复左、右行走减速器 6）修复左、右行走马达 7）更换油管
行走不平稳	1）履带需要调节 2）履带导向轮、支重轮或托链轮损坏 3）底盘车架内有石块或泥土卡住	1）调节履带垂度或更换 2）更换损坏的轮子 3）除去石块或泥土，并修理底盘
旋转不顺畅	缺少润滑脂	加润滑脂
挖掘机全车无动作	1）油箱中油量不够，主泵吸空 2）吸油滤清器堵死 3）发动机联轴器损坏（如胶盘、弹性盘） 4）主泵损坏 5）伺服系统压力过低，或无压力 6）安全阀调定压力过低，或阀芯卡死 7）主泵吸油管爆裂或拔脱	1）加满液压油 2）更换滤清器，清洗液压系统 3）更换联轴器 4）维修或更换主泵 5）伺服系统压力调整到正常。如果伺服溢流阀无法调整压力，应拆开并清洗。如果弹簧疲劳，可加垫片或更换弹簧 6）调整压力或拆开阀进行清洗。如果阀的弹簧疲劳失效，可加垫片或更换弹簧 7）更换油管

二、电气系统常见故障排除

电气系统常见故障及排除方法见表 4—5—2。

表 4—5—2　　电气系统常见故障及排除方法

故障现象	故障原因	排除方法
发动机起动缓慢	1）蓄电池漏电或不能保持电量 2）蓄电池电压低	1）更换蓄电池 2）充电，或更换蓄电池
发动机运转时充电指示灯亮	1）交流发电机传动带松弛或打滑 2）发动机转速低	1）检查传动带，如果其打滑，应更换；如果其松弛，应张紧 2）调节转速到规定值

续表

故障现象	故障原因	排除方法
发动机运转时充电指示灯亮	3）附加配件造成过度电负载 4）蓄电池、接地钢带、起动电机或交流发电机松动，或电气连接腐蚀	3）拆去附加配件，或更换输出较高的交流发电机 4）检查、清扫，或紧固电气连接
监控器指示灯不亮	1）熔丝断 2）传感器故障	1）更换熔丝 2）检查传感器
冷却水温度表不工作	1）熔丝断 2）冷却水温度传感器故障	1）更换熔丝 2）检查冷却水温度表传感器
燃油表不工作	1）熔丝断 2）电气线路故障	1）更换熔丝 2）检查电气线路并修复
自动怠速不工作	1）熔丝断 2）先导压力开关故障 3）电气线路故障	1）更换熔丝 2）更换先导压力开关 3）检查电气线路并修复

复习思考题

1. 简述转向费力的故障原因及排除方法。
2. 简述液压油过热的故障原因及排除方法。
3. 简述液压油起泡沫的故障原因及排除方法。
4. 简述低压或无油压的故障原因及排除方法。
5. 简述液压缸可以动作但不能提升负载的故障原因及排除方法。
6. 简述行走不平稳的故障原因及排除方法。
7. 简述挖掘机全车无动作的故障原因及排除方法。
8. 简述发动机起动缓慢的故障原因及排除方法。
9. 简述冷却水温表不工作的故障原因及排除方法。
10. 简述自动怠速不工作的故障原因及排除方法。

模块五 汽车起重机液电系统安装与调试

汽车起重机是工程机械中较为典型的起重机械，其液电系统比装载机、压路机、挖掘机都复杂，所以它作为工程机械液电系统中的最后一个机型介绍，同时也作为复杂的液电综合控制系统训练模块。本模块以汽车起重机执行机构和通用实训平台为载体，介绍汽车起重机液电控制的组成及工作原理。通过学习，可熟练进行汽车起重机手动、电动、先导控制系统的安装与调试，并能够对常见故障进行分析和排除。

课题1　汽车起重机液电系统认知

学习目标

1. 了解汽车起重机的机械结构组成及功能。
2. 掌握汽车起重机液压系统的结构组成及工作原理。
3. 掌握汽车起重机电气系统的组成及功能。

一、汽车起重机的机械结构组成及功能

1. 机械结构组成

汽车起重机主要由底盘、车架、支腿、操纵室、平衡重、主起重臂、副起重臂、起重钩、臂端滑轮、驾驶室等组成，如图 5—1—1 所示。

2. 主起重臂

（1）结构组成

主起重臂是汽车起重机吊装时的主要承力部分，采用多节箱形臂伸缩结构。它通过伸缩油缸带动多节臂伸缩，可以达到不同臂长，并在变幅油缸驱动下完成变幅动作，实现不同的起重角度，还可以跟随转台回转，在特定方向进行吊重。图 5—1—2 所示分别为主起重臂全缩、仅四节臂伸出的状态。

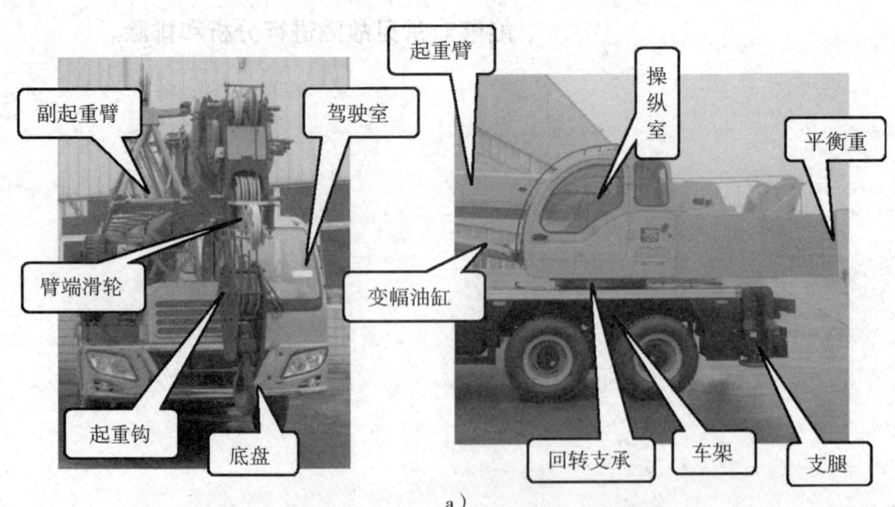

a）

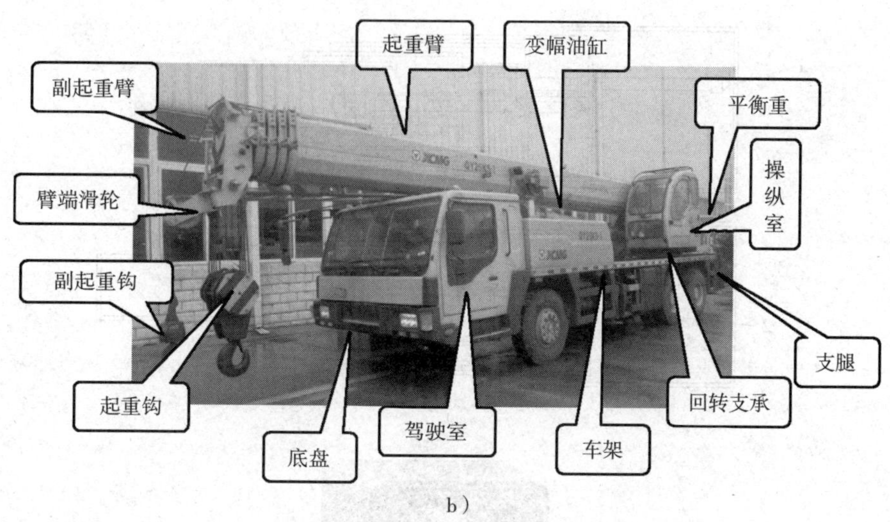

b）

图 5—1—1　汽车起重机结构组成图

a）半头汽车起重机　b）全头汽车起重机

中、小吨位汽车起重机主起重臂如图 5—1—3 所示，分为五节臂，按从外到内的顺序依次为一节臂、二节臂、三节臂、四节臂、五节臂。通过不同节臂的组合可以达到不同的臂长。各节臂通过内部的伸缩油缸带动做相对伸缩运动；各节臂之间通过臂头、臂尾滑块做相对滑动，相应滑动位置需要定期涂抹润滑脂。

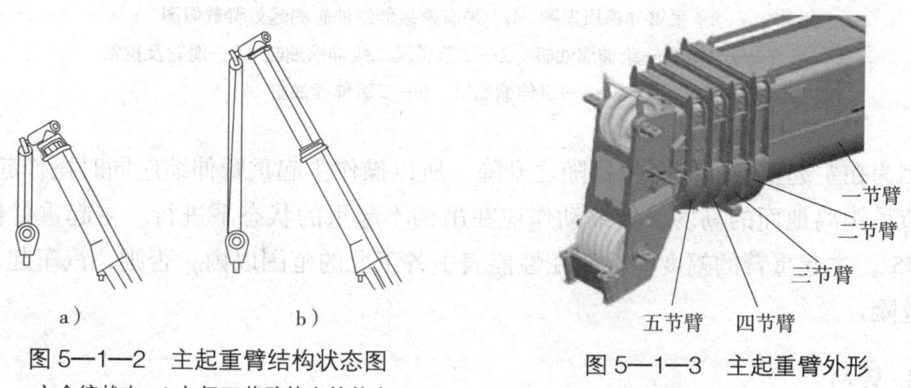

a）　b）

图 5—1—2　主起重臂结构状态图

a）全缩状态　b）仅四节臂伸出的状态

图 5—1—3　主起重臂外形

（2）伸缩原理

汽车起重机主起重臂是由伸缩油缸及粗、细拉索配合，实现其外伸与回缩动作。

主起重臂内部有 2 个伸缩油缸，即一级伸缩油缸和二级伸缩油缸。其中，一级伸缩油缸负责二节臂的伸缩动作，二级伸缩油缸配合拉索负责三节、四节、五节臂的伸缩动作。三节、四节、五节臂的整体为同步伸缩，二节臂部分相对于三节、四节、五节臂部分为顺序伸缩方式。主起重臂要按一定顺序进行伸缩。图 5—1—4 所示为主起重臂伸缩原理及其截面图。

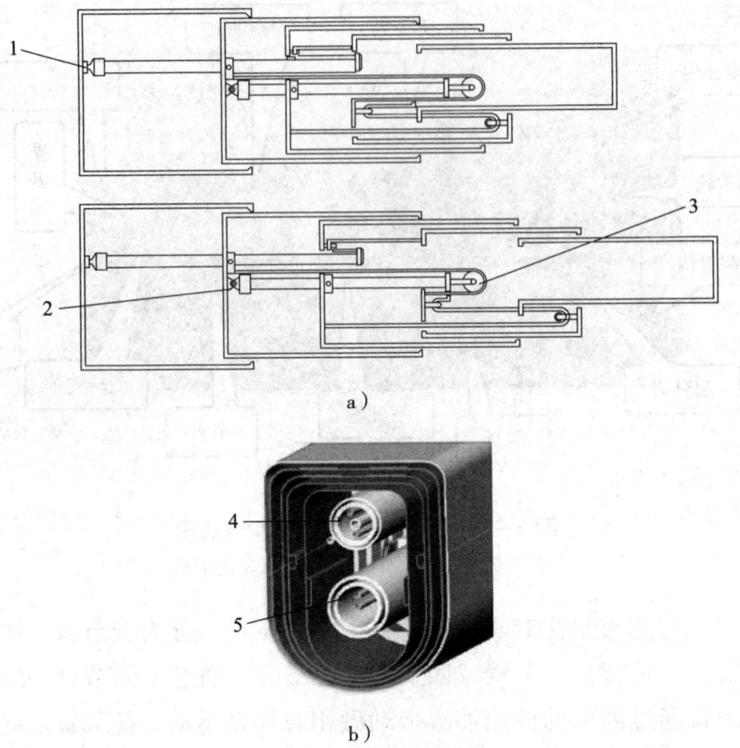

图 5—1—4　主起重臂伸缩原理及其截面图

a）吊臂伸缩原理图　b）带有两级伸缩油缸的起重臂截面图

1—一节臂及一级伸缩油缸　2—二节臂及二级伸缩油缸　3—滑轮及拉索

4—一级伸缩油缸　5—二级伸缩油缸

因为在主起重臂伸缩时吊钩随之升降，所以操作主起重臂伸缩应同时操作起升机构，以调节吊钩离地面的高度。伸缩动作应在吊钩不起重的状态下进行。主起重臂仰角一般大于 75°。主起重臂的幅度应控制在性能表中各工况的范围以内；否则，汽车起重机有翻车的危险。

3. 转台

转台是汽车起重机的主要承载结构之一，主要承受起重臂、变幅机构、起升机构、平衡重等上车载荷。它连接起重臂与车架，负责回转上车，并且为液压、电气元件，油箱，卷扬机构，回转减速机构，平衡重等提供了安装空间。其外形如图 5—1—5 所示。

4. 平衡重

为了提高起重机整体作业性能，起重机通常采用组合式平衡重装置（图 5—1—6）。

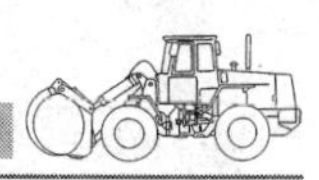

组合式平衡重装置可减小倾翻力矩，降低回转支承的负荷，降低车辆行驶状态的重量和重心高度，有助于驱动桥载荷的合理分配。

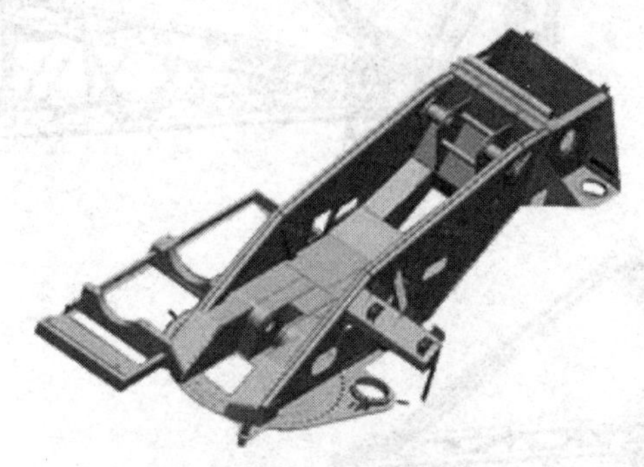

图 5—1—5 汽车起重机转台

图 5—1—6 组合式平衡重装置

5. 副起重臂

副起重臂是轮式起重机的主要结构件之一。它的尺寸、自重均比主起重臂小。它安装在主起重臂臂头，可以增加臂长，从而增加起重机的整体起升高度。副起重臂主要用于大起升高度的作业。

汽车起重机副起重臂一般为侧置式副臂。它由两节组成：一节为四边形桁架式基本节，一节为四边形箱式顶节。当汽车起重机行驶时，箱式顶节折叠到基本节的侧方，再整体挂接在主起重臂的右侧。

在安装副起重臂时，可根据工况需要选择它的长度和安装角度。其工作长度有一节副起重臂和两节副起重臂两种（图 5—1—7）。其安装角度有 0°、15°、30°，安装角度通过拉板进行调节，如图 5—1—8 所示。

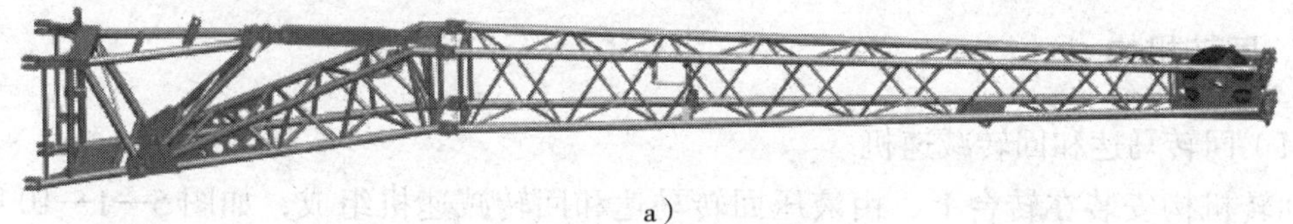

a）

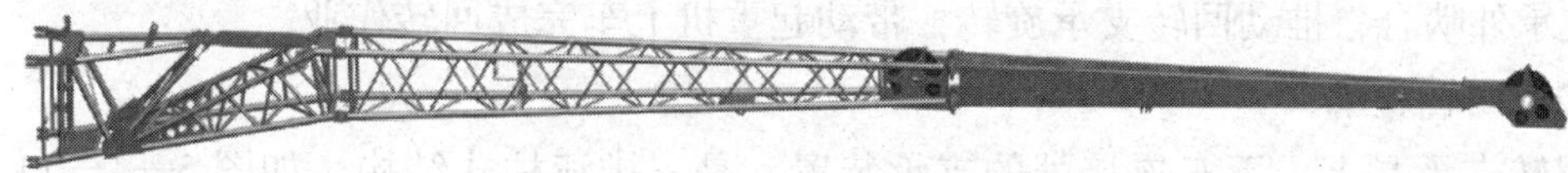

b）

图 5—1—7 副起重臂工作长度

a）一节副起重臂 b）两节副起重臂

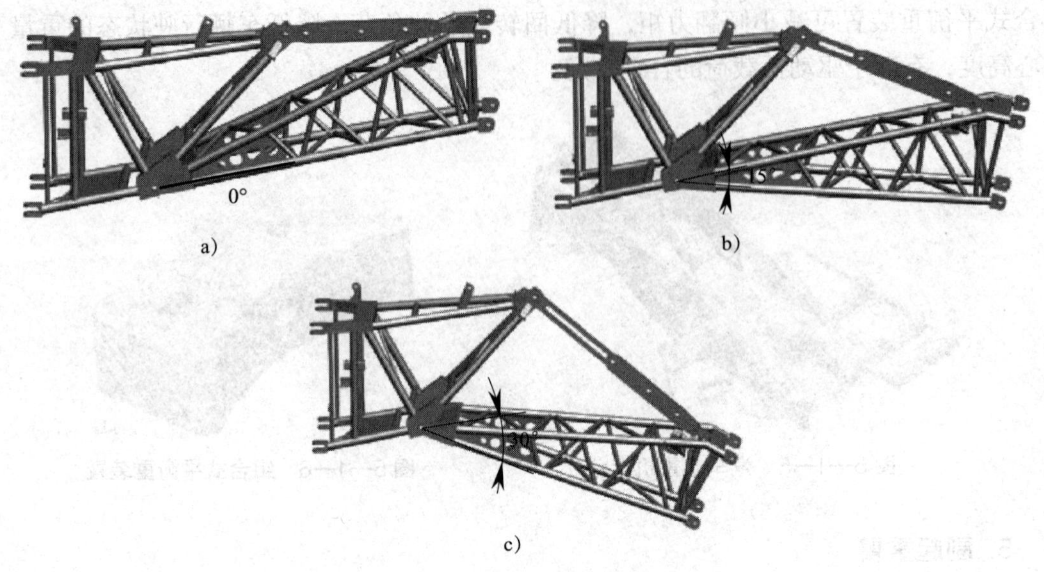

图 5—1—8　副起重臂的安装角度

a）0°　b）15°　c）30°

6. 起升机构

起升机构由液压马达、卷扬减速机和安全装置（俗称三圈保护器）三部分组成，如图 5—1—9 所示。液压马达驱动卷扬减速机，将动力传递到卷筒上，卷筒旋转通过钢拉索带动重物起升或下落。当卷筒上钢拉索的缠绕数量只有三圈时，安全装置工作，使卷筒停止转动。

起升机构分为主起升机构、副起升机构。其中主起升机构适用于主臂工况，副起升机构适用于副臂工况。

7. 回转机构

（1）回转马达和回转减速机

回转机构安装在转台上，由液压回转马达和回转减速机组成，如图 5—1—10 所示。液压回转马达驱动回转减速机，由输出小齿轮输出动力；输出小齿轮与固定在车架上的回转支承外啮合，推动回转支承旋转，带动起重机上车完成回转作业。

（2）回转支承

回转支承是上、下车连接处的支承装置，是三排滚柱式结构，如图 5—1—11 所示。回转支承内圈与转台连接，外齿圈与车架连接，在内、外圈之间装有滚柱，能同时承受轴向力、径向力和倾翻力矩。

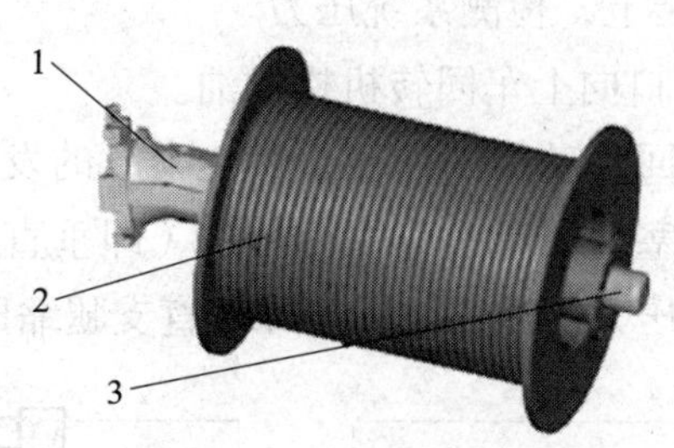

图 5—1—9　起升机构组成

1—液压马达　2—卷扬减速机

3—安全装置（三圈保护器）

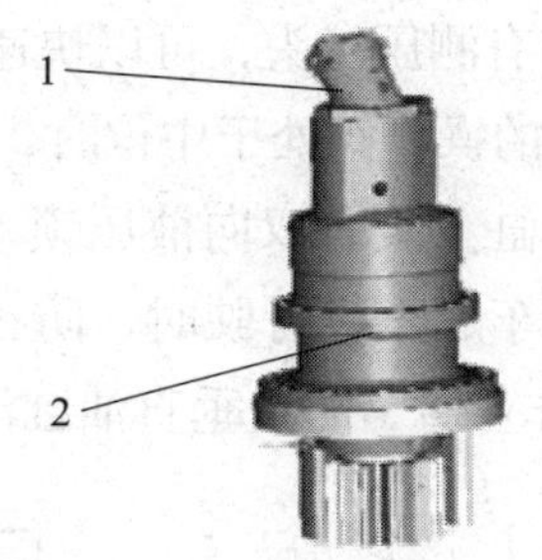

图 5—1—10　液压回转马达和回转减速机

1—液压回转马达　2—回转减速机

图 5—1—11　回转支承的结构组成

1—上车　2—回转支承　3—回转减速机小齿轮　4—下车

二、汽车起重机液压系统

1. 支腿液压系统结构组成及工作原理

图 5—1—12 所示为某汽车起重机 H 型支腿机构的液压系统工作原理图。该系统采用六联多路阀组。第一片阀（按照从左到右排序）是三位六通手动换向阀（操作阀），用于控制全部支腿的伸出或收回动作（操纵杆上抬为收回，下压为伸出）。第二片阀至第六片阀是三位四通手动换向阀，用于选择支腿水平部分或垂直部分动作（操纵杆上抬时水平部分动作，下压时为垂直部分动作）。其中，第三片至第六片阀分别控制左前、右前、右后、左后支腿。第二片阀（图中 A1—B1）控制第五支腿（起重机前支腿，负责实现汽车起重机的 360° 作业）。起重机的多个支腿可以联动操作，也可以单独操作（实现支腿动作的微调）。

多路阀中设有安全阀 RB1、RB2 及 RB3。RB1 的设定压力为 20 MPa，其作用是限制油泵供油的最高压力，对系统起保护作用；RB2 的作用是限制支腿水平油缸伸出的最高压力，以防止损坏油缸；RB3 的作用是限制第五支腿伸出的最高压力，防止底盘大梁因为受力过大而变形受损。

在K口装有测压接头，可以快速将测压工具装上，检测系统压力。

当多路阀的操作阀处于中位时，泵32通过V口向上车回转机构供油。

在垂直油缸上装有双向液压锁，起锁紧垂直回路动作的作用，避免事故的发生。其目的是：在汽车起重机行驶时，防止垂直油缸活塞杆因重力作用而伸出（即垂直支腿伸出）；在起重作业时，防止垂直油缸活塞杆因起重压力作用而缩回（即垂直支腿缩回）。

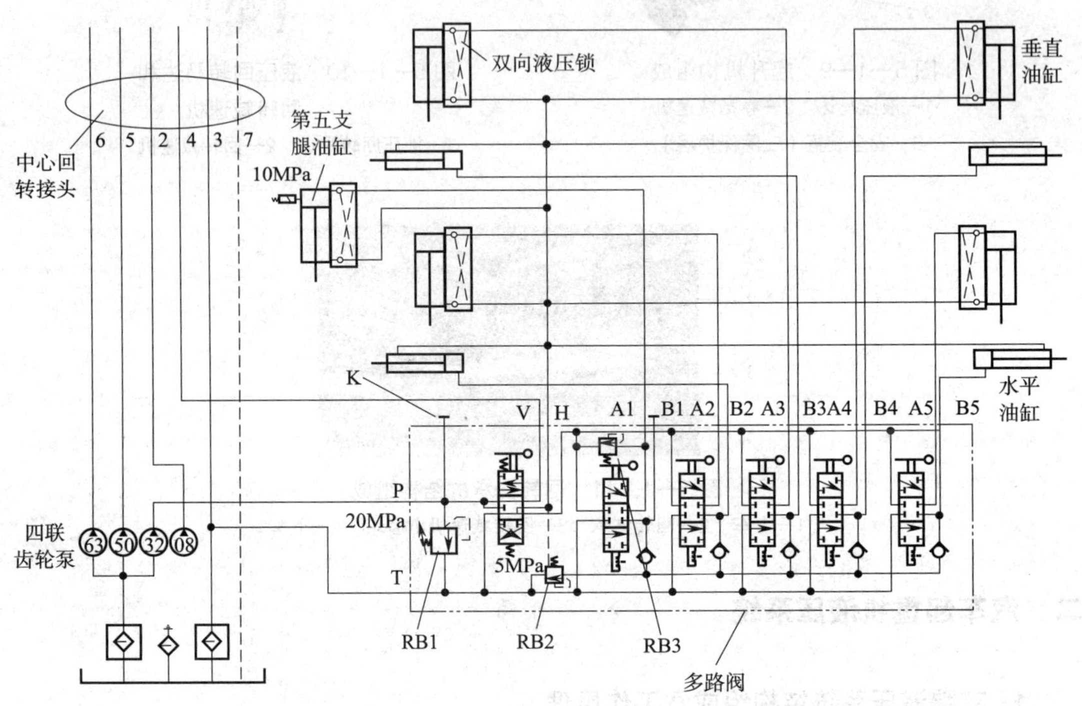

图 5—1—12　H 型支腿机构的液压系统工作原理图

2. 伸缩机构液压系统结构组成及工作原理

（1）结构组成

伸缩机构是控制起重臂伸出与缩回的多级式机构。图 5—1—13 所示为伸缩臂机构及其液压回路。臂架有三节，Ⅰ是一节臂（或称基本臂），Ⅱ是二节臂，Ⅲ是三节臂。后一节臂可在油缸运动下相对前一节臂伸出或缩进。这三节起重臂只需要 2 个油缸驱动。油缸 6 的活塞杆与臂Ⅰ铰接，而其缸体与臂Ⅱ铰接，缸体运动使臂Ⅱ相对于臂Ⅰ伸缩；油缸 7 的缸体与臂Ⅱ铰接，而其活塞杆与臂Ⅲ铰接，活塞杆运动使臂Ⅲ相对于臂Ⅱ伸缩。臂Ⅱ、Ⅲ顺序动作。

（2）工作原理

1）手动换向阀 2、电磁阀 3 左位接通，压力油从油泵→阀 2 左位 P 口→左位 A1 口→阀 3 左位 A2 口→单向阀 a →油缸 6 的无杆腔（大腔）；油缸 6 的缸体相对于活塞杆向上运动，带动臂Ⅱ从臂Ⅰ中伸出；臂Ⅲ则同时被臂Ⅱ托起，但其相对臂Ⅱ无运动。此时，实现二节臂的举重上升。

2）手动换向阀2保持左位接通，电磁换向阀3换成右位接通，油缸6因无液体压入而停止运动，臂Ⅱ相对臂Ⅰ保持原有伸出状态；压力油从油泵→阀2左位P口→左位A1口→阀3右位B2口→单向阀b→油缸7的无杆腔（大腔）；油缸7的活塞杆带动臂Ⅲ相对于臂Ⅱ伸出，继续举重上升。连同上一步，可将起重臂总长增至最大，将重物举升至最高位。

3）手动换向阀2换成右位接通，电磁换向阀3保持右位接通，压力油从油泵→阀2右位P口→右位B1口→油缸7的有杆腔（小腔）；油缸7的活塞杆带动臂Ⅲ相对于臂Ⅱ缩回，起重臂负重下降；油缸7的无杆腔（大腔）的压力油→平衡阀5→阀3右位B2口→阀2右位A1口→阀2右位T口→油箱。此时，平衡阀起调节油路压力的作用。

4）手动换向阀2保持右位接通，电磁换向阀3换成左位接通；压力油从油泵→阀2右位P口→右位B1口→油缸6的有杠腔（小腔）；缸体相对于活塞杆向下运动，带动臂Ⅱ向臂Ⅰ缩回，起重臂继续负重下降。

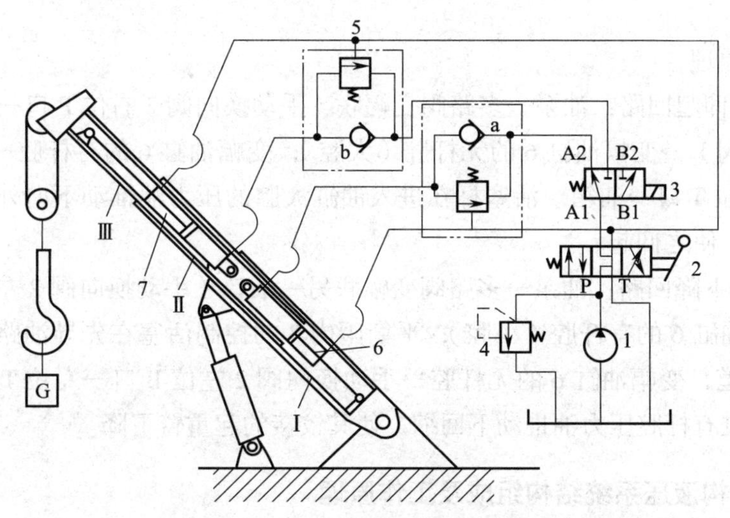

图5—1—13　伸缩臂机构液压回路

1—液压泵　2—手动换向阀　3—电磁换向阀　4—溢流阀　5—平衡阀　6、7—油缸

Ⅰ—一节臂（基本臂）　Ⅱ—二节臂　Ⅲ—三节臂

3. 变幅机构液压系统结构组成及工作原理

（1）结构组成

变幅系统由变幅油缸和平衡阀等部件组成。图5—1—14所示为双作用变幅液压系统。变幅油缸将油泵产生的液压能转换成往复运动的机械能，用于起重臂的变幅。平衡

阀用于防止起重臂下降时油缸活塞杆在载荷的作用下以超过压力油供应流量的速度缩回。此外，如果此阀与多路阀之间的管路破裂时，它还可以防止油缸突然缩回。

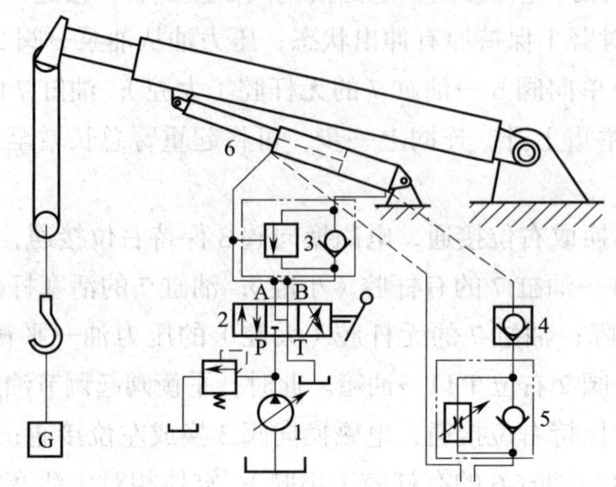

图 5—1—14　双作用变幅液压系统

1—液压泵　2—手动换向阀　3—平衡阀　4—液控单向阀　5—单向节流阀　6—液压缸

（2）工作原理

1）起重臂仰起回路：油泵→多路阀变幅联（手动换向阀 2 右位 P 口→右位 B 口→平衡阀 3 的单向阀）→变幅油缸 6 的无杆腔（大腔）；变幅油缸 6 的有杆腔→手动换向阀 2 右位 A 口→右位 T 口→油箱。活塞杆在进入油缸大腔的压力油推动下向外伸出，顶起其铰接的起重臂，使之仰起。

2）起重臂下降回路：油泵→多路阀变幅联另一油口（手动换向阀 2 左位 P 口→左位 A 口）→变幅油缸 6 的有杆腔（小腔）；平衡阀内 3 的控制活塞在先导油路的控制压力油作用下打开油道，变幅油缸 6 的无杆腔→手动换向阀 2 左位 B 口→左位 T 口→油箱。油缸活塞杆在油缸有杆腔压力油推动下回缩，使其铰接的起重臂下降。

4. 起升机构液压系统结构组成及工作原理

汽车起重机通过起升机构实现重物的垂直起升和放下。起升机构采用液压马达，通过行星减速器驱动卷筒。图 5—1—15 所示为一种简单的起升机构液压回路。当换向阀 3 处于左位时，液压马达 2 通过减速器 6 驱动卷筒 7 提升重物 G，实现吊重上升。而换向阀 3 处于右位时，起升机构放下重物 G，实现负重下降。这时，系统中的平衡阀 4 起平稳作用。当换向阀处于中位时，系统理论上实现承重静止。由于液压马达内部泄漏比较大，即使平衡阀的闭锁性能很好，但卷筒和吊索机构仍难以支撑重物 G。为了真正实现承重静止，系统中一般设置常闭式制动器，依靠制动油缸 8 来控制。

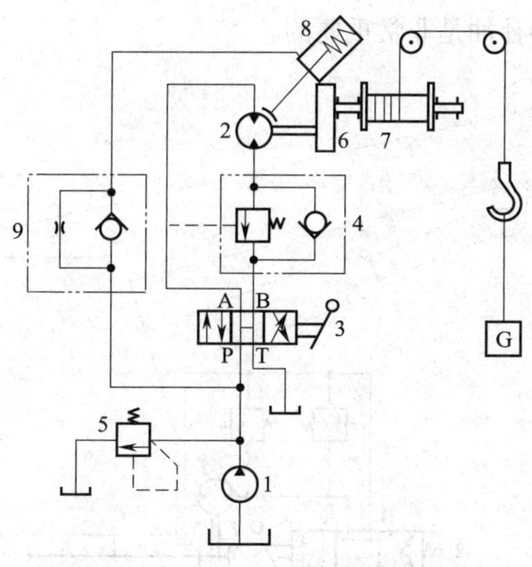

图 5—1—15　起升机构液压系统

1—液压泵　2—液压马达　3—换向阀　4—平衡阀　5—溢流阀　6—减速器

7—卷扬机　8—制动液压缸　9—单向节流阀

在换向阀左位（吊重上升）和右位（吊重下降）时，油泵 1 提供的压力油同时作用在制动油缸 8 的下腔，将活塞顶起，压缩制动油缸上腔的弹簧，使制动器闸瓦拉开，这样液压马达 2 制动解除。换向阀 3 处于中位时，油泵 1 在阀 3 的 H 型中位机能下实现卸荷，出油口压力接近零，制动油缸 8 的活塞被弹簧压下，闸瓦制动液压马达 2，使其停转，重物 G 静止于空中。大多数汽车起重机均有主起升机构和副起升机构。它们的工作原理相同，这里不再重复。

5. 回转液压系统结构组成及工作原理

为了使汽车起重机的工作机构能够灵活、机动地在更大的范围内作业，需要整个工作装置做旋转运动。这是依靠回转机构来实现。回转机构的液压系统如图 5—1—16 所示。回转马达 5 通过小齿轮 6 与大齿轮 7 啮合，驱动作业架回转。当换向阀 2 处于中位时，A、B 口关闭，回转马达停止转动。但是，作业架的转动惯量特别大。回转马达承受的巨大惯性力矩使机构的转动部分继续前冲一定角度，因而压缩排出管道的压力油，使排出管道的压力迅速升高。同时，压入管道已封闭，但是回转马达前冲，使管道中压力油膨胀，引起压入管道的压力迅速降低，进油路中产生真空。如果这两种压力变化很剧烈，将造成管道或回转马达的损坏。因此，在进、回油路中分别设置缓冲阀 3、4。当手动换向阀 2 处于右位时，B 口连接管道为排出管道，阀 4 的作用相当于安全阀，在排出管道压力突升到一定值时，将排出管道中的压力油排放入与 A 口连接的压入管道，补充被回转马达吸入的压力油，使压入管道的压力停止下降，或减缓下降速度。所以，对回转机构液压回路来说，缓冲补油是非常重要的。

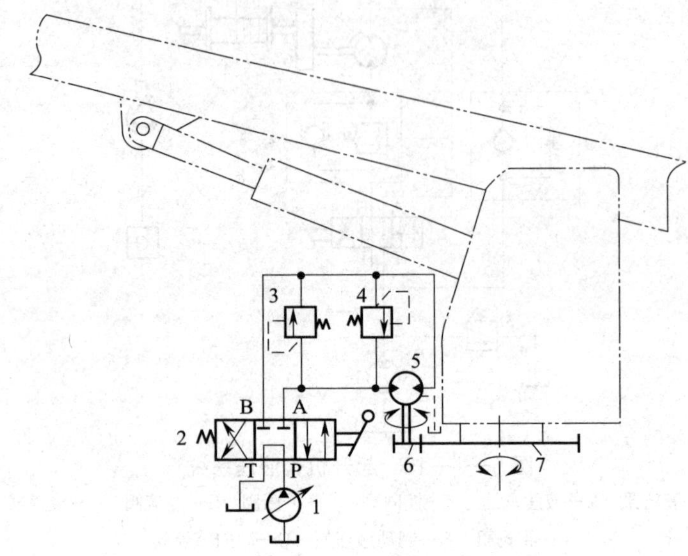

图 5—1—16　回转机构液压系统

1—液压泵　2—手动换向阀　3、4—缓冲阀　5—回转马达　6—小齿轮　7—大齿轮

三、汽车起重机电气系统

1. 驾驶室电器

驾驶室电器是驾驶员与汽车起重机本身、外界沟通的桥梁。驾驶员通过仪表、指示器获得汽车起重机的运行状况信息，并通过各种开关、踏板操纵汽车起重机。汽车起重机驾驶室电器主要由仪表、操纵开关、电子油门踏板、仪表盘线束、熔丝、过载保护器、继电器以及音响、空调、刮水器电动机等组成。

仪表包括发动机转速表、发动机水温表、发动机机油压力表、车速里程表、燃油表、电压表、双针气压表等。操纵开关包括起动开关、灯光开关、取力开关、熄火开关、诊断开关等。驾驶室主要电器如图 5—1—17 所示。

2. 大梁线束

大梁线束是起重机底盘的神经，各种电气元件通过其实现对底盘的控制、操纵等动作，是一个非常重要的电气部件。大梁线束由发动机线束、ABS 线束、电刷总成等部分组成。

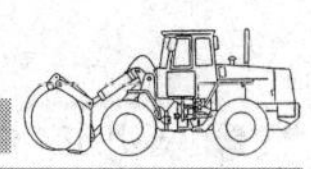

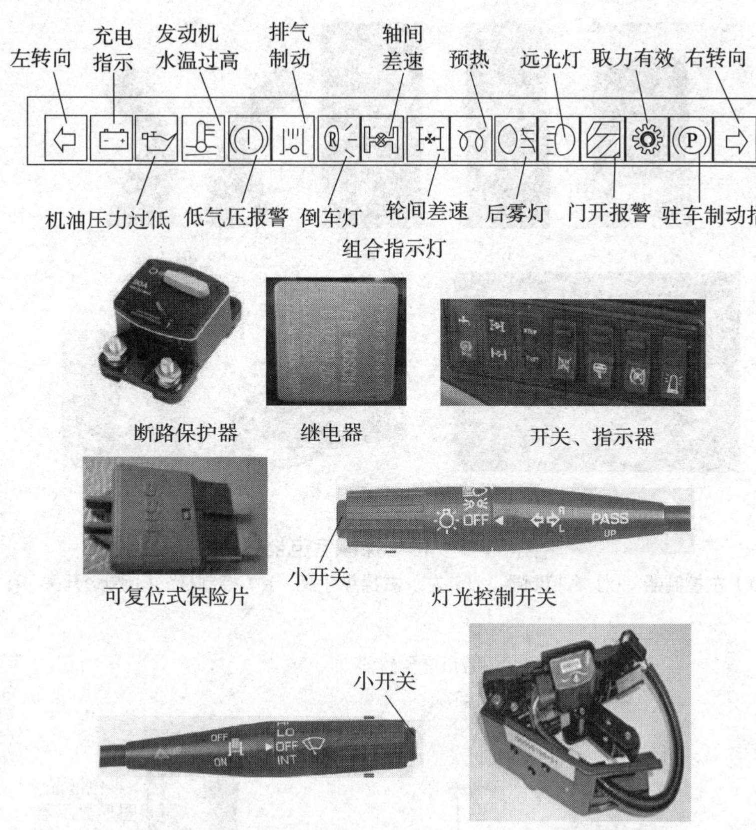

图 5—1—17　驾驶室主要电器

3. 操纵室电器

操纵室电器主要包括仪表箱、控制器、操纵手柄、控制板、脚踏开关和工作灯等，如图 5—1—18 所示。

4. 转台电器

转台电器主要通过转台线束将控制板与转台上的灯、电磁阀、开关等连接起来，并与回转电刷连接，为汽车起重机的上车、下车传递信号。

5. 力矩限制器

（1）组成

全自动力矩限制器（简称力限器）主要由中心控制器（又称为主机）、CAN 总线接线盒、彩色液晶图形显示器、长度 / 角度传感器、高度限位开关、压力传感器等组成，如图 5—1—19 所示。

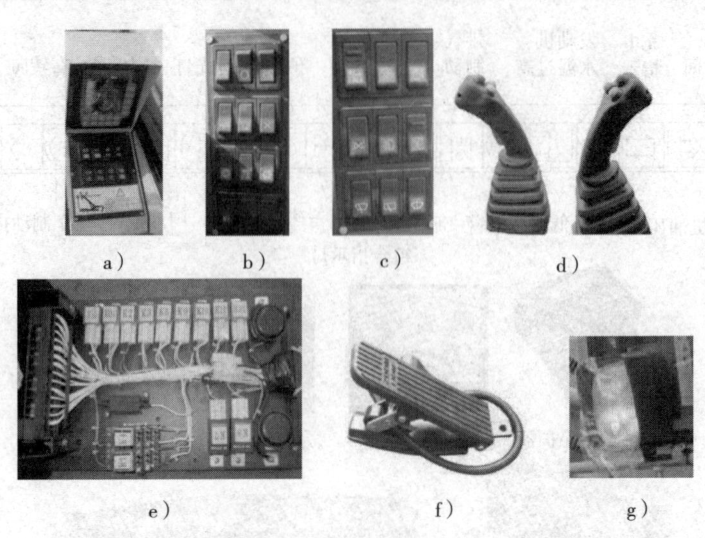

图 5—1—18 操纵室电器

a）仪表箱 b）左控制器 c）右控制器 d）左、右操纵手柄 e）控制板 f）脚踏开关 g）工作灯

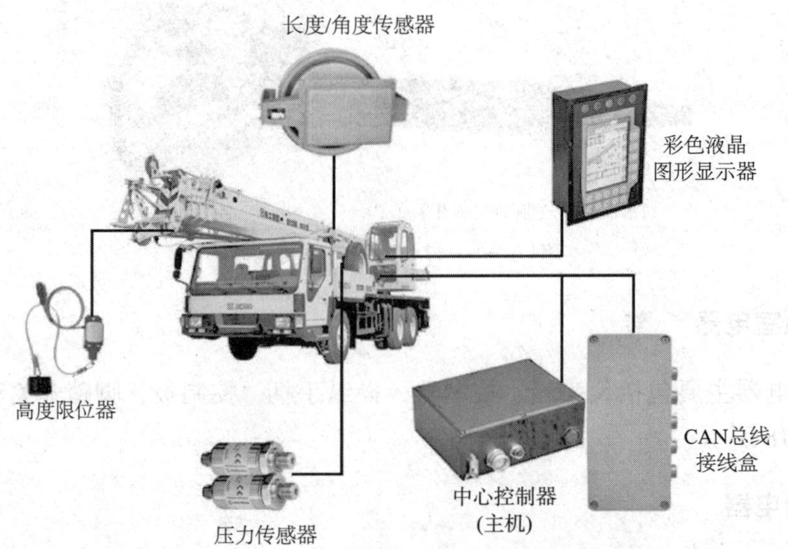

图 5—1—19 力矩限制器的主要组成示意图

（2）工作原理

系统按“实际力矩与额定力矩比较”的原则进行控制。主机根据传感器输入的起重臂长度 / 角度信号，计算出起重机的作业半径。根据压力传感器输入的信号计算出变幅缸的受力，然后算出起重力矩。在微处理器中，将压力传感器测量得出的实际值与存储在主机存储器中的额定值进行比较。一旦实际值达到极限值时，显示器上将显示过载报警信号，同时主机输出控制信号，操纵起重机的外围控制元件，使起重机的危险动作自动

停止。起重机的性能结构参数存储于中心处理器中，用这些参数来计算操作状况的数据。起重臂长度、角度由安装于起重臂上的卷线盒测量，其测长线同时可用于高度限位器信号的传输。起重机实际载荷由安装于变幅油缸有杆腔、无杆腔上的压力传感器测量后，参照汽车起重机的结构参数，由微处理器经复杂计算得出。

6. 照明系统

照明系统是指安装在起重机上的各种灯具，主要用于照明、示廓、发送信号等，包括前部照明灯具（前照灯、前转向灯、前行车灯、前示廓灯、前雾灯）、后部的灯具（示廓灯、后雾灯、后转向灯、后行车灯、制动指示灯、倒车灯）、仪表照明、工作灯、示廓灯、臂头灯，及车身部分安装的侧标志灯，如图5—1—20、5—1—21、5—1—22、5—1—23所示。

图5—1—20　后组合信号灯

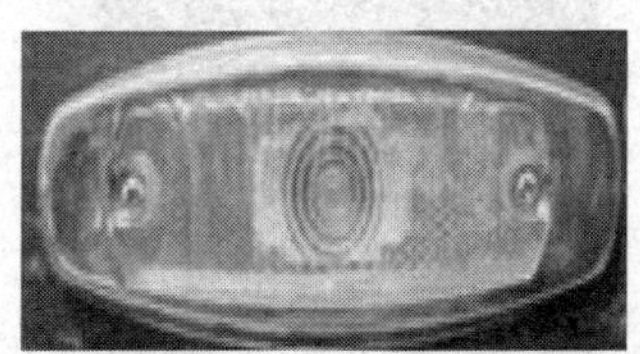

图5—1—21　侧标志灯

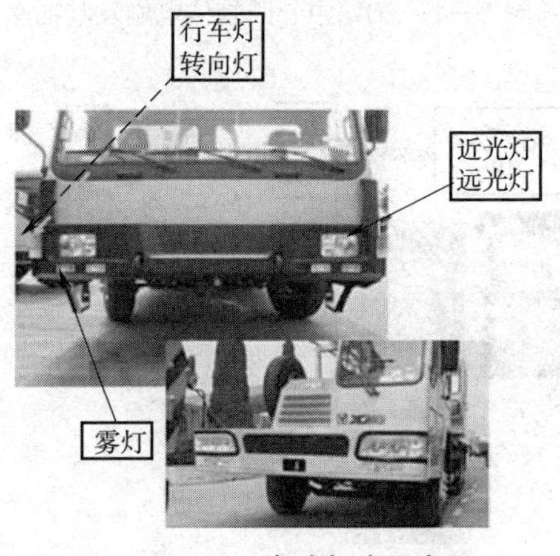

图5—1—22　车头灯光示意图

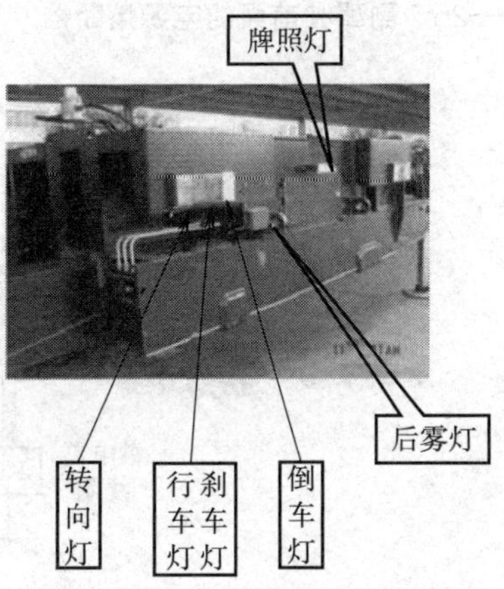

图5—1—23　车尾灯光示意图

7. 电源系统

汽车起重机电源系统为直流24 V单线制电源，负极搭铁。全车由2个串联的12 V蓄电池和1个发电机供电。汽车起重机起动时由蓄电池提供电能；当发动机运行后，由发电机发出的28（1±0.3%）V直流电源提供全车电能，并同时给蓄电池充电。电源系统的主要电气元件如图5—1—24、5—1—25、5—1—26、5—1—27所示。

在汽车起重机上，当下车挂上取力器后，下车经过中心回转体第一个通道（14 芯插座）的第一个端口给上车供电。

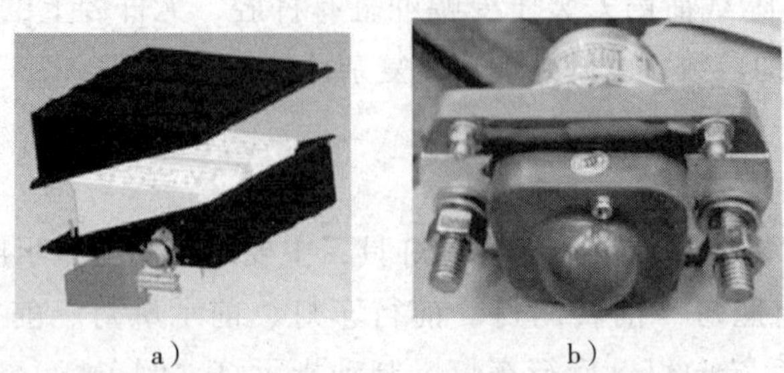

a)　　b)

图 5—1—24　蓄电池及交流接触器
a）蓄电池　b）交流接触器

图 5—1—25　副驾驶前面的电源熔断器

图 5—1—26　中心回转体电刷及其插座

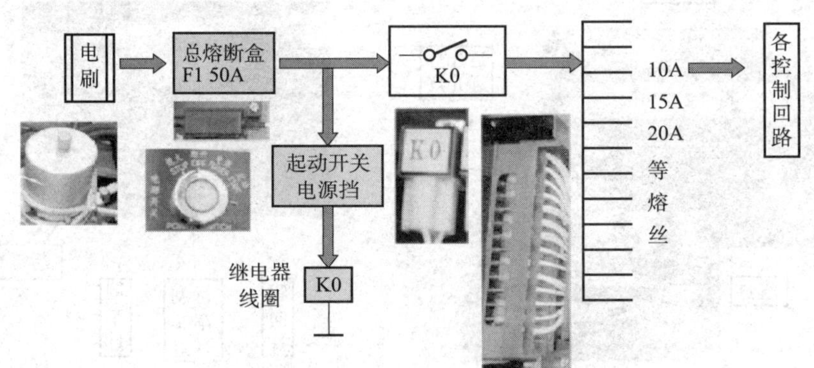

图 5—1—27　电源分布及熔断器

8. 发动机控制

小吨位汽车起重机只有一个发动机。发动机控制器将各种信号传递给发动机，以实现对其的控制。操作时，驾驶人员挂上取力器后，在操纵室里可以进行起动、熄火及油门的操纵；在支腿操纵手柄旁可以进行支腿油门的操纵。上车发动机控制信号都是经过中心回转体电刷传递给下车。

复习思考题

1. 简述汽车起重机的主要组成。
2. 简述主起重臂的工作原理。
3. 副起重臂有哪些安装角度?
4. 简述起升机构的组成。
5. 简述回转支承的结构组成。
6. 简述H型支腿机构液压系统的工作原理。
7. 简述伸缩机构液压系统的工作原理。
8. 简述变幅机构液压系统的工作原理。
9. 简述起升机构液压系统的工作原理。
10. 简述驾驶室的电器组成。
11. 简述操纵室的电器组成。
12. 简述力限器的组成。
13. 简述照明系统的组成。
14. 简述电源系统的组成。

课题 2 汽车起重机手动控制系统安装与调试

学习目标

1. 了解汽车起重机手动控制系统的液压元件组成。
2. 熟悉汽车起重机手动控制系统的动作和任务要求。
3. 掌握汽车起重机手动控制系统的工作原理图绘制和动作顺序表的编制。
4. 掌握汽车起重机手动控制系统的安装与调试。

一、液压元件组成和动作要求

1. 液压元件组成

液压元件包括液压泵站、溢流阀、电磁换向阀、水平支腿手动换向阀、水平油缸、垂直支腿手动换向阀、垂直油缸、变幅手动换向阀、变幅油缸、伸缩手动换向阀、伸缩油缸、卷扬手动换向阀、卷扬马达、平衡阀、减压阀、回转手动换向阀、回转马达、压力表及压力表接头。

2. 动作要求

（1）手动换向阀控制水平支腿和垂直支腿的伸出和收回。

（2）手动换向阀控制变幅机构的升降。

（3）手动换向阀控制起重臂的伸缩。

（4）手动换向阀控制卷扬的升降。

（5）手动换向阀控制转台机构的回转。

二、设备需求和任务要求

1. 设备需求

汽车起重机执行机构、液压通用实训平台。

2. 任务要求

采用给出的液压元件设计汽车起重机手动控制液压系统，并在液压实训台上进行安装与调试。具体要求如下：

（1）由溢流阀和电磁阀控制泵的压力建立和压力切断。

（2）前推水平支腿手动换向阀，水平支腿伸出；后拉水平支腿手动换向阀，水平支腿缩回。

（3）前推垂直支腿手动换向阀，垂直支腿伸出；后拉垂直支腿手动换向阀，垂直支腿缩回。

（4）后拉变幅手动换向阀，变幅升起；前推变幅手动换向阀，变幅下降。

（5）前推卷扬手动换向阀，吊钩下降；后拉卷扬手动换向阀，吊钩升起。

（6）前推伸缩手动换向阀，起重臂伸出；后拉伸臂手动换向阀，起重臂缩回。

（7）前推回转手动换向阀，右回转；后拉回转手动换向阀，左回转。

（8）实现动作顺序：水平支腿伸出→垂直支腿伸出→变幅升起→吊钩下降→起重臂伸出→左回转→右回转→起重臂缩回→吊钩升起→变幅下降→垂直支腿缩回→水平支腿缩回。

变幅机构下降、吊钩下降和起重臂缩回均采用平衡阀控制其平稳性。变幅、伸缩、卷扬、回转手动换向阀的进油均采用减压阀减压，以模拟起重机的负载敏感系统（节流

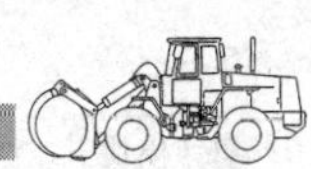

阀视作位于换向阀内)。系统压力调整为 4 MPa，回转减压阀减压后的压力为 1 MPa，其余减压阀减压后的压力调整为 3.7 MPa。

三、汽车起重机手动控制系统工作原理图

工作原理如图 5—2—1 所示。

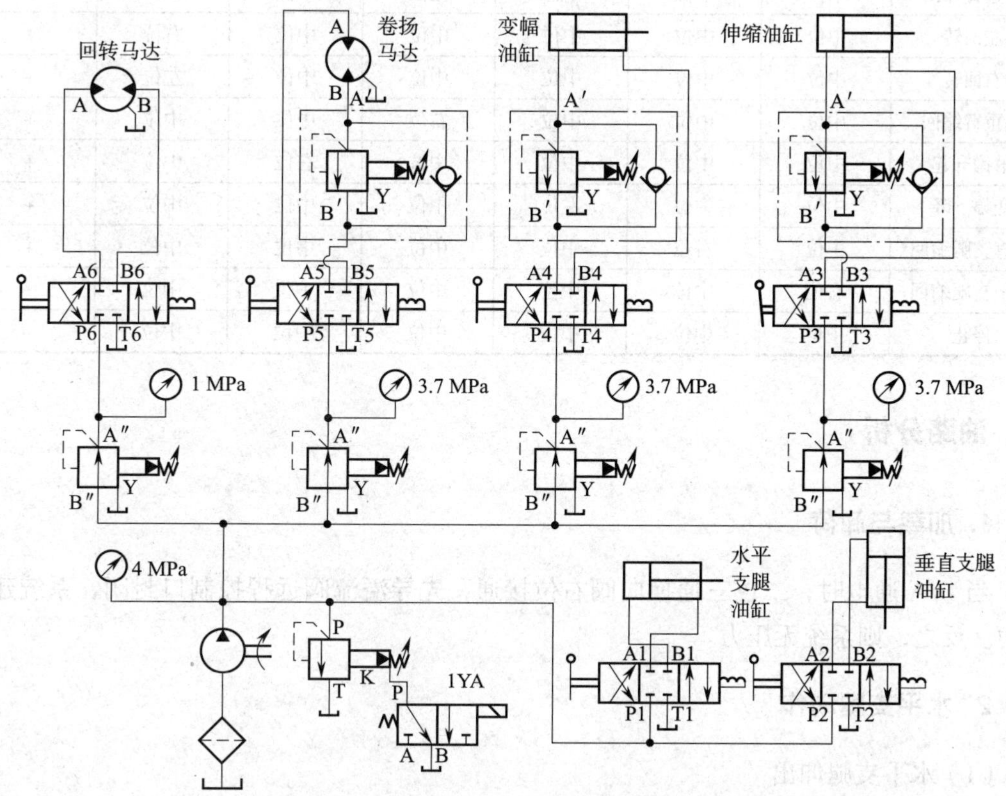

图 5—2—1 汽车起重机手动控制系统工作原理图

四、汽车起重机手动控制动作顺序表

动作顺序见表 5—2—1。

表 5—2—1 汽车起重机手动控制动作顺序表

工况	水平支腿阀动作	垂直支腿阀动作	变幅阀动作	伸缩阀动作	卷扬阀动作	回转阀动作	卸荷阀动作
							1YA
加载	中位	中位	中位	中位	中位	中位	+
水平支腿伸出	左位	中位	中位	中位	中位	中位	+

续表

工况	水平支腿阀动作	垂直支腿阀动作	变幅阀动作	伸缩阀动作	卷扬阀动作	回转阀动作	卸荷阀动作
							1YA
垂直支腿伸出	中位	左位	中位	中位	中位	中位	+
变幅升起	中位	中位	右位	中位	中位	中位	+
吊钩下降	中位	中位	中位	中位	左位	中位	+
起重臂伸出	中位	中位	中位	左位	中位	中位	+
左回转	中位	中位	中位	中位	中位	右位	+
右回转	中位	中位	中位	中位	中位	左位	+
起重臂缩回	中位	中位	中位	右位	中位	中位	+
吊钩升起	中位	中位	中位	中位	右位	中位	+
变幅下降	中位	中位	左位	中位	中位	中位	+
垂直支腿缩回	中位	右位	中位	中位	中位	中位	+
水平支腿缩回	右位	中位	中位	中位	中位	中位	+
停止	中位	中位	中位	中位	中位	中位	−

五、油路分析

1. 加载与卸荷

当1YA通电时，二位三通换向阀右位接通，先导溢流阀远程控制口封闭，系统建立压力。反之，则系统无压力。

2. 水平支腿动作

（1）水平支腿伸出

进油线路：油箱→滤油器→油泵→水平支腿换向阀左位P1口→水平支腿换向阀左位B1口→水平支腿油缸的大腔。

回油线路：水平支腿油缸的小腔→水平支腿换向阀左位A1口→水平支腿换向阀左位T1口→油箱。

（2）水平支腿缩回

进油线路：油箱→滤油器→油泵→水平支腿换向阀右位P1口→水平支腿换向阀右位A1口→水平支腿油缸的小腔。

回油线路：水平支腿油缸的大腔→水平支腿换向阀右位B1口→水平支腿换向阀右位T1口→油箱。

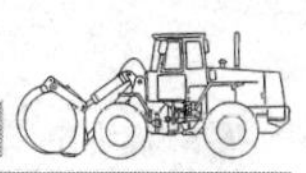

（3）水平支腿停止

油箱→油泵→水平支腿换向阀中位（O 型中位机能）→停止，经溢流阀流回油箱。

3. 垂直支腿动作

（1）垂直支腿伸出

进油线路：油箱→滤油器→油泵→垂直支腿换向阀左位 P2 口→垂直支腿换向阀左位 B2 口→垂直支腿油缸的大腔。

回油线路：垂直支腿油缸的小腔→垂直支腿换向阀左位 A2 口→垂直支腿换向阀左位 T2 口→油箱。

（2）垂直支腿缩回

进油线路：油箱→滤油器→油泵→垂直支腿换向阀右位 P2 口→垂直支腿换向阀右位 A2 口→垂直支腿油缸的小腔。

回油线路：垂直支腿油缸的大腔→垂直支腿换向阀右位 B2 口→垂直支腿换向阀右位 T2 口→油箱。

（3）垂直支腿停止

油箱→油泵→垂直支腿换向阀中位（O 型中位机能）→停止，经溢流阀流回油箱。

4. 变幅动作

（1）变幅升起

进油线路：油箱→过滤器→油泵→减压阀 B″ 口→减压阀 A″ 口→变幅换向阀右位 P4 口→变幅换向阀右位 A4 口→变幅平衡阀 B 口→变幅平衡阀 A 口→变幅油缸大腔。

回油线路：变幅油缸小腔→变幅换向阀右位 B4 口→变幅换向阀右位 T4 口→油箱。

（2）变幅下降

进油线路：油箱→过滤器→油泵→减压阀 B″ 口→减压阀 A″ 口→变幅换向阀左位 P4 口→变幅换向阀左位 B4 口→变幅油缸小腔。

回油线路：变幅油缸大腔→变幅平衡阀 A′ 口→变幅平衡阀 B′ 口→变幅换向阀左位 A4 口→变幅换向阀左位 T4 口→油箱。

（3）变幅停止

油箱→过滤器→油泵→减压阀 B″ 口→减压阀 A″ 口→变换向阀中位（O 型中位机能）→停止，经溢流阀流回油箱。

5. 卷扬动作

（1）吊钩升起

进油线路：油箱→过滤器→油泵→减压阀 B″ 口→减压阀 A″ 口→卷扬换向阀右位 P5

口→卷扬换向阀右位 A5 口→卷扬平衡阀 B′ 口→卷扬平衡阀 A′ 口→卷扬马达 B 口。

回油线路：卷扬马达 A 口→卷扬换向阀右位 B5 口→卷扬换向阀右位 T5 口→油箱。

（2）吊钩下降

进油线路：油箱→过滤器→油泵→减压阀 B″ 口→减压阀 A″ 口→卷扬换向阀左位 P5 口→卷扬换向阀左位 B5 口→卷扬马达 A 口。

回油线路：卷扬马达 B 口→卷扬平衡阀 A′ 口→卷扬平衡阀 B′ 口→卷扬换向阀左位 A5 口→卷扬换向阀左位 T5 口→油箱。

（3）吊钩停止

油箱→过滤器→油泵→减压阀 B″ 口→减压阀 A″ 口→卷扬向阀中位（O 型中位机能）→停止，经溢流阀流回油箱。

6. 起重臂动作

（1）起重臂伸出

进油线路：油箱→过滤器→油泵→减压阀 B″ 口→减压阀 A″ 口→起重臂换向阀左位 P3 口→起重臂换向阀左位 B3 口→起重臂平衡阀 B′ 口→起重臂平衡阀 A′ 口→起重臂油缸大腔。

回油线路：起重臂油缸小腔→起重臂换向阀左位 A3 口→起重臂换向阀左位 T3 口→油箱。

（2）起重臂缩回

进油线路：油箱→过滤器→油泵→减压阀 B″ 口→减压阀 A″ 口→起重臂换向阀右位 P3 口→起重臂换向阀右位 A3 口→起重臂油缸小腔。

回油线路：起重臂油缸大腔→起重臂平衡阀 A′ 口→起重臂平衡阀 B′ 口→起重臂换向阀右位 B3 口→起重臂换向阀左位 T3 口→油箱。

（3）起重臂停止

油箱→过滤器→油泵→减压阀 B″ 口→减压阀 A″ 口→起重臂向阀中位（O 型中位机能）→停止，经溢流阀流回油箱。

7. 回转动作

（1）左回转

进油线路：油箱→过滤器→油泵→减压阀 B″ 口→减压阀 A″ 口→回转换向阀右位 P6 口→回转换向阀右位 A6 口→回转马达 B 腔。

回油线路：回转马达 A 腔→回转换向阀右位 B6 口→回转换向阀右位 T6 口→油箱。

（2）右回转

进油线路：油箱→过滤器→油泵→减压阀 B″ 口→减压阀 A″ 口→回转换向阀左位 P6 口→回转换向阀左位 B6 口→回转马达 A 腔。

回油线路：回转马达 B 腔→回转换向阀左位 A6 口→回转换向阀左位 T6 口→油箱。

（3）回转停止

油箱→过滤器→油泵→减压阀 B″ 口→减压阀 A″ 口→回转换向阀中位（O 型中位机能）→停止，经溢流阀流回油箱。

六、系统安装与调试

根据汽车起重机手动控制系统工作原理图，结合图 5—2—2 所示的连接示意图进行汽车起重机手动控制系统的安装。

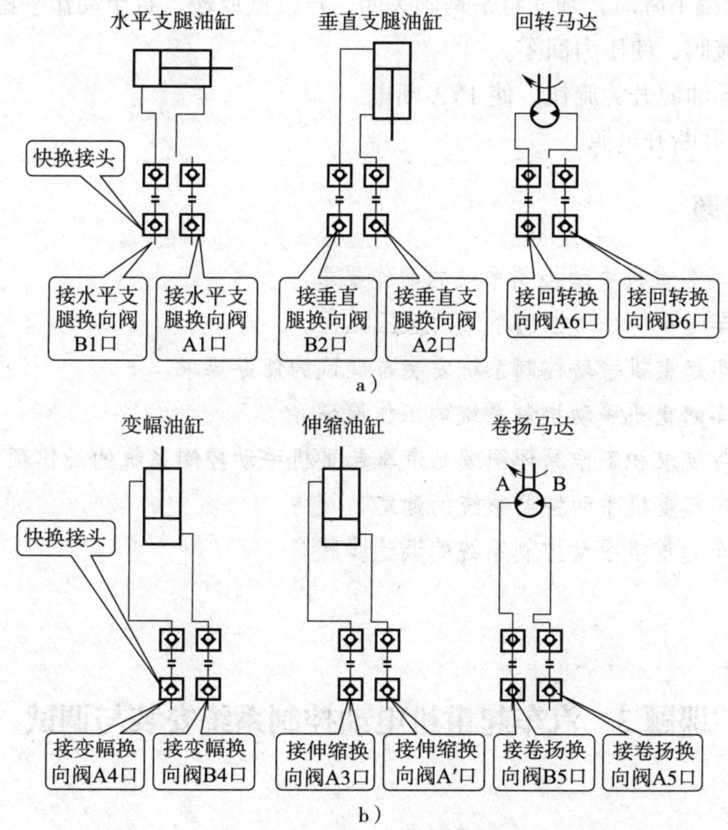

图 5—2—2　汽车起重机手动控制系统安装示意图
a）支腿与回转安装示意图　b）伸缩、变幅与卷扬安装示意图

系统调试步骤如下：

1. 接通电源。
2. 放松溢流阀至零位状态。
3. 起动液压泵。

4. 打开先导油源开关旋钮，使 1YA 通电，压力表的压力指数会有微微上升。

5. 顺时针旋紧溢流阀调节手柄，压力表的压力指数调整到 4 MPa。

6. 调节回转减压阀调节手柄，使回转减压阀出口压力为 1 MPa，调节其余减压阀调节手柄，使其出口压力为 3.7 MPa。

7. 根据动作顺序表的步骤进行调试。动作顺序：前推水平支腿控制手柄，水平支腿伸出；前推垂直支腿控制手柄，垂直支腿伸出；后拉变幅操纵手柄，变幅升起；前推卷扬操纵手柄，吊钩下降；前推伸缩控制手柄，起重臂伸出；后拉回转控制手柄，起重机向左回转；前推回转控制手柄，起重机向右回转；后拉伸缩控制手柄，起重臂缩回；后拉卷扬控制手柄，吊钩升起；前推变幅操纵手柄，变幅下降。（注意：在进行吊钩下降、起重臂缩回和变幅下降时，须先将平衡阀关闭，再慢慢放松，直至动作平稳。）

8. 放松溢流阀，使压力回零。

9. 关闭先导油源开关旋钮，使 1YA 断电。

10. 停泵，并断开电源。

复习思考题

1. 简述汽车起重机手动控制系统的动作要求。
2. 简述汽车起重机手动控制系统的液压元件。
3. 简述汽车起重机手动控制系统安装与调试的任务要求。
4. 简述汽车起重机手动控制系统的工作原理。
5. 根据任务要求和工作原理图编制汽车起重机手动控制系统的动作顺序表。
6. 简述汽车起重机手动控制系统的油路。
7. 简述汽车起重机手动控制系统的调试步骤。

课题 3　汽车起重机电动控制系统安装与调试

学习目标

1. 了解汽车起重机电动控制系统的液压元件组成。
2. 熟悉汽车起重机电动控制系统的动作和任务要求。
3. 掌握汽车起重机电动控制系统的工作原理图绘制和动作顺序表的编制。
4. 掌握汽车起重机电动控制系统的安装与调试。

一、液压元件组成和动作要求

1. 液压元件组成

液压元件包括液压泵站、溢流阀、电磁换向阀、水平支腿手动换向阀、水平油缸、垂直支腿手动换向阀、垂直油缸、变幅电磁换向阀、变幅油缸、伸缩电磁换向阀、伸缩油缸、卷扬电磁换向阀、卷扬马达、平衡阀、减压阀、回转电磁换向阀、回转马达、压力表及压力表接头。

2. 动作要求

（1）手动阀控制水平支腿和垂直支腿的伸出和收回。

（2）电磁换向阀控制变幅的升降。

（3）电磁换向阀控制起重臂的伸缩。

（4）电磁换向阀控制卷扬的升降。

（5）电磁换向阀控制转台机构的回转。

二、设备需求和任务要求

1. 设备需求

汽车起重机执行机构、液压通用实训平台。

2. 任务要求

采用给出的液压元件设计汽车起重机电动控制液压系统，并在液压实训台上进行安装与调试。具体要求如下：

（1）由溢流阀和电磁阀控制泵的压力建立和压力切断。

（2）前推水平支腿手动换向阀，水平支腿伸出；后拉水平支腿手动换向阀，水平支腿缩回。

（3）前推垂直支腿手动换向阀，垂直支腿伸出；后拉垂直支腿手动换向阀，垂直支腿缩回。

（4）操纵变幅电磁换向阀，使 2YA 通电，变幅升起；操纵变幅电磁换向阀，使 1YA 通电，变幅下降。

（5）操纵卷扬电磁换向阀，使 4YA 通电，吊钩下降；操纵卷扬电磁换向阀，使 3YA 通电，吊钩升起。

（6）操纵伸缩电磁换向阀，使 6YA 通电，起重臂伸出；操纵伸缩电磁换向阀，使 5YA 通电，起重臂缩回。

（7）操纵回转电磁换向阀，使 7YA 通电，左回转；操纵回转电磁换向阀，使 8YA 通电，右回转。

（8）实现动作顺序：水平支腿伸出→垂直支腿伸出→变幅升起→吊钩下降→起重臂伸出→左转→右转→起重臂缩→吊钩升起→变幅下降→垂直支腿收回→水平支腿收回。

变幅下降、吊钩下降和起重臂缩回均采用平衡阀控制其平稳性。变幅、伸缩、卷扬、回转换向阀进油均采用减压阀减压，以模拟起重机的负载敏感系统（节流阀视作在换向阀内）。系统压力调整为 4 MPa，回转减压阀减压后的压力为 1 MPa，其余减压阀减压后的压力调整为 3.7 MPa。

三、汽车起重机电动控制系统工作原理图

工作原理如图 5—3—1 所示。

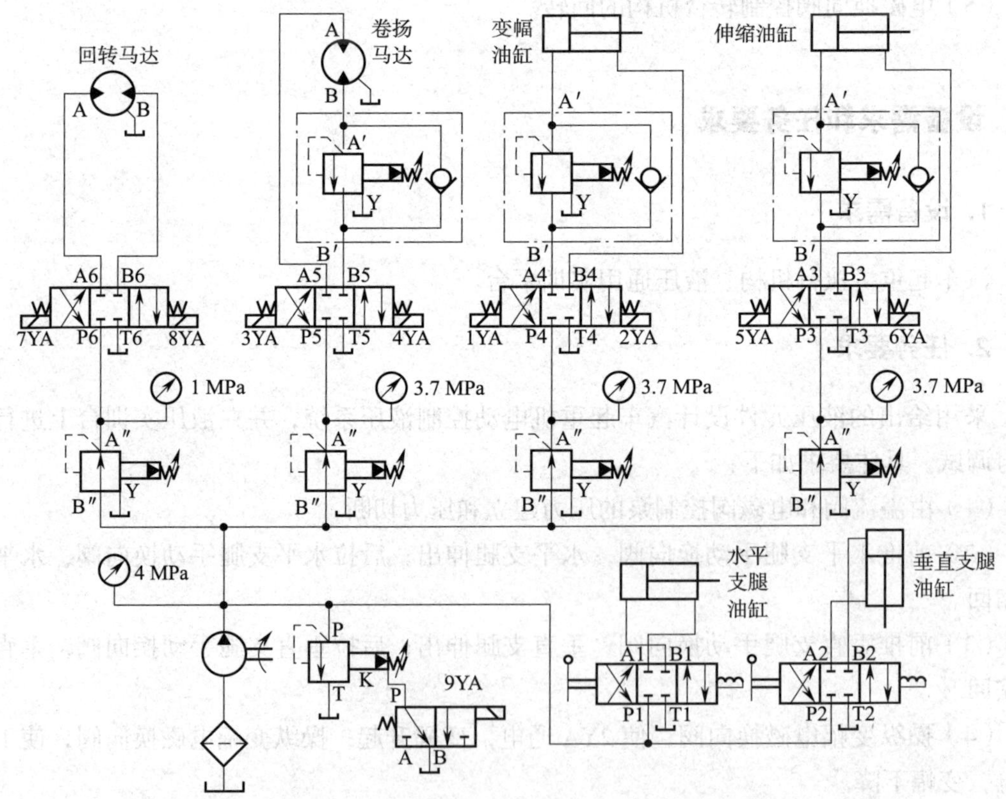

图 5—3—1　汽车起重机电动控制系统工作原理图

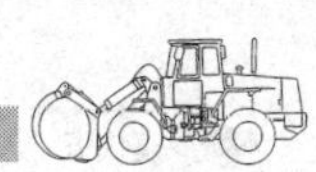

四、汽车起重机电动控制动作顺序表

动作顺序见表 5—3—1。

表 5—3—1　　　　汽车起重机电动控制动作顺序表

工况	水平支腿阀动作	垂直支腿阀动作	变幅阀动作		卷扬阀动作		伸缩阀动作		回转阀动作		卸荷阀动作
			1YA	2YA	3YA	4YA	5YA	6YA	7YA	8YA	9YA
加载	中位	中位	−	−	−	−	−	−	−	−	+
水平支腿伸出	左位	中位	−	−	−	−	−	−	−	−	+
垂直支腿伸出	中位	左位	−	−	−	−	−	−	−	−	+
变幅升起	中位	中位	−	+	−	−	−	−	−	−	+
吊钩下降	中位	中位	−	−	−	+	−	−	−	−	+
起重臂伸出	中位	中位	−	−	−	−	−	+	−	−	+
左回转	中位	中位	−	−	−	−	−	−	+	−	+
右回转	中位	中位	−	−	−	−	−	−	−	+	+
起重臂缩回	中位	中位	−	−	−	−	+	−	−	−	+
吊钩升起	中位	中位	−	−	+	−	−	−	−	−	+
变幅下降	中位	中位	+	−	−	−	−	−	−	−	+
垂直支腿缩回	中位	右位	−	−	−	−	−	−	−	−	+
水平支腿缩回	右位	中位	−	−	−	−	−	−	−	−	+
停止	中位	中位	−	−	−	−	−	−	−	−	−

五、油路分析

1. 加载与卸荷

当 9YA 通电时，二位三通换向阀右位接通，先导溢流阀远程控制口封闭，系统建立压力。反之，则系统无压力。

2. 水平支腿动作

（1）水平支腿伸出

进油线路：油箱→滤油器→油泵→水平支腿换向阀左位 P1 口→水平支腿换向阀左位 B1 口→水平支腿油缸的大腔。

回油线路：水平支腿油缸的小腔→水平支腿换向阀左位 A1 口→水平支腿换向阀左位 T1 口→油箱。

（2）水平支腿缩回

进油线路：油箱→滤油器→油泵→水平支腿换向阀右位 P1 口→水平支腿换向阀右位 A1 口→水平支腿油缸的小腔。

回油线路：水平支腿油缸的大腔→水平支腿换向阀右位 B1 口→水平支腿换向阀右位 T1 口→油箱。

（3）水平支腿停止

油箱→油泵→水平支腿换向阀中位（O 型中位机能）→停止，经溢流阀流回油箱。

3. 垂直支腿动作

（1）垂直支腿伸出

进油线路：油箱→滤油器→油泵→垂直支腿换向阀左位 P2 口→垂直支腿换向阀左位 B2 口→垂直支腿油缸的大腔。

回油线路：垂直支腿油缸的小腔→垂直支腿换向阀左位 A2 口→垂直支腿换向阀左位 T2 口→油箱。

（2）垂直支腿缩回

进油线路：油箱→滤油器→油泵→垂直支腿换向阀右位 P2 口→垂直支腿换向阀右位 A2 口→垂直支腿油缸的小腔。

回油线路：垂直支腿油缸的大腔→垂直支腿换向阀右位 B2 口→垂直支腿换向阀右位 T2 口→油箱。

（3）垂直支腿停止

油箱→油泵→垂直支腿换向阀中位（O 型中位机能）→停止，经溢流阀流回油箱。

4. 变幅动作

（1）变幅升起

进油线路：油箱→过滤器→油泵→减压阀 B″ 口→减压阀 A″ 口→变幅换向阀右位 P4 口→变幅换向阀右位 A4 口→变幅平衡阀 B′ 口→变幅平衡阀 A′ 口→变幅油缸大腔。

回油线路：变幅油缸小腔→变幅换向阀右位 B4 口→变幅换向阀右位 T4 口→油箱。

（2）变幅下降

进油线路：油箱→过滤器→油泵→减压阀 B″ 口→减压阀 A″ 口→变幅换向阀左位 P4 口→变幅换向阀左位 B4 口→变幅油缸小腔。

回油线路：变幅油缸大腔→变幅平衡阀 A′ 口→变幅平衡阀 B′ 口→变幅换向阀左位 A4 口→变幅换向阀左位 T4 口→油箱。

（3）变幅停止

油箱→过滤器→油泵→减压阀 B″ 口→减压阀 A″ 口→变幅换向阀中位（O 型中位机

能）→停止，经溢流阀流回油箱。

5. 卷扬动作

（1）吊钩升起

进油线路：油箱→过滤器→油泵→减压阀 B″ 口→减压阀 A″ 口→卷扬换向阀左位 P5 口→卷扬换向阀左位 B5 口→卷扬平衡阀 B′ 口→卷扬平衡阀 A′ 口→卷扬马达 B 口。

回油线路：卷扬马达 A 口→卷扬换向阀左位 A5 口→卷扬换向阀左位 T5 口→油箱。

（2）吊钩下降

进油线路：油箱→过滤器→油泵→减压阀 B″ 口→减压阀 A″ 口→卷扬换向阀右位 P5 口→卷扬换向阀右位 A5 口→卷扬马达 A 口。

回油线路：卷扬马达 B 口→卷扬平衡阀 A′ 口→卷扬平衡阀 B′ 口→卷扬换向阀右位 B5 口→卷扬换向阀右位 T5 口→油箱。

（3）吊钩停止

油箱→过滤器→油泵→减压阀 B″ 口→减压阀 A″ 口→卷扬换向阀中位（O 型中位机能）→停止，经溢流阀流回油箱。

6. 起重臂动作

（1）起重臂伸出

进油线路：油箱→过滤器→油泵→减压阀 B″ 口→减压阀 A″ 口→起重臂换向阀右位 P3 口→起重臂换向阀右位 A3 口→起重臂平衡阀 B′ 口→起重臂平衡阀 A′ 口→伸臂油缸大腔。

回油线路：起重臂油缸小腔→起重臂换向阀右位 B3 口→起重臂换向阀右位 T3 口→油箱。

（2）起重臂缩回

进油线路：油箱→过滤器→油泵→减压阀 B″ 口→减压阀 A″ 口→起重臂换向阀左位 P3 口→起重臂换向阀左位 B3 口→起重臂油缸小腔。

回油线路：起重臂油缸大腔→起重臂平衡阀 A′ 口→起重臂平衡阀 B′ 口→起重臂换向阀左位 A3 口→起重臂换向阀左位 T3 口→油箱。

（3）起重臂停止

油箱→过滤器→油泵→减压阀 B″ 口→减压阀 A″ 口→起重臂换向阀中位（O 型中位机能）→停止，经溢流阀流回油箱。

7. 回转动作

（1）左回转

进油线路：油箱→过滤器→油泵→减压阀 B″ 口→减压阀 A″ 口→回转换向阀左位 P6 口→回转换向阀左位 B6 口→回转马达 B 腔。

回油线路：回转马达 A 腔→回转换向阀左位 A6 口→回转换向阀左位 T6 口→油箱。

（2）右回转

进油线路：油箱→过滤器→油泵→减压阀 B″ 口→减压阀 A″ 口→回转换向阀右位 P6 口→回转换向阀右位 A6 口→回转马达 A 腔。

回油线路：回转马达 B 腔→回转换向阀右位 B6 口→回转换向阀右位 T6 口→油箱。

（3）回转停止

油箱→过滤器→油泵→减压阀 B″ 口→减压阀 A″ 口→回转换向阀中位（O 型中位机能）→停止，经溢流阀流回油箱。

六、系统的安装与调试

根据汽车起重机电动控制系统工作原理图，结合图 5—3—2 所示的连接示意图进行汽车起重机电动控制系统的安装。

系统调试步骤如下：

1. 接通电源。
2. 放松溢流阀至零位状态。
3. 起动液压泵。
4. 打开先导油源开关旋钮，使 9YA 通电，压力表的压力指数会有微微上升。
5. 顺时针旋紧溢流阀调节手柄，压力表的压力指数调整到 4 MPa。
6. 调节回转减压阀调节手柄，使回转减压阀出口压力为 1 MPa，调节其余减压阀调节手柄，使其出口压力为 3.7 MPa。
7. 根据动作顺序表的步骤进行调试。动作顺序：前推水平支腿控制手柄，水平支腿伸出；前推垂直支腿控制手柄，垂直支腿伸出；操纵按钮使 2YA 通电，变幅升起；操纵按钮使 4YA 通电，吊钩下降；操纵按钮使 6YA 通电，起重臂伸出；操纵按钮使 7YA 通电，起重机向左回转；操纵按钮使 8YA 通电，起重机向右回转；操纵按钮使 5YA 通电，起重臂缩回；操纵按钮使 3YA 通电，吊钩升起；操纵按钮使 1YA 通电，变幅下降。（注意：在进行吊钩下降、起重臂缩回和变幅下降时，须先将平衡阀关闭，再慢慢放松，直至动作平稳。）
8. 放松溢流阀，使压力回零。
9. 关闭先导油源开关旋钮，使 9YA 断电。

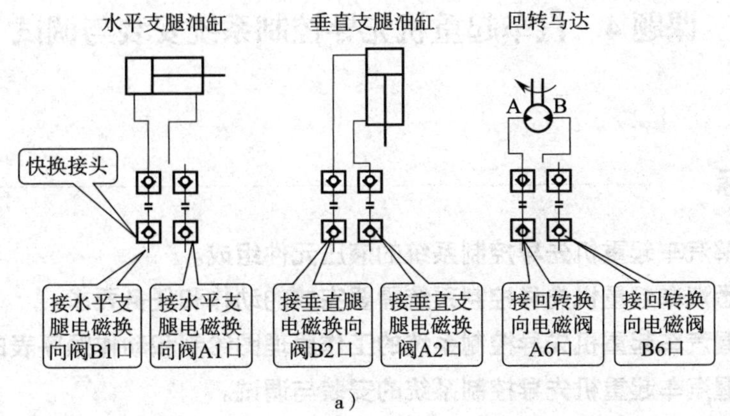

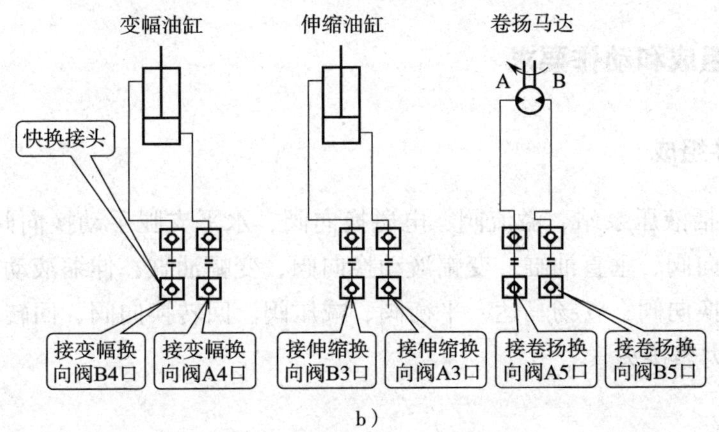

图 5—3—2　汽车起重机电动控制系统安装示意图

a）支腿与回转控制安装示意图　b）变幅、伸缩与卷扬控制安装示意图

10. 停泵，并断开电源。

复习思考题

1. 简述汽车起重机电动控制系统的动作要求。
2. 简述汽车起重机电动控制系统的液压元件。
3. 简述汽车起重机电动控制系统安装与调试的任务要求。
4. 简述汽车起重机电动控制系统的工作原理。
5. 根据任务要求和工作原理图编制汽车起重机电动控制系统的动作顺序表。
6. 简述汽车起重机电动控制系统的油路。
7. 简述汽车起重机电动控制系统的调试步骤。

课题 4　汽车起重机先导控制系统安装与调试

学习目标

1. 了解汽车起重机先导控制系统的液压元件组成。
2. 熟悉汽车起重机先导控制系统需要完成的动作和任务要求。
3. 掌握汽车起重机先导控制系统的工作原理图绘制和动作顺序表的编制。
4. 掌握汽车起重机先导控制系统的安装与调试。

一、液压元件组成和动作要求

1. 液压元件组成

液压元件包括液压泵站、溢流阀、电磁换向阀、水平支腿手动换向阀、水平油缸、垂直支腿手动换向阀、垂直油缸、变幅液动换向阀、变幅油缸、伸缩液动换向阀、伸缩油缸、卷扬液动换向阀、卷扬马达、平衡阀、减压阀、回转换向阀、回转马达、先导手柄、压力表及压力表接头。

2. 动作要求

（1）手动阀控制水平支腿和垂直支腿的伸出和收回。
（2）先导手柄控制变幅的升降。
（3）先导手柄控制起重臂的伸缩。
（4）先导手柄控制卷扬的升降。
（5）先导手柄控制转台机构的回转。

二、设备需求和任务要求

1. 设备需求

汽车起重机执行机构、液压通用实训平台。

2. 任务要求

采用给出的液压元件设计汽车起重机先导控制液压系统，并在液压实训台上进行安

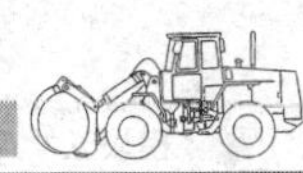

装与调试。具体要求如下：

（1）由溢流阀和电磁阀控制泵的压力建立和压力切断。

（2）前推水平支腿手动换向阀，水平支腿伸出；后拉水平支腿手动换向阀，水平支腿缩回。

（3）前推垂直支腿手动换向阀，垂直支腿伸出；后拉垂直支腿手动换向阀，垂直支腿缩回。

（4）左推先导手柄 2，变幅升起；右推先导手柄 2，变幅下降。

（5）前推先导手柄 2，吊钩下降；后拉先导手柄 2，吊钩升起。

（6）右推先导手柄 3，起重臂伸出；左推先导手柄 3，起重臂缩回。

（7）左推先导手柄 1，左回转；右推先导手柄 1，右回转。

（8）实现动作顺序：水平支腿伸出→垂直支腿伸出→变幅升起→吊钩下降→起重臂伸出→左回转→右回转→起重臂缩回→吊钩升起→变幅下降→垂直支腿收回→水平支腿收回。

变幅回路和卷扬回路共用先导手柄 2，伸缩回路和回转回路分别用先导手柄 3、1。变幅下降、吊钩下降和起重臂缩回均采用平衡阀控制其平稳性。变幅、伸缩、卷扬、回转的换向阀进油均采用减压阀减压，以模拟起重机的负载敏感系统（节流阀视作在换向阀内）。系统压力调整为 4 MPa，回转减压阀减压后的压力为 1 MPa，其余减压阀减压后的压力调整为 3.7 MPa。

三、汽车起重机先导控制系统工作原理图

工作原理如图 5—4—1 所示。

四、汽车起重机先导控制动作顺序表

动作顺序见表 5—4—1。

表 5—4—1　　汽车起重机先导控制动作顺序表

工况	水平支腿阀动作	垂直支腿阀动作	变幅阀动作	卷扬阀动作	伸缩阀动作	回转阀动作	左先导手柄 1 动作（回转）	右先导手柄 2 动作（变幅、卷扬）	右先导手柄 3 动作（伸缩）	卸荷阀动作
										1YA
加载	中位	中位	中位	中位	中位	中位	中位	中位	中位	+
水平支腿伸出	左位	中位	中位	中位	中位	中位	中位	中位	中位	+

续表

工况	水平支腿阀动作	垂直支腿阀动作	变幅阀动作	卷扬阀动作	伸缩阀动作	回转阀动作	左先导手柄1动作（回转）	右先导手柄2动作（变幅、卷扬）	右先导手柄3动作（伸缩）	卸荷阀动作
										1YA
垂直支腿伸出	中位	左位	中位	中位	中位	中位	中位	中位	中位	+
变幅升起	中位	中位	右位	中位	中位	中位	中位	左位	中位	+
吊钩下降	中位	中位	中位	右位	中位	中位	中位	前位	中位	+
起重臂伸出	中位	中位	中位	中位	右位	中位	中位	中位	右位	+
左回转	中位	中位	中位	中位	中位	左位	左位	中位	左位	+
右回转	中位	中位	中位	中位	中位	右位	右位	中位	右位	+
起重臂缩回	中位	中位	中位	中位	左位	中位	中位	中位	左位	+
吊钩升起	中位	中位	中位	左位	中位	中位	中位	后位	中位	+
变幅下降	中位	中位	左位	中位	中位	中位	中位	右位	中位	+
垂直支腿缩回	中位	右位	中位	中位	中位	中位	中位	中位	中位	+
水平支腿缩回	右位	中位	中位	中位	中位	中位	中位	中位	中位	+
停止	中位	中位	中位	中位	中位	中位	中位	中位	中位	–

五、油路分析

1. 加载与卸荷

当1YA通电时，二位三通换向阀右位接通，先导溢流阀远程控制口封闭，系统建立压力。反之，则系统无压力。

2. 水平支腿动作

（1）水平支腿伸出

进油线路：油箱→滤油器→油泵→水平支腿换向阀左位P1口→水平支腿换向阀左位B1口→水平支腿油缸的大腔。

回油线路：水平支腿油缸的小腔→水平支腿换向阀左位A1口→水平支腿换向阀左位T1口→油箱。

（2）水平支腿缩回

进油线路：油箱→滤油器→油泵→水平支腿换向阀右位P1口→水平支腿换向阀右位

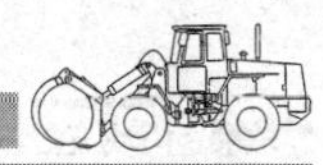

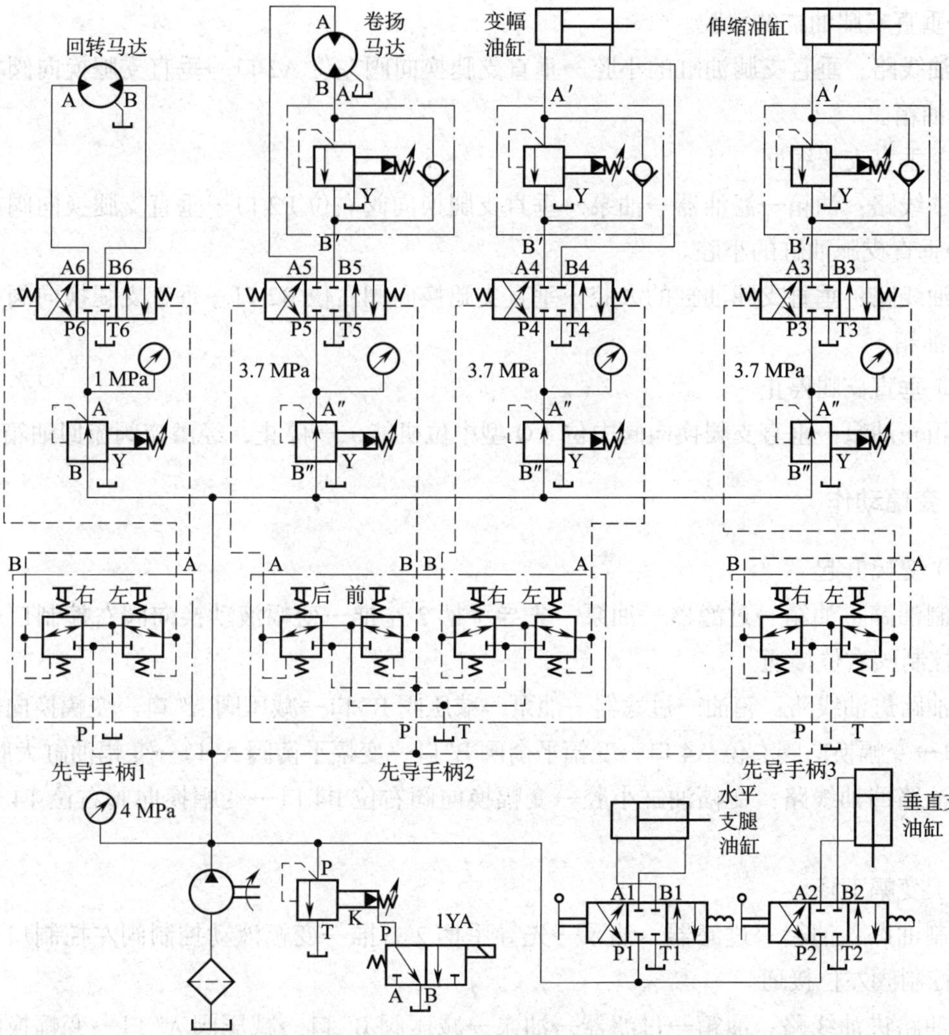

图 5—4—1　汽车起重机先导控制系统工作原理图

A1 口→水平支腿油缸的小腔。

回油线路：水平支腿油缸的大腔→水平支腿换向阀右位 B1 口→水平支腿换向阀右位 T1 口→油箱。

（3）水平支腿停止

油箱→油泵→水平支腿换向阀中位（O 型中位机能）→停止，经溢流阀流回油箱。

3. 垂直支腿动作

（1）垂直支腿伸出

进油线路：油箱→滤油器→油泵→垂直支腿换向阀左位 P2 口→垂直支腿换向阀左位

B2 口→垂直支腿油缸的大腔。

回油线路：垂直支腿油缸的小腔→垂直支腿换向阀左位 A2 口→垂直支腿换向阀左位 T2 口→油箱。

（2）垂直支腿缩回

进油线路：油箱→滤油器→油泵→垂直支腿换向阀右位 P2 口→垂直支腿换向阀右位 A2 口→垂直支腿油缸的小腔。

回油线路：垂直支腿油缸的大腔→垂直支腿换向阀右位 B2 口→垂直支腿换向阀右位 T2 口→油箱。

（3）垂直支腿停止

油箱→油泵→垂直支腿换向阀中位（O 型中位机能）→停止，经溢流阀流回油箱。

4. 变幅动作

（1）变幅升起

控制油路：油箱→过滤器→油泵→先导手柄 2 左推→变幅液动换向阀右控制口→变幅液动控制阀右位接通。

主油路进油线路：箱油→过滤器→油泵→减压阀 B″ 口→减压阀 A″ 口→变幅换向阀右位 P4 口→变幅换向阀右位 A4 口→变幅平衡阀 B′ 口→变幅平衡阀 A′ 口→变幅油缸大腔。

主油路回油线路：变幅油缸小腔→变幅换向阀右位 B4 口→变幅换向阀右位 T4 口→油箱。

（2）变幅下降

控制油路：油箱→过滤器→油泵→先导手柄 2 右推→变幅液动控制阀左控制口→变幅液动控制阀左位接通。

主油路进油线路：油箱→过滤器→油泵→减压阀 B″ 口→减压阀 A″ 口→变幅换向阀左位 P4 口→变幅换向阀左位 B4 口→变幅油缸小腔。

主油路回油线路：变幅油缸大腔→变幅平衡阀 A′ 口→变幅平衡阀 B′ 口→变幅换向阀左位 A4 口→变幅换向阀左位 T4 口→油箱。

（3）变幅停止

油箱→过滤器→油泵→减压阀 B″ 口→减压阀 A″ 口→变幅换向阀中位（O 型中位机能）→停止，经溢流阀流回油箱。

5. 卷扬动作

（1）吊钩升起

控制油路：油箱→过滤器→油泵→先导手柄 2 后拉→卷扬液动控制阀左控制口→卷扬液动控制阀左位接通。

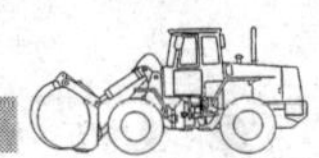

主油路进油线路：油箱→过滤器→油泵→减压阀 B″ 口→减压阀 A″ 口→卷扬换向阀左位 P5 口→卷扬换向阀左位 B5 口→卷扬平衡阀 B′ 口→卷扬平衡阀 A′ 口→卷扬马达 B 口。

主油路回油线路：卷扬马达 A 口→卷扬换向阀左位 A5 口→卷扬换向阀左位 T5 口→油箱。

（2）吊钩下降

控制油路：油箱→过滤器→油泵→先导手柄 2 前推→卷扬液动换向阀右控制口→卷扬液动换向阀右位接通。

主油路进油线路：箱油→过滤器→油泵→减压阀 B″ 口→减压阀 A″ 口→卷扬换向阀右位 P5 口→卷扬换向阀右位 A5 口→卷扬马达 A 口。

主油路回油线路：卷扬马达 B 口→卷扬平衡阀 A′ 口→卷扬平衡阀 B′ 口→卷扬换向阀右位 B5 口→卷扬换向阀右位 T5 口→油箱。

（3）吊钩停止

油箱→过滤器→油泵→减压阀 B″ 口→减压阀 A″ 口→卷扬换向阀中位（O 型中位机能）→停止，经溢流阀流回油箱。

6. 起重臂动作

（1）起重臂伸出

控制油路：油箱→过滤器→油泵→先导手柄 3 右推→起重臂液动换向阀右控制口→起重臂液动换向阀右位接通。

主油路进油线路：油箱→过滤器→油泵→减压阀 B″ 口→减压阀 A″ 口→起重臂换向阀右位 P3 口→起重臂换向阀右位 A3 口→起重臂平衡阀 B′ 口→起重臂平衡阀 A′ 口→起重臂油缸大腔。

主油路回油线路：起重臂油缸小腔→起重臂换向阀右位 B3 口→起重臂换向阀右位 T3 口→油箱。

（2）起重臂缩回

控制油路：油箱→过滤器→油泵→先导手柄 3 左推→起重臂液动换向阀左控制口→起重臂液动换向阀左位接通。

主油路进油线路：油箱→过滤器→油泵→减压阀 B″ 口→减压阀 A″ 口→起重臂换向阀左位 P3 口→起重臂换向阀左位 B3 口→起重臂油缸小腔。

主油路回油线路：起重臂油缸大腔→起重臂平衡阀 A′ 口→起重臂平衡阀 B′ 口→起重臂换向阀左位 A3 口→起重臂换向阀左位 T3 口→油箱。

（3）起重臂停止

油箱→过滤器→油泵→减压阀 B″ 口→减压阀 A″ 口→起重臂换向阀中位（O 型中位机能）→停止，经溢流阀流回油箱。

7. 回转

（1）左回转

控制油路：油箱→过滤器→油泵→先导手柄 1→回转液动换向阀左控制口→回转液动换向阀左位接通。

主油路进油线路：箱油→过滤器→油泵→减压阀 B″口→减压阀 A″口→回转换向阀左位 P 口→回转换向阀左位 B 口→回转马达 B 口。

主油路回油线路：回转马达 A 口→回转换向阀左位 A 口→回转换向阀左位 T 口→油箱。

（2）右回转

控制油路：油箱→过滤器→油泵→先导手柄 1→减压阀 B″口→减压阀 A″口→回转液动换向阀右控制口→回转液动换向阀右位接通。

主油路进油线路：箱油→过滤器→油泵→回转换向阀右位 P6 口→回转换向阀右位 A6 口→回转马达 A 口。

主油路回油线路：回转马达 B 口→回转换向阀右位 B6 口→回转换向阀右位 T6 口→油箱。

（3）回转停止

油箱→过滤器→油泵→减压阀 B″口→减压阀 A″口→回转换向阀中位（O 型中位机能）→停止，经溢流阀流回油箱。

六、系统安装与调试

根据汽车起重机先导控制系统工作原理图，结合图 5—4—2 所示的安装示意图进行汽车起重机先导控制系统的安装。

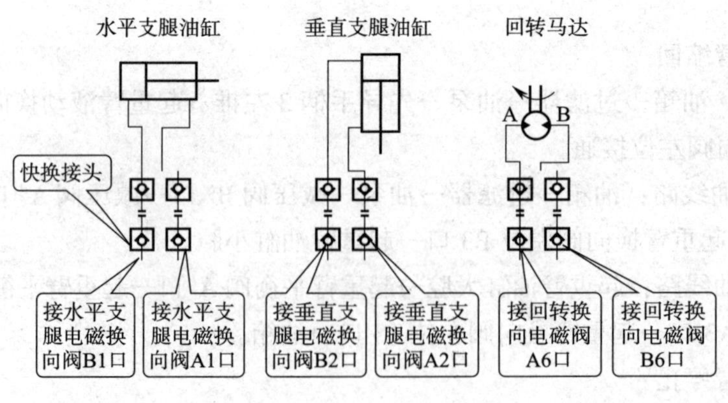

a）

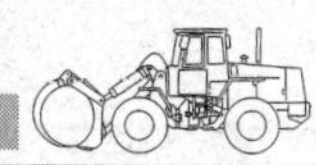

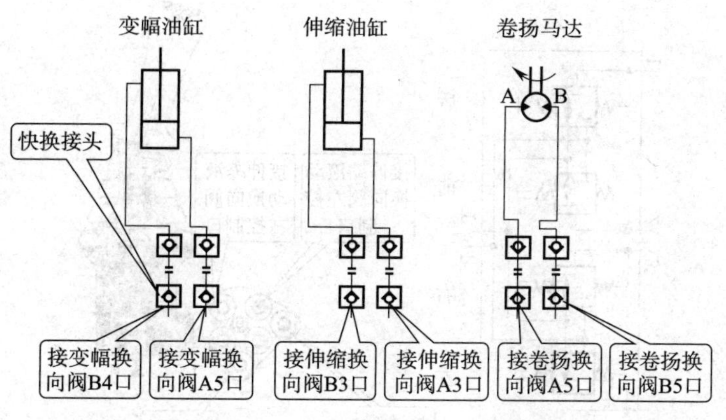

b）

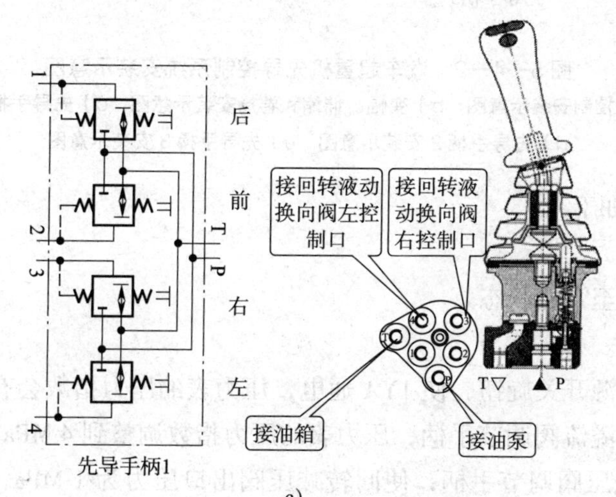

c）

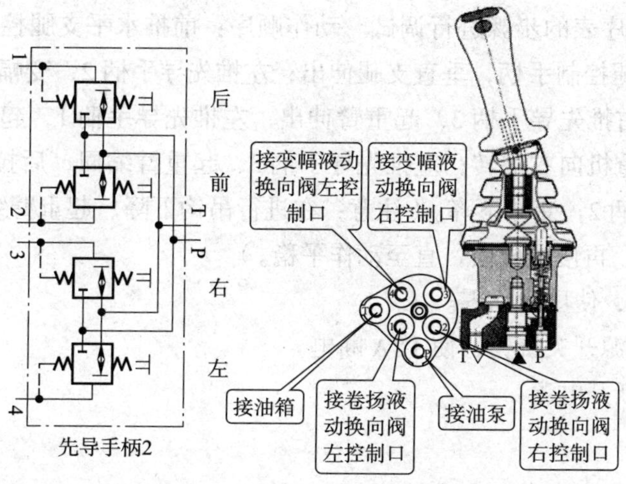

d）

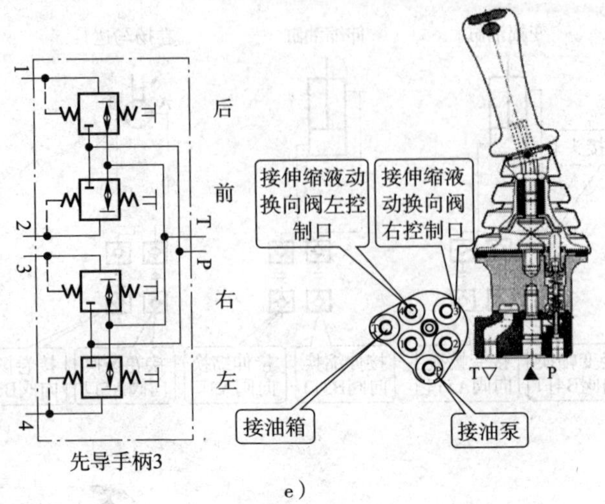

e）

图 5—4—2　汽车起重机先导控制系统安装示意图

a）支腿和回转控制安装示意图　b）变幅、伸缩和卷扬安装示意图　c）先导手柄 1 安装示意图

d）先导手柄 2 安装示意图　e）先导手柄 3 安装示意图

系统调试步骤如下：

1. 接通电源。

2. 放松溢流阀至零位状态。

3. 起动液压泵。

4. 打开先导油源开关旋钮，使 1YA 通电，压力表的压力指数会有微微上升。

5. 顺时针旋紧溢流阀调节手柄，压力表的压力指数调整到 4 MPa。

6. 调节回转减压阀调节手柄，使回转减压阀出口压力为 1 MPa，调节其余减压阀调节手柄，使其出口压力为 3.7 MPa。

7. 根据动作顺序表的步骤进行调试。动作顺序：前推水平支腿控制手柄，水平支腿伸出；前推垂直支腿控制手柄，垂直支腿伸出；左推先导手柄 2，变幅升起；前推先导手柄 2，吊钩下降；右推先导手柄 3，起重臂伸出；左推先导手柄 1，起重机向左回转；右推先导手柄 1，起重机向右回转；左推先导手柄 3，起重臂缩回；后拉先导手柄 2，吊钩升起；右推先导手柄 2，变幅下降。（注意：在进行吊钩下降、起重臂缩回和变幅下降时，须先将平衡阀关闭，再慢慢放松，直至动作平稳。）

8. 放松溢流阀，使压力回零。

9. 关闭先导油源开关旋钮，使 1YA 断电。

10. 停泵，并断开电源。

复习思考题

1. 简述汽车起重机先导控制系统的动作要求。

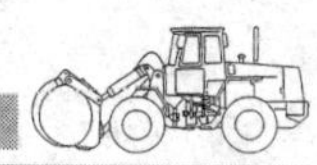

2. 简述汽车起重机先导控制系统的液压元件。
3. 简述汽车起重机先导控制系统安装与调试的任务要求。
4. 简述汽车起重机先导控制系统的工作原理。
5. 根据任务要求和工作原理图编制汽车起重机先导控制系统的动作顺序表。
6. 简述汽车起重机先导控制系统的油路。
7. 简述汽车起重机先导控制系统的调试步骤。

*课题5　汽车起重机液电系统常见故障分析与排除

学习目标

1. 熟悉汽车起重机液电系统的常见故障现象。
2. 掌握汽车起重机转向液压系统故障原因及排除方法。
3. 掌握汽车起重机工作液压系统故障原因及排除方法。

一、液压系统常见故障排除

液压系统常见故障及排除方法见表5—5—1。

表5—5—1　液压系统常见故障及排除方法

故障现象	故障原因	排除方法
支腿伸不出、缩不回或动作缓慢	1）溢流阀出现故障 2）油缸活塞密封损坏 3）垂直油缸液控单向阀无法正常工作	1）检查溢流阀工作是否正常。如果有问题，应及时更换 2）更换密封件 3）维修或更换液控单向阀
系统压力低于设计值	1）溢流阀设定压力较低 2）油泵泄漏量较大	1）重新调整压力 2）更换油泵
垂直支腿自动回缩或自动伸出	1）双向液压锁不严 2）油缸内泄	1）清洗或更换双向液压锁 2）更换密封件或油缸
空载时起升速度达不到设计要求	1）泵的容积效率低 2）多路阀中的分流阀没有关闭 3）多路阀中的合流阀不合流	1）更换液压泵 2）更换或维修分流阀 3）更换或维修合流阀

续表

故障现象	故障原因	排除方法
空载时起升速度达不到设计要求	4）多路换向阀故障 5）液压马达泄漏量偏大 6）主安全阀漏油量多 7）如果使用变量马达，检查其是否处于规定的最小排量	4）检修多路换向阀 5）更换液压马达 6）更换或维修主安全阀 7）调节变量马达
回转时只能向一个方向转动	1）回转阀的阀芯定位螺栓松动，阀芯有一个不到位 2）回转马达的配流盘配流孔有一个方向磨损且内泄量大	1）紧固回转阀的阀芯定位螺栓 2）更换配流盘
变幅无压力或压力低	1）系统压力低或无压力 2）多路阀变幅联内损伤，造成内泄 3）多路阀内合流阀的阻尼脱离 4）变幅油缸内泄 5）多路阀内合流阀故障	1）检查泵和多路阀上的安全阀（应和伸缩系统同时检查） 2）更换变幅联阀芯或修复阀内孔道 3）安装合流阀阻尼 4）更换或维修变幅缸 5）更换或维修合流阀
变幅压力正常但不能降臂	1）变幅平衡阀控制活塞卡死，无法推动滑阀 2）变幅平衡阀控制活塞上的节流孔堵塞	1）维修或更换平衡阀控制活塞 2）清理节流孔
变幅自动下降	1）平衡阀内部密封不严 2）油缸内部损伤 3）因为控制系统压力高而打开平衡阀	1）修复平衡阀阀芯或更换密封 2）更换或修复油缸 3）调低控制系统压力
卷扬抖动	1）制动器没有完全打开 2）多路阀故障 3）液压马达故障 4）平衡阀故障 5）卷扬机构运行不稳定 6）起升联二次溢流压力高	1）检查制动器 2）检修多路阀 3）维修液压马达 4）更换平衡阀 5）检修卷扬机构 6）调低二次溢流压力

二、电气系统常见故障排除

电气系统常见故障及排除方法见表 5—5—2。

表 5—5—2　　电气系统常见故障及排除方法

故障现象	故障原因	排除方法
发动机故障指示灯不警示	1）熔断器损坏 2）接线端子损坏 3）指示灯损坏	1）更换熔断器 2）更换接线端子 3）更换指示灯

续表

故障现象	故障原因	排除方法
其他电器正常、行驶灯正常，唯有紧急灯光不亮	1）熔断器损坏 2）闪光继电器损坏 3）紧急开关损坏	1）更换熔断器 2）更换闪光继电器 3）更换紧急开关
下车各动作正常，没有给上车提供电源	1）熔断器损坏 2）中心回转体滑环下部接线端子接触不良 3）回转体上部接线端子损坏	1）更换熔断器 2）紧固中心回转体滑环下部接线端子 3）更换回转体上部接线端子
工作中上车油门不起作用	1）滑环触点损坏 2）油门处接线端子损坏 3）油门电位器损坏 4）油门电位器地线搭铁	1）维修滑环触点 2）更换油门处接线端子 3）更换油门电位器 4）调整油门电位器地线搭铁情况
其他电器一切正常，无副卷扬选择	1）熔断器损坏 2）脚踏开关损坏 3）继电器损坏 4）副卷扬选择电磁阀损坏	1）更换熔断器 2）更换脚踏开关 3）更换继电器 4）维修副卷扬选择电磁阀
卷扬机构的三圈保护器不起作用	1）熔断器损坏 2）强制开关损坏 3）三圈保护开关损坏 4）三圈保护电磁阀损坏	1）更换熔断器 2）更换强制开关 3）维修三圈保护开关 4）维修三圈保护电磁阀
其他电器正常，无伸缩和变幅切换	1）熔断器损坏 2）伸缩和变幅切换开关损坏 3）伸缩和变幅切换继电器损坏 4）切换电磁阀损坏	1）更换熔断器 2）更换伸缩和变幅切换开关 3）更换伸缩和变幅切换继电器 4）维修切换电磁阀
其他电器正常，无先导压力	1）先导开关损坏 2）先导电磁阀损坏	1）更换先导开关 2）维修先导电磁阀
无自由滑转和回转制动解除	1）接线端子损坏 2）回转制动解除开关损坏 3）继电器损坏 4）自由滑转电磁阀损坏	1）更换接线端子 2）更换回转制动解除开关 3）更换继电器 4）维修自由滑转电磁阀
其他电器正常，滤油器堵塞不报警	1）熔断器损坏 2）灯泡损坏 3）滤油器阻塞传感器损坏	1）更换熔断器 2）更换灯泡 3）更换滤油器阻塞传感器

复习思考题

1. 简述支腿不伸出或伸出缓慢的故障原因及故障排除。
2. 简述系统压力低的故障原因及故障排除。

3. 简述垂直支腿自动缩回的故障原因及故障排除。
4. 简述回转只能朝一个方向转的故障原因及故障排除。
5. 简述变幅无压力的故障原因及故障排除。
6. 简述变幅自动下降的故障原因及故障排除。
7. 简述卷扬抖动的故障原因及故障排除。
8. 简述无自由滑转的故障原因及故障排除。
9. 简述紧急灯泡不亮的故障原因及故障排除。
10. 简述上车无法供电的故障原因及故障排除。
11. 简述无副卷扬选择的故障原因及故障排除。
12. 简述三圈保护器不起作用的故障原因及故障排除。

*模块六 工程机械液电自动控制系统安装与调试

随着工程机械的发展，PLC 控制技术在其中得到了广泛的应用。同时自动控制系统的应用也提高了工程机械的工作效率。本模块以装载机、压路机、挖掘机和汽车起重机执行机构及通用实训平台为载体，介绍 PLC 编程基础知识、装载机液电自动控制系统的安装与调试、压路机液电自动控制系统安装与调试、挖掘机液电自动控制系统安装与调试和汽车起重机液电自动控制系统安装与调试。通过学习，可熟练地进行工程机械中典型机型自动控制系统的安装、操作与调试。

课题 1　PLC 基础知识

子课题 1　可编程控制器基础

学习目标

1. 了解可编程控制器的功能及特点。
2. 熟悉可编程控制器的分类及性能指标。
3. 掌握可编程控制器的构成及工作原理。

一、可编程控制器简介

1. 可编程控制器的功能及特点

（1）可靠性高，抗干扰能力强。

（2）适应性强，应用灵活。

（3）采用梯形图语言，延续使用继电器控制系统的许多符号和规定，形象直观，易学易懂。

（4）具有各种数字量、模拟量的 I/O 接口，能将生产现场的多种规格的直流、交流信号直接接入可编程控制器。

（5）具有模拟和数字量输入 / 输出、逻辑运算和定时、计数、数据处理、通信、人机对话、自检、记录和显示等功能。

PLC 专为工业控制而设计，在软件和硬件上都采用了许多抗干扰的措施，如屏蔽、滤波、隔离、故障诊断和自动恢复等。

2. 可编程控制器的分类及性能指标

（1）可编程控制器的分类

1）根据 PLC 的 I/O 点数和存储器容量分类

①小型 PLC 的 I/O 点数在 256 点以下，用户程序存储器容量为 2 K 字以下（1 K=1 024，存储一个 1 或 0 的二进制码称为一位，一个字为 16 位）。

②中型 PLC 的 I/O 点数在 256 ~ 2 048 之间，用户程序存储器容量一般为 2 ~ 8 K 字。

③大型 PLC 的 I/O 点数在 2 048 点以上。用户程序存储器容量达 8 K 字以上。

2）按照结构形状分类

按照结构形状分类，PLC可以分为整体式和模块式两种。

3）按照PLC功能的强弱分类

按照功能强弱分类，PLC可分为低档机、中档机、高档机三种。

①低档PLC具有逻辑运算、定时、计数等基本功能。有的还增设了模拟量的处理、算术运算、数据传送等功能，可以实现逻辑、顺序、计时、计数等控制功能。

②中档PLC还具有较强的模拟量输入/输出、算术运算、数据传送、通信联网等功能，可完成既有开关量又有模拟量的控制任务。

③高档PLC增加了带符号算术运算、矩阵运算等功能，使其运算能力提高。高档PLC还具有模拟调节、联网通信、监控、记录和打印等功能，能进行远程控制、大规模过程控制，构成集散控制系统。

（2）可编程控制器的主要性能指标

1）输入/输出点数

对于开关量采用最大的I/O点数表示。模拟量则用最大的I/O通道数表示。

2）PLC内部继电器的种类

它包括辅助继电器、特殊的辅助继电器、定时器、计数器、移位寄存器等。

3）用户程序存储量

用户程序存储器用于存储用户程序，通常用K字（KW）、K字节（KB）、K位来表示。

4）扫描时间

扫描时间是指PLC执行一次解读用户控制程序所需的时间，可用一个粗略指标表示，即用每执行1 000条指令所需时间来估算。通常扫描时间为10 ms左右。小型PLC的扫描时间可能大于20 ms。还有用ms/K为单位表示扫描时间。例如，20 ms/K字表示扫描1 K字的用户程序需要的时间为20 ms。

5）编程语言及指令功能

它主要包括梯形图语言、助记符语言、流程图语言及高级语言等。不同厂家的PLC具有不同的编程语言。同一厂家生产的不同型号PLC的指令扩展的深度不同。

6）工作环境

工作温度：0～55℃，最高不超过60℃；相对湿度为5%～95%：周围不能混有可燃性、易爆性和腐蚀性气体。

7）可扩展性

PLC有模拟量处理、高速处理、温度控制、通信等模块。

二、可编程控制器的构成及工作原理

1. 可编程控制器的基本组成

PLC 主要由中央处理单元（CPU）、存储器（RAM、ROM）、输入 / 输出单元（I/O）、电源和编程器等组成。

（1）中央处理单元（CPU）

中央处理单元是 PLC 的核心，主要采用的 CPU 芯片有通用微处理器（如 Inter 公司的 8080、8086、80386 到 Pentium 系列芯片等）、单片机（如 Inter 公司的 8051、8096 系列等）以及双极位片式微处理器（如 AM2900、AM2901、AM2903 等）三种类型，也有采用厂家自行设计的专用 CPU 芯片。

一般小型 PLC 的 CPU 多采用单片机或专用 CPU，大型 PLC 多采用位片式结构。PLC 的档次越高，CPU 的位数也越多，系统处理的信息量越大，运算的速度也越快，指令功能越强。

（2）存储器

PLC 存储器分为系统程序存储器和用户程序存储器。系统存储器用于存放 PLC 内部系统的管理程序。用户存储器用于存放用户编制的控制程序。

除了三菱公司的 FX 系列 PLC 的用户程序存储器以步为单位（每步占 2 个字）外，大部分用户程序存储器的容量一般以字为单位。小型 PLC 的用户程序存储器的容量一般是固定的，大、中型 PLC 的用户存储器的容量可以由用户选择。

（3）输入 / 输出单元（I/O 接口电路）

I/O 单元是 PLC 与工业控制现场各类信号连接的接口部件。在模块式 PLC 中采用的是模块式 I/O 部件。

输入单元还具有信号的电隔离、滤波等作用。PLC 用 I/O 单元将各种开关、按钮以及传感器等直接接到 PLC 输入端，也可以将各种执行机构（电磁阀、继电器、接触器、调节阀、调速器等）直接接到 PLC 的输出端。它们可以是用直流、交流或高电压、低电压开关量信号驱动的机构，也可以是用模拟量驱动的机构。

（4）电源单元

PLC 电源一般为市电，也有采用 24 V 供电的。PLC 对电源的稳定度要求不高，一般允许电源电压额定值在 −15% ~ +10% 的范围内波动。

CPU 单元和 I/O 单元由 PLC 内部的稳压电源供电。小型 PLC 电源和 CPU 单元是一体的，大、中型 PLC 都有专门的电源单元。有些 PLC 的电源部分还有 DC 24 V 输出，用于对外部传感器供电，但电流是毫安级。

（5）编程器

编程器用于将用户编制的控制程序送入 PLC 的存储器，是 PLC 最重要的外部设备。编程器不仅用于编程，还可以用于程序的修改与检查、对 PLC 工作状态的监控。小型 PLC 一般使用简易的手持编程器。大、中型 PLC 采用带有显示屏的编程器及在通用计算机上采用专用软件编程。

2. 可编程控制器的编程语言

（1）可编程控制器的编程方式

1）在线（联机）方式

PLC 的在线（联机）编程方式是将编程器与可编程控制器的专用插座直接（或通过一个专用的接口）相连，既可以将用户程序直接写入到 PLC 的用户存储器中，又可以将程序先存在编程器的存储器中，然后再转入到 PLC 的用户存储器。

这种的编程方式有利于程序的调试和修改，并可以监视 PLC 的内部器件（如定时器、计数器、触点等）的工作状态。

2）离线（脱机）编程方式

PLC 的离线编程方式是指先将程序存放于编程器的存储器中，在程序写入后与 PLC 连接，再将程序送到 PLC 的用户程序存储器中。离线编程不影响 PLC 的工作。

（2）可编程控制器的常用编程语言

1）梯形图语言

梯形图语言形象直观，逻辑关系明显，实用性强。它是目前使用最多的编程语言，如图 6—1—1 所示。梯形图中的继电器、定时器、计数器等都不是物理器件，是 PLC 存储器中的一位，称为软件继电器。当存储器中的某位为 1 时，表示相应的继电器线圈通电或者是相应的常开触点闭合，常闭触点断开。

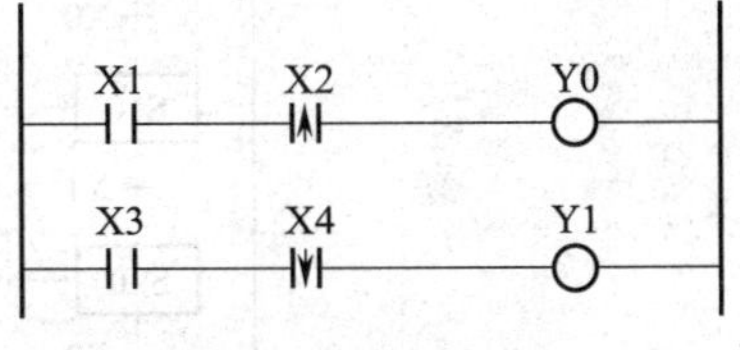

图 6—1—1　梯形图

分析读图时，常常假设有一个电流流过。这个电流是概念电流，或称假想电流。输入信号为 ON 时，线圈通电，该线圈所带的常开触点闭合，常闭触点断开。分析时，可认为左母线是电源的正极，右母线是负极，概念电流只能从左向右流动。梯形图逻辑执行的顺序是从左到右，从上到下。概念电流是执行程序时满足输出执行条件的形象理解。

梯形图由多个梯级组成，每个梯级有一个或多个支路，并由一个输出元件构成，最右边的元件必须是输出元件。一个梯形图的梯级数量取决于控制系统的复杂程度。一个完整的梯形图至少有一个梯级。

2）指令语句表编程语言

这种编程语言是与计算机汇编语言类似的助记符语言形式，采用一系列的指令语句组成的语句表将控制流程描述出来，并通过编程器送到 PLC 中去。每一条语句由操作码、操作数两部分组成。

3）顺序功能图

顺序功能图是一种图形说明语言，它用于表示顺序控制的功能。目前国际电工协会（IEC）正在发展这种新式的编程标准。

图 6—1—2 所示为一个顺序功能图实例。顺序控制系统采用顺序功能图编程非常方便、直观。在功能图中，用户可以根据顺序控制步骤执行条件的变化，分析程序的执行过程，可以清楚地看到程序执行过程中每一步的状态，便于程序的设计及调试。

3. 可编程控制器的工作原理

（1）循环扫描工作方式

PLC 在通电后，除了主要执行用户程序外，还要完成一些辅助的工作。因此，PLC 是按照分时操作进行工作的。这种工作过程称为循环扫描的工作方式，如图 6—1—3 所示。

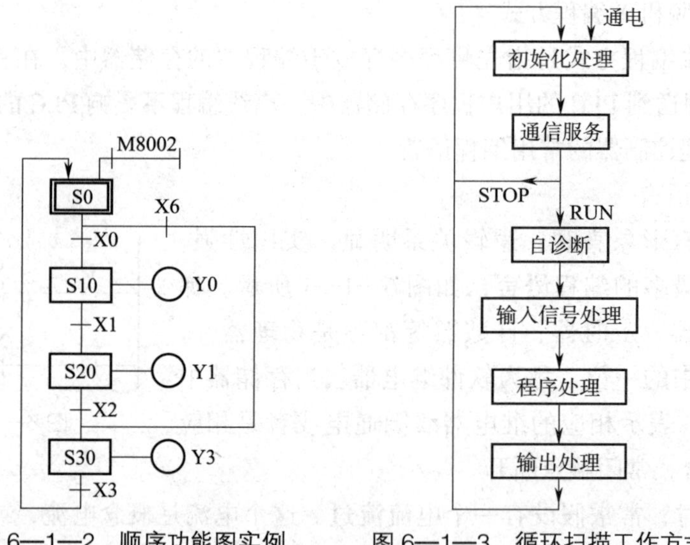

图 6—1—2　顺序功能图实例　　图 6—1—3　循环扫描工作方式

1）PLC 执行程序前的辅助工作

在 PLC 执行用户程序之前完成的辅助工作有初始化和通信服务。初始化工作包括硬件初始化、I/O 模块配置检查、停电保持范围设定及其他初始化内容。

CPU 对输入 / 输出状态的询问针对输入 / 输出暂存器。因此开机时，CPU 首先使输入暂存器清零，更新编程器的显示内容，更新时钟和特殊辅助继电器内容等。在通信服务阶段，PLC 要完成数据的接收和发送任务，响应编程器的键入命令，更新显示内容等。

当 PLC 的工作方式开关置于 STOP 状态时，只完成初始化处理和通信服务任务。当

工作方式开关置于 RUN 状态时，除了完成初始化和通信任务外，还要执行用户程序。

2）PLC 执行程序的工作过程

执行用户程序的工作过程分为三个阶段，具体如下：

①自诊断阶段。PLC 具有较强的自诊断功能。在自诊断阶段，PLC 要检查 CPU 模块及其他内部硬件工作是否正常。当确认其硬件工作正常后，进入下一工作阶段。

②输入信号处理阶段。在该阶段，CPU 对输入端进行扫描，将获得的各个输入端子的信号送到输入暂存器存放。在同一个扫描周期内，同一个输入端的信号在输入暂存器中一直保持不变。不会受到其他输入端子信号变化的影响，因此不会造成运算结果的混乱，保证了该周期内用户程序的正确执行。

③程序处理阶段。当输入端子的信号全部进入输入暂存器后，CPU 工作进入到第三个阶段。在这个阶段中，PLC 对用户程序从上到下（从第 000 句到结束语句）地依次扫描，并根据输入暂存器的输入信号和有关指令进行运算和处理，最后将结果写入输出暂存器中。

3）PLC 执行程序后的输出处理

CPU 对用户程序的扫描处理后，将输出信号从输出暂存器中取出，通过输出锁存电路去驱动负载，控制被控设备实施相应的动作。然后，CPU 又返回执行下一个循环的扫描周期。

（2）PLC 循环扫描工作的特点

1）定时集中采样

PLC 对输入端子的扫描只在输入处理阶段进行。当 CPU 进入程序处理阶段后，输入端将被封锁，直到下一个扫描周期的输入处理阶段，才对输入状态端进行新的扫描。这种定时集中采样的工作方式保证了 CPU 执行程序时和输入端子断开，输入端的变化不会影响 CPU 的工作，提高了 PLC 的抗干扰能力。

2）集中输出

PLC 在一个工作周期内，其输出暂存器中的数据跟随输出指令执行的结果而变化，而输出锁存器中的数据一直保持不变，直到输出处理时才对输出锁存器的数据刷新。这种集中输出的工作方式使 PLC 在执行程序时输出锁存器一直与输出端子处于断开状态，从而也保证了 PLC 的抗干扰能力，提高了 PLC 的可靠性。

（3）可编程控制器执行用户程序的过程

可编程控制器执行用户程序的过程如图 6—1—4 所示。在初始化后，CPU 首先将输入数据存入输入暂存器。程序计数器为 000，指出第一条指令为 LD X0。CPU 执行该条指令，即将 X0 单元的内容存入结果寄存器。程序计数器自动加 1。CPU 再执行第二条指令 AND X1，即将结果寄存器的内容和 X1 的状态相与后，再送到结果寄存器。程序计数器又自动加 1。再将 OUT Y0 指令存入指令寄存器，CPU 执行第三条指令，即将结果寄存器的内容送到输出暂存器 Y0 单元，CPU 一直执行到程序的最后一条语句（END），才对输出信号进行刷新。之后程序计数器自动变为 000，接着又开始新一次自动执行程序的过程。

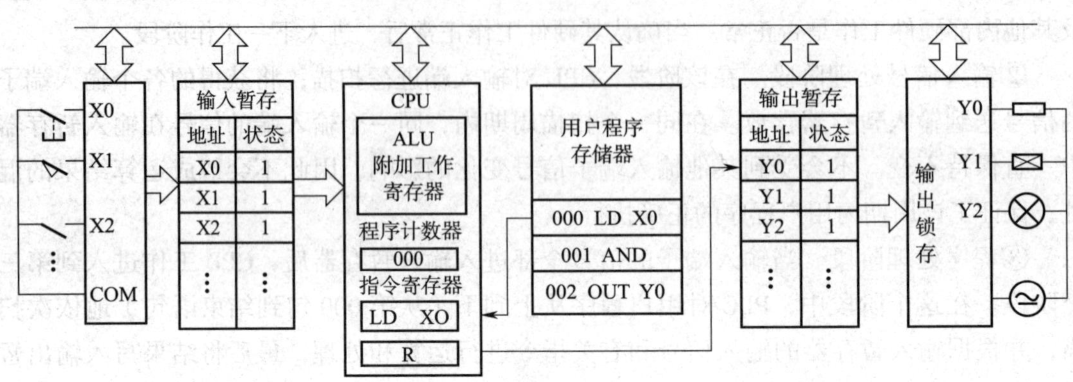

图 6—1—4　可编程控制器执行用户程序的过程示意图

复习思考题

1. 简述可编程控制器的含义。
2. 简述可编程控制器的功能及特点。
3. 简述可编程控制器的应用。
4. 简述可编程控制器发展方向。
5. 可编程控制器按结构形状分为哪些类？
6. 简述可编程控制器的基本组成。
7. 可编程控制器常用的编程语言有哪些？
8. 简述 PLC 扫描程序的工作过程。

子课题 2　可编程控制器的编程元件及编程指令

学习目标

1. 熟悉可编程控制器的编程元件及符号。
2. 掌握可编程控制器的编程元件使用方法。
3. 掌握可编程控制器的编程指令作用及使用方法。

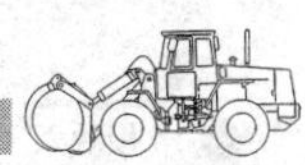

一、可编程控制器的编程元件及其使用

1. 输入/输出（I/O）继电器

在PLC的内部有一个用来存储输入/输出信号的I/O存储区，称为I/O状态表或I/O暂存器。

输入继电器用X表示。其特点为状态由外部控制现场的信号驱动（由外部输入器件接入的信号），不受PLC程序的控制，编程时使用次数不限。输出继电器用Y表示，是PLC向外部负载传递控制信号的器件。其特点是受PLC程序的控制。每一个输出继电器的常开、常闭触点在编程时都可以无限次数的使用。一个输出继电器对应于输出模块上外接的一个物理继电器或其他执行元件。

2. M辅助继电器

M辅助继电器有若干对常开触点和常闭触点，可利用PLC中其他继电器触点的闭合进行驱动。它用于逻辑运算中的辅助运算（如状态暂存、移位等），仅供中间转换环节使用。辅助继电器不能直接驱动外部负载，要驱动外部负载必须通过输出继电器。辅助继电器包括有通用辅助继电器和保持辅助继电器两种。

（1）通用辅助继电器

通用辅助继电器的编号为M0～M499，共500点。在FX系列PLC中，除了输入/输出继电器外，其他所有的器件都是按十进制数编号。

（2）保持辅助继电器

保持辅助继电器的编号为M500～M1023，共524点。保持辅助继电器由后备锂电池供电，在电源中断时能够保持它们原来的状态不变。

（3）断电保持专用的辅助继电器

它指具有专门功能的一些辅助继电器。专用辅助继电器编号为M1024～M3071，共2 048点。断电保持继电器可以用参数设置方法改为非断电保持用。

（4）特殊辅助继电器

特殊辅助继电器编号为M8000～M8255，共256点。它分为两大类，即只读式特殊辅助继电器和读写式特殊辅助继电器。下面介绍几种特殊辅助继电器。

1）M8000

它用于PLC运行监控。PLC运行时M8000自动接通，PLC停止运行时M8000为断开状态。M8000是常开触点。

2）M8002和M8003

它是初始化脉冲继电器，仅在PLC运行开始瞬间接通，产生宽度为一个扫描周期的

单窄脉冲信号。M8002 是常开触点。M8003 是初始化脉冲继电器的常闭触点。

3）M8011 ~ M8013

它是产生 100 ms 时钟脉冲的发生器。M8011、M8013 分别为 10 ms、1 s 时钟脉冲。

4）M8033

它是 PLC 运行停止时输出保持的特殊辅助继电器。

5）M8034

它是禁止全部输出继电器。PLC 在执行程序期间，一旦 M8034 接通，所有输出继电器自动断开，使 PLC 没有输出，但是不影响 PLC 内部程序的执行。

3. S 状态器

状态器是使用步进指令的基本元件，一般与步进梯形图指令配合使用。常用的状态器有 5 种类型。

（1）S0 ~ S9：初始状态继电器，共 10 点。

（2）S10 ~ S19：回零位状态继电器，共 10 位。

（3）S0 ~ 499：通用状态继电器，共 500 点。

（4）S500 ~ S899：停电保护状态继电器，共 400 点。

（5）S900 ~ S999：报警用状态继电器，共 100 点。

步状态器的触点使用次数不限。不用步进指令时，状态器 S 可以像辅助继电器 M 一样在程序中使用。

4. T 定时器

定时器有若干个常开、常闭延时触点。定时器的工作时间通过编程设定。定时器有一个设定值寄存器（一个字长）、一个当前值寄存器（一个字长）以及若干个触点（位）。一个定时器的这三个量用同一地址表示，但使用的场合不一样时，其所指也不同。例如，符号 T0 可以表示 0 号定时器的常开、常闭触点及线圈等。

定时器累计 PLC 内部的 1 ms、10 ms、100 ms 时钟脉冲。当达到设定值时，定时器的输出触点动作。定时器可以直接在用户程序中设定时间常数，也可以利用数据寄存器 D 中的数据作为时间常数。

（1）普通定时器 T0 ~ T245

100 ms 定时器为 T0 ~ T199，共 200 点。每个设定值范围为 0.1 ~ 3 276.7 s。10 ms 定时器为 T200 ~ T245，共 46 点。每个设定值范围为 0.01 ~ 327.67 s。

（2）积算定时器 T246 ~ T255

1 ms 积算定时器为 T250 ~ T255，共 4 点。每个设定值范围为 0.001 ~ 32.767 s；100 ms 积算定时器为 T250 ~ T255，共 6 点。每个设定值范围为 0.1 ~ 3 276.7 s。

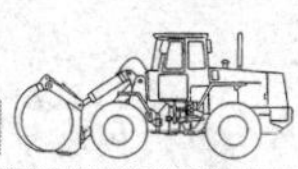

5. C 计数器

计数器主要用来记录脉冲的个数或根据脉冲个数设定某一时间。计数器的计数值通过编程来设定。

计数器按 PLC 的字长度的不同可分为 16 位计数器、32 位计数器。按照计数信号频率的不同，计数器可分为通用计数器和高速计数器。按照加减计数功能，计数器可分为递加计数器、递减计数器。

（1）16 位加计数器

16 位加计数器是在执行扫描操作时对 PLC 内部器件（X、Y、S、M、C 等）的信号进行加计数的计数器。因此其接通时间和断开时间应比 PLC 扫描的周期稍长，通常其输入信号频率大约为几个扫描周期。

它的设定值为 1 ~ 32 767，地址为 C0 ~ C199。其中，C0 ~ C99 是通用型的，而 C100 ~ C199 是断电保护型的。

（2）32 位双向计数器

它的设定值为 –2 147 483 648 ~ 2 147 483 647。其中，C200 ~ C219 是通用型，C220 ~ C234 为断电保护型。计数器的加减功能由内部辅助继电器 M8200 ~ M8234 设定，特殊辅助继电器闭合（置 1）时为递减计数；断开时为递加计数。两相输入计数器的输入信号是信号 A 和信号 B，它们决定计数器是加计数器还是减计数器。

（3）高速计数器

高速计数器的地址为 C235 ~ C255，共 21 点。这 21 个计数器均为 32 位加 / 减计数器。

6. 常数（K/H）

常数也作为器件对待，它在存储器中占有一定的空间。十进制常数用 K 表示，如 118，表示为 K118；十六进制常数用 H 表示，如 118 表示为 H118。

7. D 数据寄存器

数据寄存器为 16 位，最高位为符号位，可用两个数据寄存器合并起来存放 32 位数据，最高位仍为符号位。数据寄存器分为下面几类：

（1）D0 ~ D199

D0 ~ D199 为通用数据寄存器，共 200 点。当 PLC 由运行到停止时，这类数据寄存器均为零。但是，当辅助继电器 M8031 闭合时，PLC 由运行转向停止，该数据寄存器具有保持功能。

（2）D200 ~ D511

D200 ~ D511 为断电保持数据寄存器，共 312 点。只要不改写，该寄存器中的原有数据就不会丢失，不受电源通断状态、PLC 运行状态的影响。

（3）D8000～D8255

D8000～D8255 为特殊数据寄存器，共 256 点。这些数据寄存器供监视 PLC 的器件使用，是未定义的特殊数据寄存器，用户不能使用。

（4）D1000～D7999

D1000～D7999 为文件数据寄存器，共 7 000 点。文件寄存器是专用数据寄存器，用于存储大量的数据，如采样数据、统计计算数据、多组控制数据等。

文件数据存储器占用户程序存储器（RAM、EPRAM、EEPRAM）内的一个存储区，以 500 点为一个单位，在参数设定时，最多可设置 7 000 点，用编程器进行写操作。

8. V/Z 变址寄存器

变址寄存器通常用于修改器件的地址编号。V 和 Z 都是 16 位的寄存器，可进行数据的读与写。当进行 32 位操作时，将 V、Z 合并使用，指定 Z 为低位。

9. P/I 指针

P 为跳转指令的指针，指针 P0～P63 作为标号，共 64 点。它用来指定条件跳转、调用子程序等。

二、可编程控制器的基本指令简介

基本指令见表 6—1—1。

表 6—1—1 基本指令表

名称	助记符	目标元件	说明
取指令	LD	X、Y、M、S、T、C	常开接点逻辑运算起始
取反指令	LDI	X、Y、M、S、T、C	常闭接点逻辑运算起始
线圈驱动指令	OUT	Y、M、S、T、C	驱动线圈的输出
与指令	AND	X、Y、M、S、T、C	单个常开接点的串联
与非指令	ANI	X、Y、M、S、T、C	单个常闭接点的串联
或指令	OR	X、Y、M、S、T、C	单个常开接点的并联
或非指令	ORI	X、Y、M、S、T、C	单个常闭接点的并联
或块指令	ORB	无	串联电路块的并联连接
与块指令	ANB	无	并联电路块的串联连接
主控指令	MC	Y、M	公共串联接点的连接

续表

名称	助记符	目标元件	说明
主控复位指令	MCR	Y、M	MC 的复位
置位指令	SET	Y、M、S	使动作保持
复位指令	RST	Y、M、S、D、V、Z、T、C	使保持复位
上升沿产生脉冲指令	PLS	Y、M	输入信号上升沿产生脉冲输出
下降沿产生脉冲指令	PLF	Y、M	输入信号下降沿产生脉冲输出
空操作指令	NOP	无	使步序做空操作
程序结束指令	END	无	程序结束

1. 线圈驱动指令 LD、LDI、OUT

LD（取指令）表示一个与输入母线相连的常开接点指令，即常开接点逻辑运算起始。LDI（取反指令）表示一个与输入母线相连的常闭接点指令，即常闭接点逻辑运算起始。

LD、LDI 两条指令的目标元件是 X、Y、M、S、T、C，用于将接点接到母线上。它们还可以与 ANB、ORB 指令配合使用，在分支起点也可使用。LD、LDI 是一个程序步指令，这里的一个程序步即是一个字。

OUT（线圈驱动指令）也称为输出指令。它的目标元件是 Y、M、S、T、C。对输入继电器 X 不能使用。OUT 指令的目标元件是定时器 T 和计数器 C 时，必须设置常数 K。OUT 指令可以连续使用多次。OUT 是多程序步指令，要视目标元件而定。

2. 接点串联指令 AND、ANI

AND（与指令）用于单个常开接点的串联。ANI（与非指令）用于单个常闭接点的串联。AND 与 ANI 都是程序步指令，它们串联接点的个数没有限制，也就是说这两条指令可以多次重复使用。

OUT 指令后，通过接点对其他线图使用 OUT 指令称为纵接输出或连续输出，连续输出如果顺序不错可以多次重复。

3. 接点并联指令 OR、ORI

OR（或指令）用于单个常开接点的并联。ORI（或非指令）用于单个常闭接点的并联。OR 与 ORI 指令都是一个程序步指令，它们的目标元件是 X、Y、M、S、T、C。这两条指令都是并联一个接点。需要两个以上接点串联连接电路块的并联连接时，要用 ORB 指令。

4. 串联电路块的并联连接指令 ORB

两个或两个以上的接点串联连接的电路称为串联电路块。串联电路块并联连接时，分支开始用 LD、LDI 指令，分支结果用 ORB 指令。ORB 指令为无目标元件指令，步长为一个程序步。ORB 有时称为或块指令。

ORB 指令的使用方法有两种：一种是在要并联的每个串联电路块后加 ORB 指令；另一种是集中使用 ORB 指令。分散使用 ORB 指令时，并联电路块的个数没有限制。但是，集中使用 ORB 指令时，这种电路块并联的个数不能超过 8 个。

5. 并联电路的串联连接指令 ANB

两个或两个以上的接点并联的电路称为并联电路块。分支电路并联电路块与前面电路串联连接时，使用 ANB 指令。分支的起点用 LD、LDI 指令，并联电路块结束后，使用 ANB 指令与前面电路串联。ANB 指令又称为与块指令。ANB 也是无目标元件指令，步长为一个程序步。

6. 主控及主控复位指令 MC、MCR

MC 为主控指令，用于公共串联接点的连接。MCR 称为主控复位指令，即 MC 的复位指令。在编程时，经常遇到多个线圈同时受一个或一组接点控制的情况。如果在每个线圈的控制电路中都串入同样的接点，将多占用存储单元，可以应用主控指令解决这一问题。

MC 是三个程序步指令，MCR 是两个程序步指令。两条指令的操作目标元件是 Y、M，但不允许使用特殊辅助继电器 M。

使用主控指令的接点称为主控接点，它在梯形图中与一般的接点垂直。它们是与母线相连的常开接点，是控制一组电路的总开关。与主控接点相连的接点必须用 LD 或 LDI 指令。使用 MC 指令后，母线移到主控接点的后面，MCR 使母线回到原来的位置。在 MC 指令内再使用 MC 指令时嵌套级 N 的编号（0～7）顺序增大；返回时用 MCR 指令，从大的嵌套级开始解除。

7. 置位与复位指令 SET、RST

SET 为置位指令，使动作保持；RST 为复位指令，使操作保持复位。SET 指令的操作目标元件为 Y、M、S。RST 指令的操作目标元件为 Y、M、S、D、V、Z、T、C。这两条指令是一至三个程序步。RST 指令可以对定时器、计数器、数据寄存器、变址寄存器的内容清零。

8. 脉冲输出指令 PLS、PLF

PLS 指令在输入信号上升沿产生脉冲输出，而 PLF 在输入信号下降沿产生脉冲输出。

这两条指令都是两个程序步。它们的目标元件是 Y 和 M，但特殊辅助继电器不能作为目标元件。使用 PLS 指令时，元件 Y、M 仅在驱动输入接通后的一个扫描周期内动作。而使用 PLF 指令时，元件 Y、M 仅在驱动输入断开后的一个扫描周期内动作。

9. 空操作指令 NOP

NOP 指令是无动作、无目标元件的一个程序步指令。空操作指令是该步序做空操作。用 NOP 指令替代已写入指令，可以改变电路。在改动或追加程序时，在程序中加入 NOP 指令，可以减少步序号的改变。

10. 程序结束指令 END

END 是无目标元件的一个程序步指令。PLC 在工作过程中反复进行输入处理、程序运算、输出处理。如果在程序最后写入 END 指令，则 END 以后的程序步就不再执行，直接进行输出处理。在程序调试过程中，按段插入 END 指令，可以顺序扩大对各程序段的检查。采用 END 指令将程序划分为若干段，在确认处理前面电路块的动作正确无误之后，依次删去 END 指令。

复习思考题

1. 简述输入/输出继电器的特点。
2. 辅助继电器有哪些类型？
3. 简述 S 状态器常用的五种类型。
4. 数据寄存器有哪些种类？
5. LD 指令的含义是什么？
6. 简述 ORB 指令的使用方法。

子课题 3　可编程控制器的编程方法

学习目标

1. 熟悉可编程控制器的梯形图设计原则。
2. 掌握可编程控制器的梯形图设计方法和应用。

一、可编程控制器的梯形图设计原则

1. 触点的安排

梯形图的触点应画在水平线上，不能画在垂直分支上。

2. 串、并联的处理

当几个串联回路相并联时，应将触点最多的串联回路放在梯形图最上面。当几个并联回路相串联时，应将触点最多的并联回路放在梯形图的最左面。

3. 线圈的安排

不能将触点画在线圈右边，只能在触点的右边接线圈。

4. 不准双线圈输出

如果在同一程序中同一元件的线圈使用两次或多次，则称为双线圈输出。这时前面的输出无效，只有最后一次才有效，所以不应出现双线圈输出。

5. 重新编排电路

如果电路结构比较复杂，可重复使用一些触点画出它的等效电路，然后再进行编程，这样就比较容易。

6. 编程顺序

对复杂的程序可先将程序分成几个简单的程序段，每一段从最左边触点开始，由上至下地顺序向右进行编程，再把程序逐段连接起来。

二、可编程控制器的编程举例

1. 定时器和计数器的编程方法

（1）延时断开电路

如图 6—1—5 所示，当 X2 为 ON 时，Y3 线圈通电，并自保，由于 X2 的常闭触点断开，使 T50 线圈不能通电；当输入 X2 为 OFF（常开触点断开）时，X2 的常闭触点闭合，T50 线圈通电，经过 15 s 使设定值减到零，T50 线圈的常闭触点断开，Y3 线圈断开，实现 Y3 线圈在 X2 为 OFF 的时延时 15 s 断电。

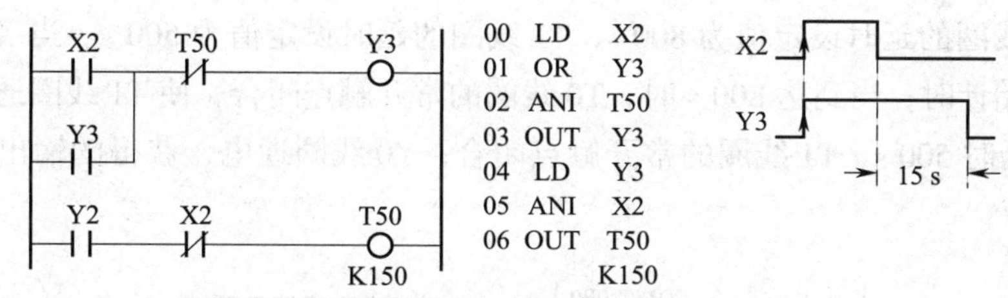

图6—1—5 延时断开电路及脉冲波形图

（2）延时闭合 / 断开电路

如图6—1—6所示，在X0为ON时Y4线圈延时5 s通电，在X0为OFF时Y4线圈延时5 s断电。当输入X0为ON时，T50线圈通电，延时5 s后T50线圈所带的常开触点闭合，Y4线圈通电且自保。当输入X0为OFF时，其常闭触点闭合，T51线圈通电，延时5 s后T51线圈所带的常闭触点断开，Y4线圈解除自保而断电。

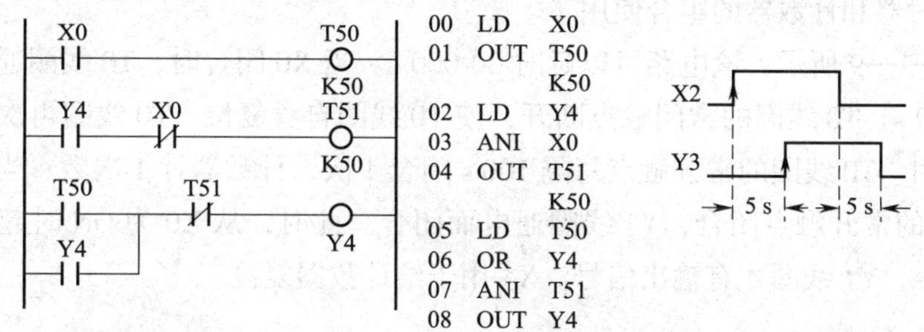

图6—1—6 延时闭合 / 断开电路及脉冲波形图

（3）脉冲发生器电路

如图6—1—7所示，该脉冲振荡电路可以产生50 s的脉冲信号。当X0闭合后，T50线圈通电，30 s后其常开触点闭合；T51线圈通电，延时20 s后T51线圈的常闭触点动作，使T50线圈断电，T50线圈常开触点又使T51线圈断开，一个周期结束。在一个周期中，T50线圈的触点闭合20 s，断开30 s；而T51线圈的触点只闭合一个扫描周期的时间。该电路的脉冲波形图如图6—1—7所示。

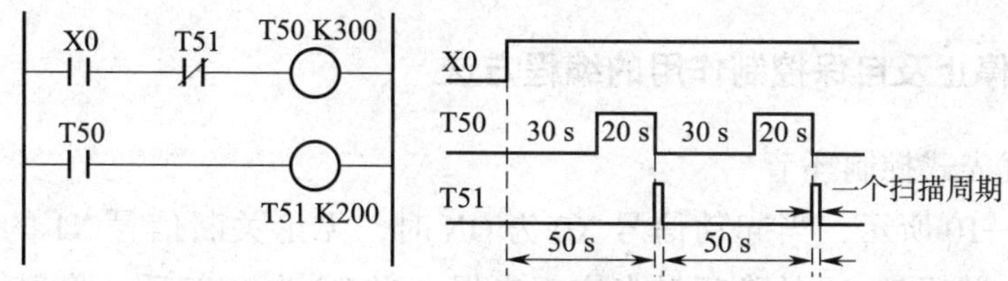

图6—1—7 脉冲发生器电路及脉冲波形图

（4）定时器的扩展

图6—1—8所示为定时器的扩展电路。该电路由两个定时器串联，可以实现延时

1 300 s。T0 线圈的延时设定值为 800 s，T1 线圈的延时设定值为 500 s。当 X0 为 ON 时，T0 线圈就开始计时；当到达 800 s 时，T0 线圈的常开触点闭合，使 T1 线圈通电，并开始计时；继续延时 500 s，T1 线圈的常开触点闭合，Y0 线圈通电，获得的输出信号，一共延时 1 300 s。

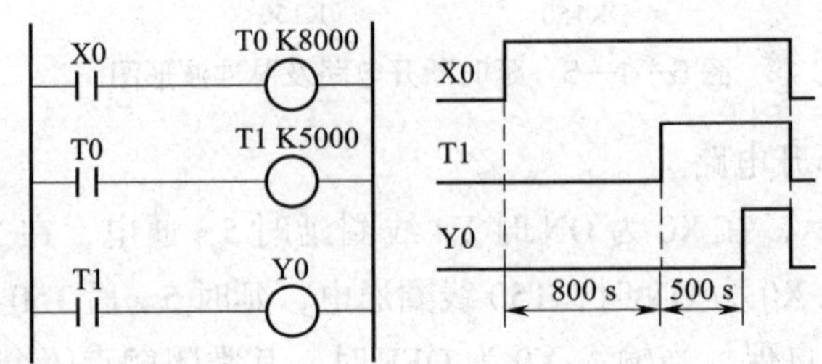

图 6—1—8　定时器的扩展及脉冲波形图

（5）定时器和计数器的组合使用

如图 6—1—9 所示，该电路可以延时 30 000 s。当 X0 闭合时，T0 线圈通电，开始计时；延时 100 s，T0 线圈的常闭触点断开，使 T0 线圈自身复位；T0 线圈再次通电后，又可以开始计时。T0 线圈的常开触点每隔 100 s 闭合 1 次，计数器计 1 次数；当计到 300 次时，C0 线圈的常开触点闭合，Y1 线圈通电而闭合。此时，从 X0 为 ON 时起，一共延时（100×300）s，Y1 线圈才有输出信号。X4 用于给计数器复位。

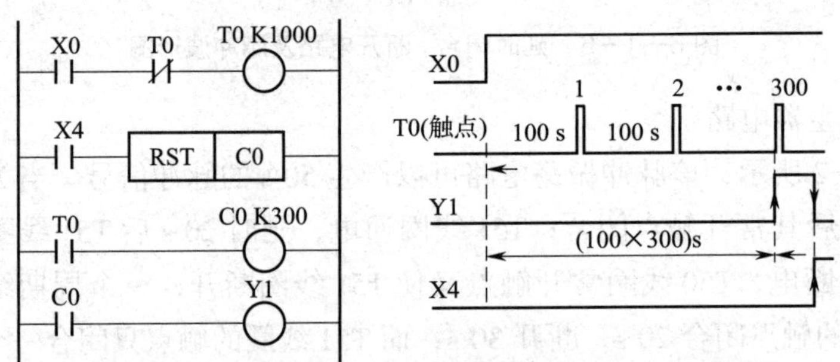

图 6—1—9　定时器和计数器的组合使用及脉冲波形图

2. 起动、停止及自保控制作用的编程方法

（1）起动优先式控制环节

如图 6—1—10 所示，当起动信号 X0 为 ON 时，无论关断信号 X1 的状态如何，Y0 线圈总被起动，并通过 X1 的常闭触点实现自保。当 X0 为 OFF 后，将停止信号 X1 的常闭触点断开，Y0 线圈断电。

（2）停止优先式控制环节

如图 6—1—11 所示，当起动信号 X0 为 ON 时 Y0 线圈通电，通过停止信号 X1 的常

闭触点使Y0通电且自保。当停止信号X1的常闭触点为OFF时，无论起动信号状态如何，Y0线圈始终断电。

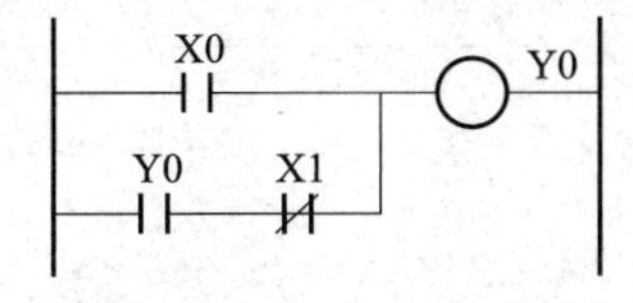

图6—1—10 起动优先式控制环节

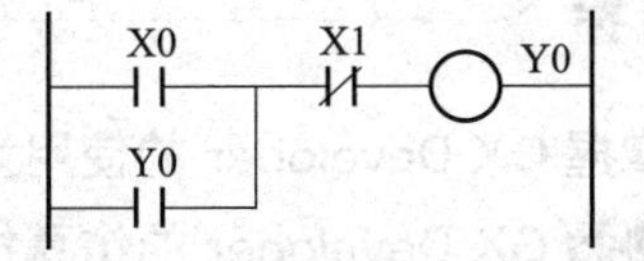

图6—1—11 停止优先式控制环节

3. 互锁及连锁控制的编程方法

（1）互锁控制

在一些机械设备的控制中，经常存在某种互为制约的关系。在PLC控制电路中，一般用反映某一个动作的信号去控制另一个动作相应的电路，达到互锁的控制要求，如图6—1—12所示。

（2）联锁控制

图6—1—13所示为联锁控制梯形图。Y0线圈的常开触点串接于Y1线圈的控制电路中，Y1线圈的通电是以Y0线圈的接通为条件，即只有Y0线圈接通才允许Y1线圈接通。

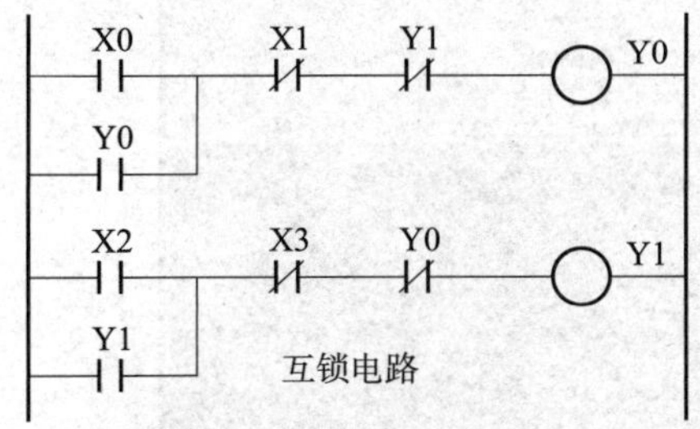

图6—1—12 互锁控制

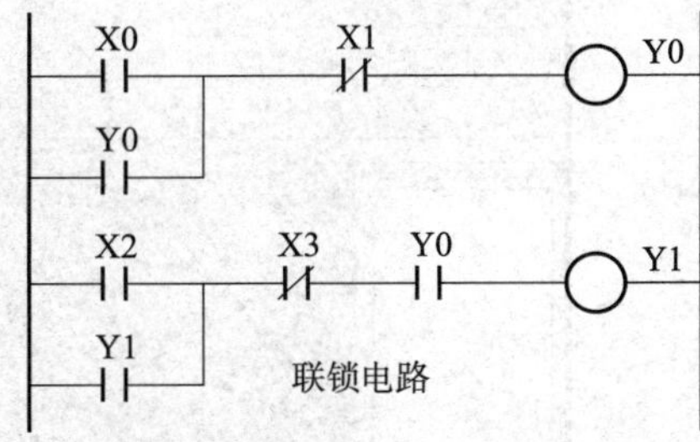

图6—1—13 互锁控制

复习思考题

1. 简述可编程控制器梯形图的设计原则。
2. 举例说明定时器和计数器的编程方法。
3. 举例说明起动、停止和自保控制的编程方法。
4. 举例说明互锁和联锁控制的编程方法。

子课题 4　GX Developer 使用及仿真

学习目标

1. 掌握 GX Developer 的使用方法。
2. 熟悉 GX Developer 的仿真操作方法。

GX Developer 是一个功能强大的 PLC 开发软件，具有程序开发、监视、仿真调试以及对可编程控制器 CPU 的读写等功能。下面通过实例介绍 GX Developer 的使用方法。

一、启动软件

双击 GX Developer 图标，打开软件的进入界面，如图 6—1—14 所示。

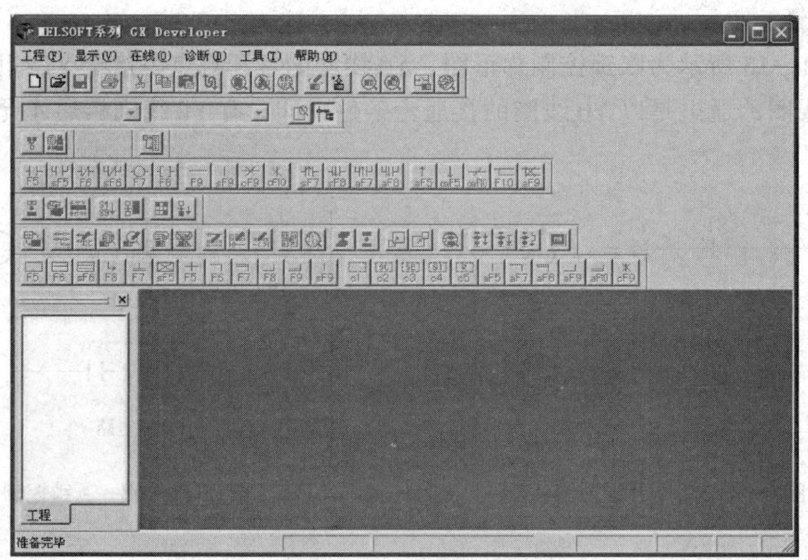

图 6—1—14　软件的进入界面

二、创建新工程

单击“工程”，在下拉菜单中选择“创建新工程”。弹出对话框，如图 6—1—15 所示。在“PLC 系列”文本框的下拉选项中选择“FXCPU”，在“PLC 类型”文本框中选择“FX1S”，“程序类型”下点选“梯形图逻辑”选项。在“设置工程名”一项前打钩，并在“驱动器 / 路径”“工程名”的文本框中分别输入工程要保存到的路径（E:\stepper）和名称（stepper），点击“确定”按钮。

创建新工程
PLC系列
FXCPU
PLC类型
FX1S
程序类型
梯形图逻辑
SFC
MELSAP-L
标号设置
无标号
标号程序
标号+FB程序
确定
取消
生成和程序名同名的软元件内存数据
工程名设置
设置工程名
驱动器/路径　E:\stepper
工程名　stepper
浏览...
标题

图 6—1—15　“创建新工程”对话框

三、进入编辑界面

进入梯形图编辑界面，如图 6—1—16 所示。当梯形图内的光标为蓝边空心框时为写入模式，可以进行梯形图的编辑。当光标为蓝边实心框时为读出模式，只能进行读取、查找等操作。操作者可以通过选择“编辑”中的“读出模式”或“写入模式”进行切换。

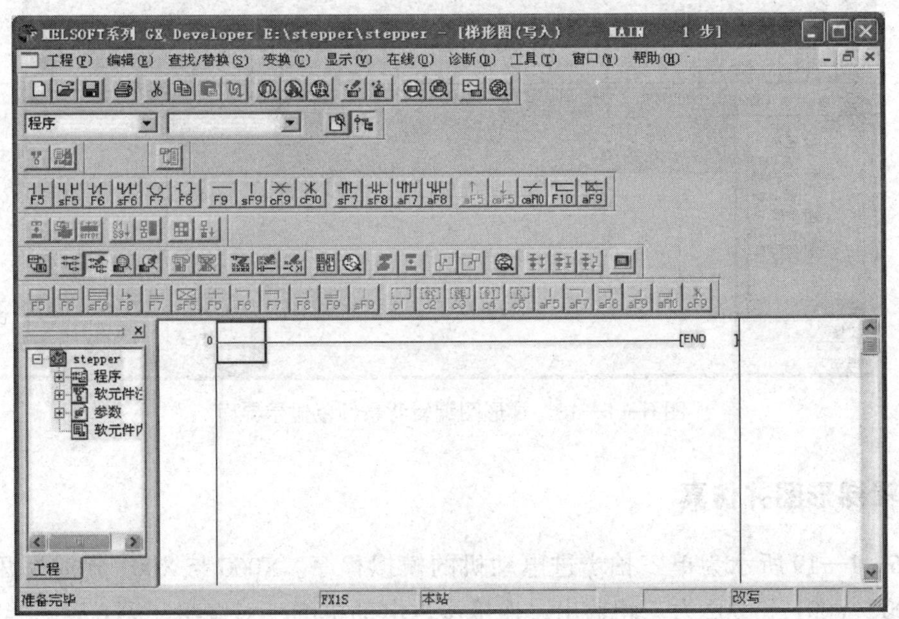

图 6—1—16　梯形图编辑界面

编辑时，梯形图可以选择工具栏中的元件快捷图标；也可以点击“编辑”命令，选择“梯形图标记”中的元件项；还可以使用快捷键【F5】~【F10】及【Shift】+【F5】~【Shift】+【F10】；或者在想要输入元件的位置双击鼠标左键，弹出如图 6—1—17 所示的“梯形图输入”对话框，在下拉列表中选择元件符号，编辑栏中输入元件名，按“确定”将元件添加到光标位置。

编辑过的梯形图背景为灰色，如图 6—1—18 所示。在调试下载程序之前，需要对程序进行变换，点击“变换”命令，选择“变换”，或者直接按【F4】，对已编辑的梯形图进行变换。如果梯形图的语法正确，变换完成后背景变回白色；如果梯形图的有语法有错误，则不能完成变换，且系统会弹出消息框提示。

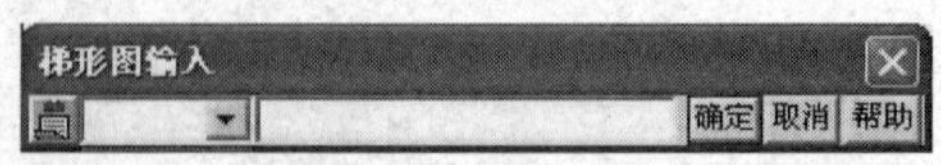

图 6—1—17 “梯形图输入”对话框

点击快捷键“梯形图 / 列表显示切换”，可以在梯形图程序与相应的语句表之间进行切换。另外，GX Developer 具备返回、复制、粘贴、行插入、行删除等常用操作，具体可参考 GX Developer 的用户操作手册。

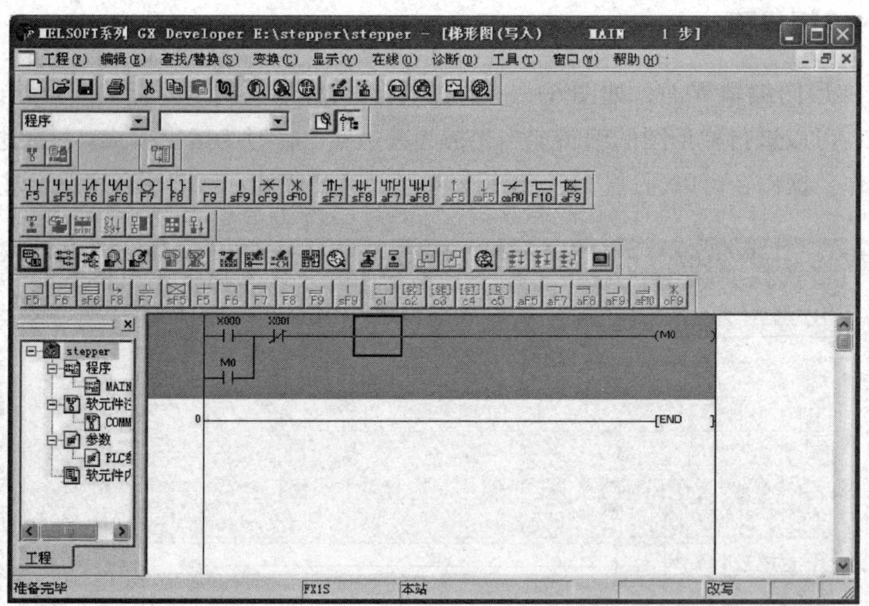

图 6—1—18 梯形图编辑背景颜色显示界面

四、编辑梯形图并仿真

图 6—1—19 所示为单三拍步进电动机的模拟程序。X000 与 X001 分别为开、关输入；Y000、Y001、Y002 为三相输出，连接步进电动机的三对绕组。第 0 行，当按下 X0 后，中间继电器 M0 接通，常开触点 M0 闭合（在按下 X1 前，M0 将一直保持接通状态）。

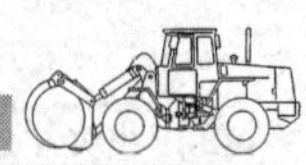

第 4 行，M0 接通后，定时器 T0 开始计时，与常闭触点相连的 Y000 接通为 ON，T0 的设定时间为 0.5 s；当 T0 计时满 0.5 s 时，常闭触点 T0 断开，Y000 变为 OFF，即 Y000 导通了 0.5 s。同时，第 11 行，常开触点 T0 接通，T1 开始计时，Y001 接通为 ON；同样，Y1 在接通 0.5 s 后变为 OFF。第 17 行，常开触点 T1 接通，Y002 接通为 ON，延时 0.5 s 后 Y002 又变为 OFF。此时，第 4 行常闭触点 T2 断开，线圈 T0 断电，使触点 T0、线圈 T1、触点 T1、线圈 T2 依次断开，而常闭触点 T2 恢复到闭合状态。T0 开始导通并计时，从而整个电路进行下一周期的动作。这样，Y000、Y001、Y002 不断循环。

```
0   X000 ─┤├─┬─ X001 ─┤/├──────────────(M0    )
    M0   ─┤├─┘
                                          K5
4   M0 ─┤├── T2 ─┤/├─┬─────────────────(T0    )
                     └─ T0 ─┤/├─────────(Y000  )
                                          K5
11  T0 ─┤├─┬────────────────────────────(T1    )
           └─ T1 ─┤/├───────────────────(Y001  )
                                          K5
17  T1 ─┤├─┬────────────────────────────(T2    )
           └─ T2 ─┤/├───────────────────(Y002  )

23  ───────────────────────────────────[END   ]
```

图 6—1—19　单三拍步进电动机的模拟程序

该模拟程序的脉冲输出如图 6—1—20 所示。驱动步进电动机以 2/3 Hz 的频率转动。当按下 X1 时，M0 断电而断开，使 T0、T1、T2 断电，从而停止动作，步进电动机停转。

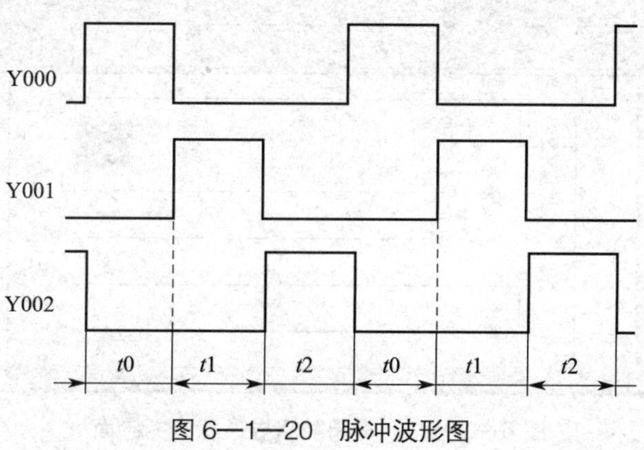

图 6—1—20　脉冲波形图

梯形图编辑完成后，在界面中点击“工具”命令，选择“梯形图逻辑测试起动”。等待模拟写入PLC完成后，弹出“LADDER LOGIC TEST TOOL”对话框，如图6—1—21所示。该对话框用来模拟PLC实物的运行界面。同时，在GX Developer的右上角还会弹出“监视状态”消息框，如图6—1—22所示。它显示的是仿真的时间单位和模拟PLC的运行状态。

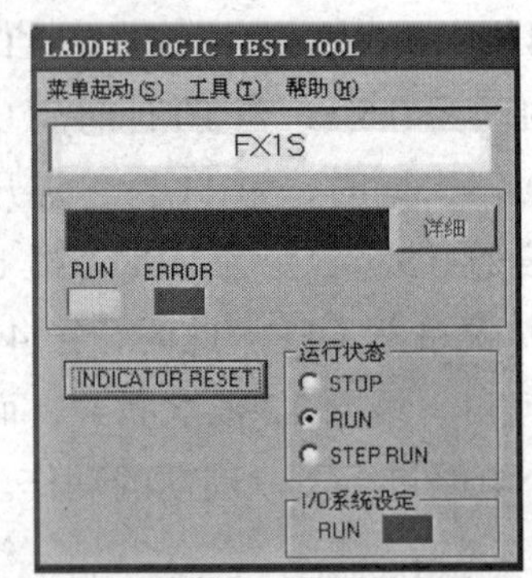

图6—1—21 “LADDER LOGIC TEST TOOL”对话框

图6—1—22 “监视状态”消息框

此时，原来的梯形图程序中常闭触点都变成了蓝色。梯形图逻辑测试起动后，系统默认状态是“RUN”，开始扫描和执行程序，并同时输出程序运行的结果。在仿真状态中，导通的元件都会变成蓝色，如图6—1—23所示。由于X000处于断开状态，所有线圈都没有通电，因此只有常闭触点为蓝色。如果选择X000并右键单击，在弹出选项中选择“软元件测试”，弹出对话框，如图6—1—24所示。

点击“强制ON”按钮，并将模拟PLC界面上的状态设置为“RUN”，则程序开始运行。M0变为蓝色（即ON），定时器开始计时，在定时器的下方还有已计的时间显示，如图6—1—25所示。观察仿真的整个运行过程，可以大致判断程序运行的流程。如果仿真中元件状态变化太快，可以通过选择模拟PLC界面上的“STEP RUN”，并依次点击主窗口中的“在线”命令，用“调试”下的“步执行”来仿真。

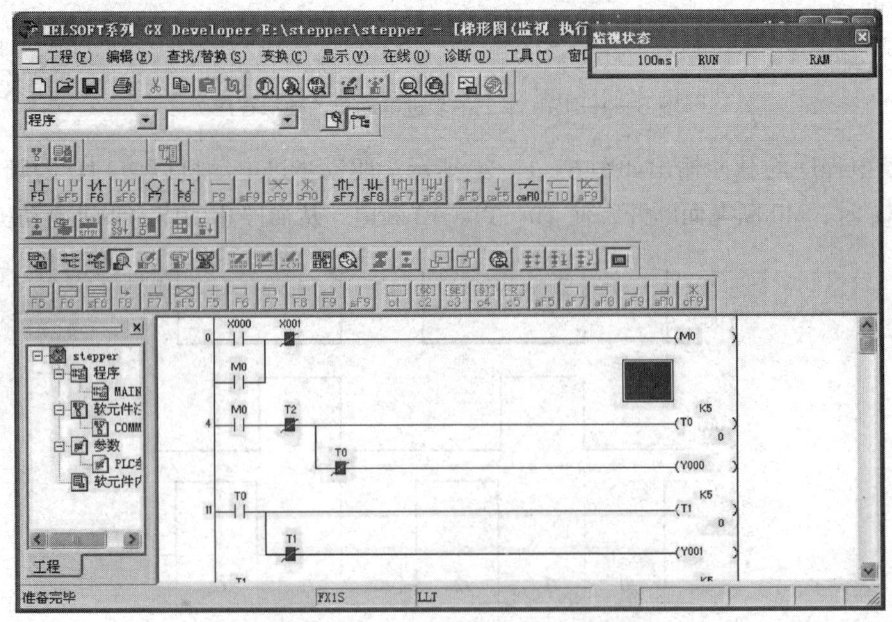

图6—1—23 常闭触点导通状态的界面

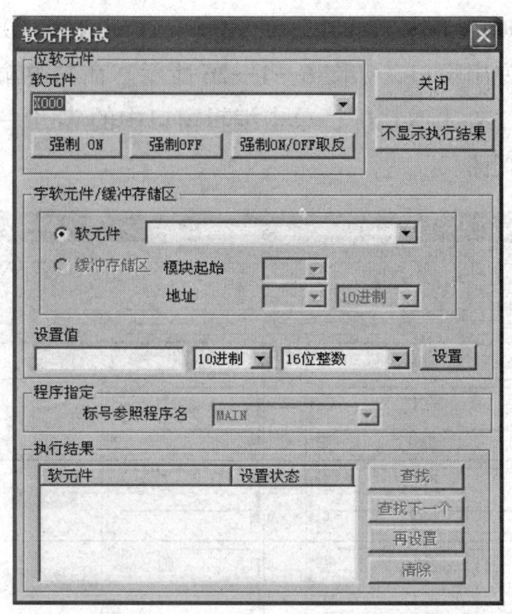

图 6—1—24 “软元件测试”对话框

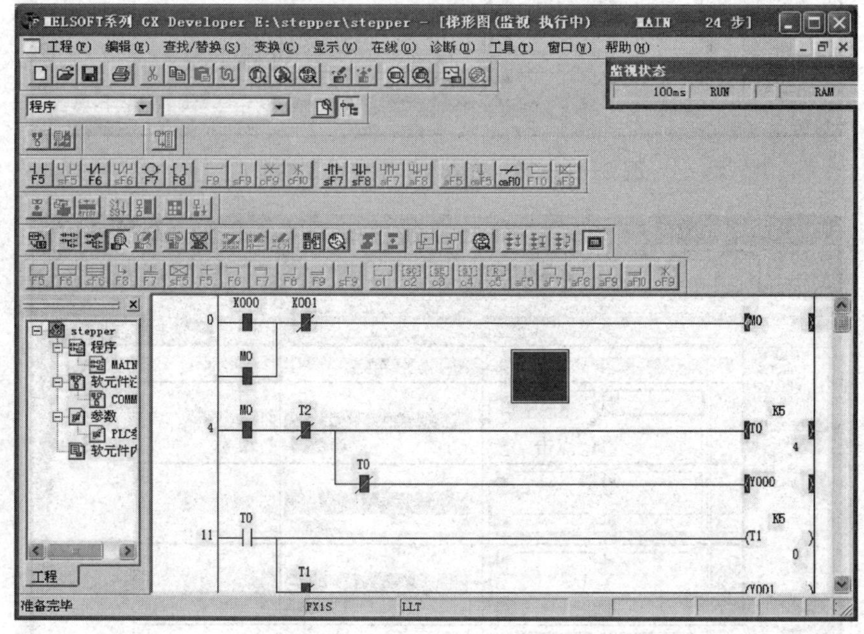

图 6—1—25 仿真界面

五、时序分析

对于如果需要对较复杂程序的时序进行分析，可以先将模拟 PLC 界面的状态设为“STOP”。

单击“LADDER LOGIC TEST TOOL”对话框（图 6—1—21）的“菜单起动”命令，选择“I/O 系统设定”，弹出窗口，如图 6—1—26 所示。在左边输入方式一列中双击“时序图输入”下方展开的“No.1–No.10”，单击编辑窗口中的 No.1 一栏“条件”列下方的下拉箭头（图 6—1—27 中粗框）。

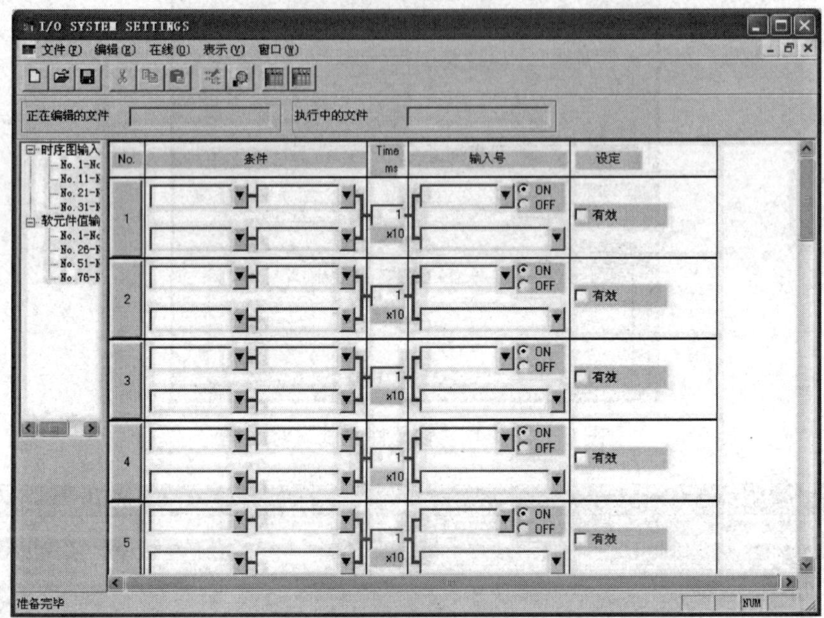

图 6—1—26　进入 I/O 系统设定的窗口

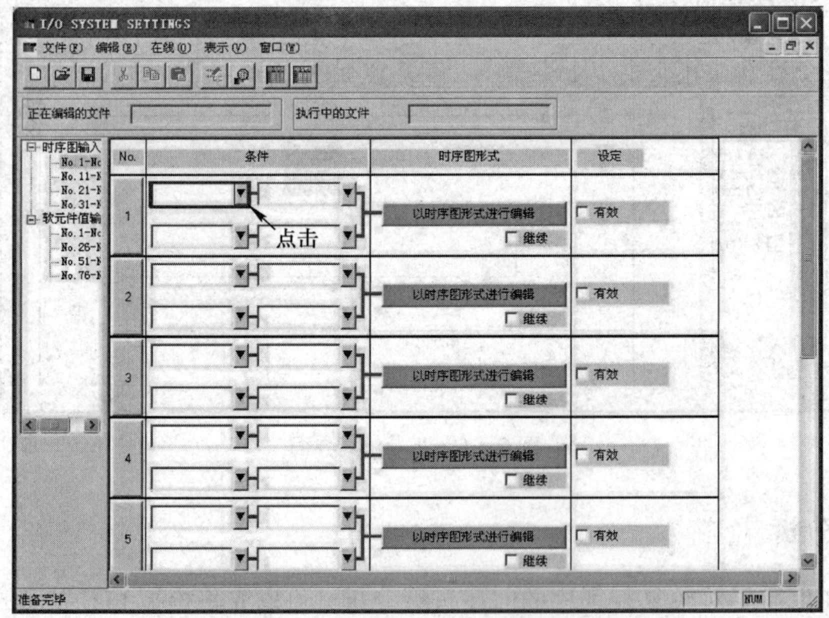

图 6—1—27　I/O 系统设定条件的选择窗口

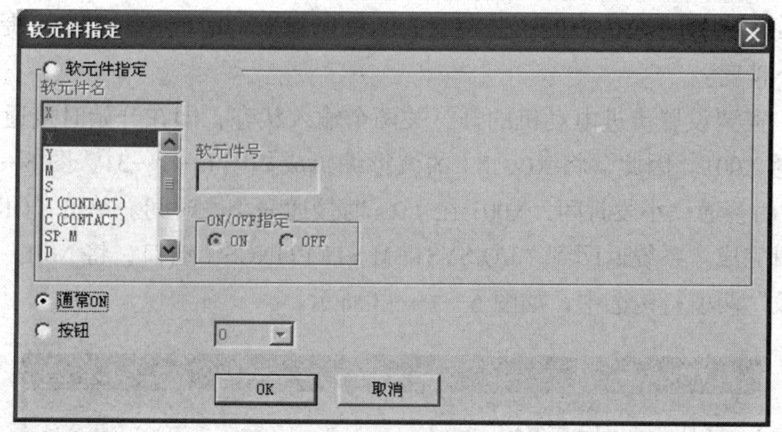

图6—1—28 “软元件指定”对话框

弹出“软元件指定”对话框，如图6—1—28所示。点选“通常ON”选项，按“OK”按钮确定。按照同样的方法将右方与其串联的下拉框设为“通常ON”。然后，在“I/O SYSTEM SETTINGS”窗口（图6—1—27）中单击“时序图形式”一列下的“以时序图形式进行编辑”按钮，弹出“时序图形式输入”的时序图编辑窗口，如图6—1—29所示。单击“软元件”命令，选择“软元件登录”，弹出对话框，如图6—1—30所示。需要设置的输入是X000和X001，所以软元件名选择“X”，软件号输入“000”，初值设为“OFF”，单击“登录”按钮。按照同样的方法登录X001，初值设为“OFF”，单击“关闭”按钮。

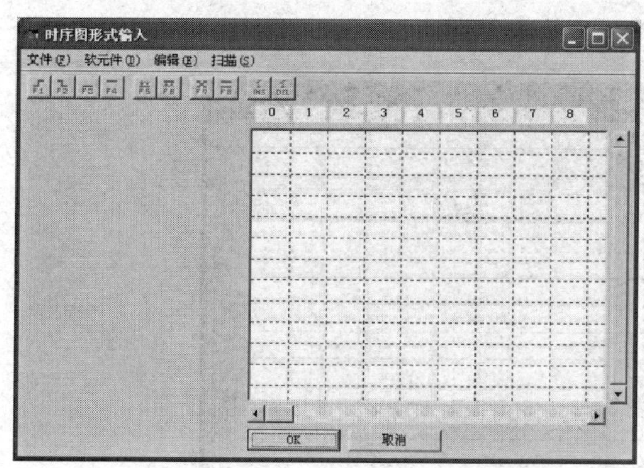

图6—1—29 “时序图形式输入”窗口

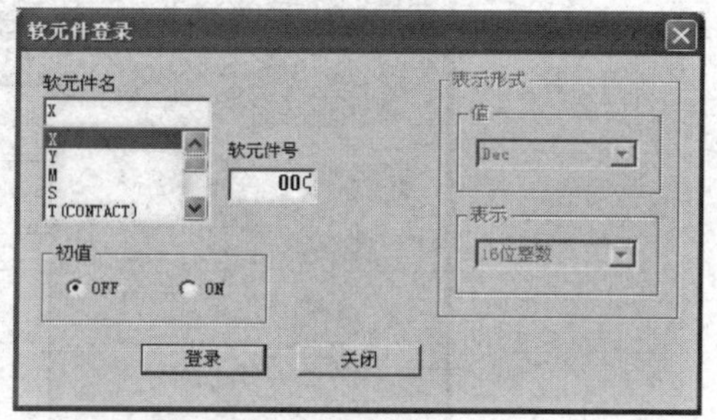

图6—1—30 “软元件登录”对话框

回到“时序图形式输入”编辑窗口中，可以看到窗口中增加了两条波形X000和X001。通过工具栏中的快捷图标可以对波形进行编辑，或者直接双击波形进行编辑。双击的作用是使红色光标位置以后的波形取反。波形编辑的时间轴上有刻度标志，从0～99

（单位为 100 ms），即进入仿真时“监视状态”框所显示的时间值，其含义是仿真所能达到的时间最小精度。

接下来，需要设置步进电动机的开、关两个输入状态，即在开始时接通 X000，过一段时间后接通 X001。因此，将 X0、X1 的波形编辑成如图 6—1—31、图 6—1—32 所示。X000 在 0.1 s 时接通一小段时间，X001 在 4.0 s 时接通一小段时间。单击“OK”按钮，I/O 输入波形编辑完成。系统返回到“I/O SYSTEM STETTINGS”窗口，将 No.1 一行中的“继续”和“有效”两项打钩选中，如图 6—1—33 所示。

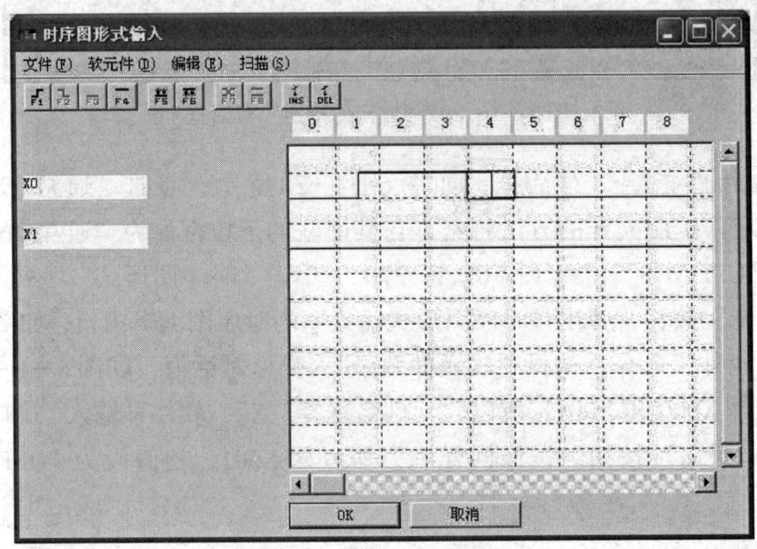

图 6—1—31　X0 接通波形图

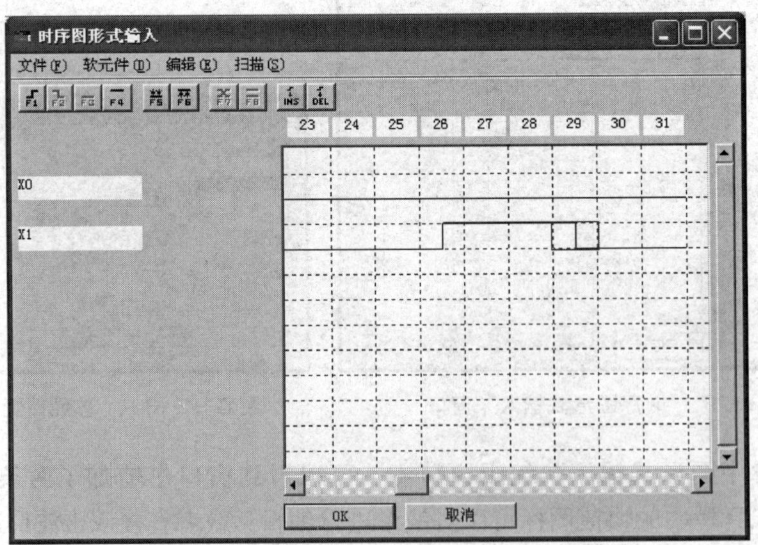

图 6—1—32　X1 接通波形图

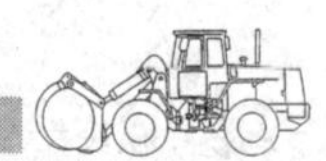

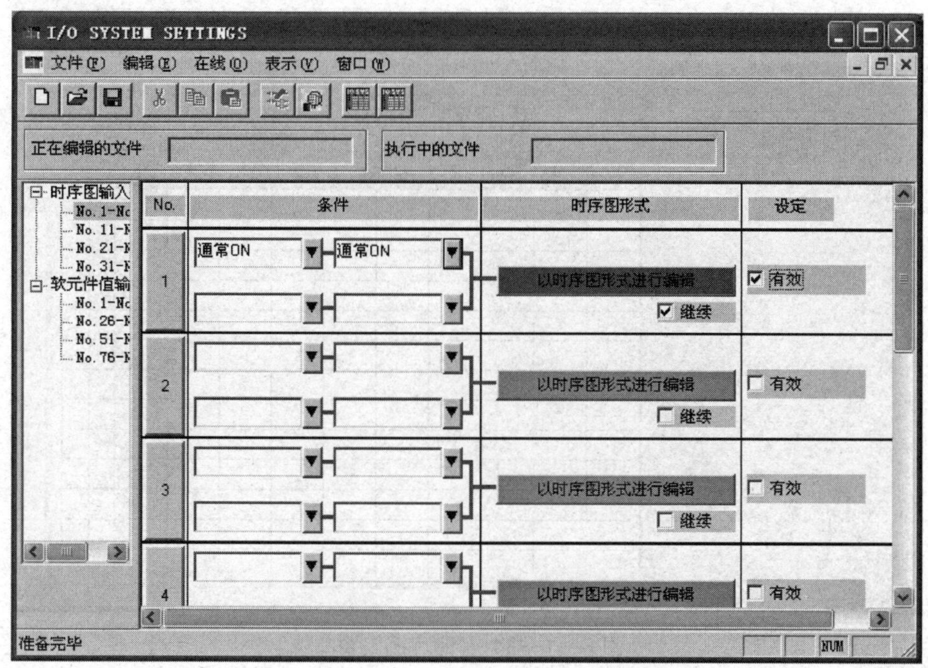

图6—1—33 I/O系统设定完成的窗口

单击“文件”命令，选择“I/O系统设定执行”。此时，要求保存I/O系统设定文件，输入保存的路径与文件名。保存完毕，I/O系统设定开始执行，X000与X001按照先前编辑的波形动作。此时，模拟PLC界面状态自动转为“RUN”。如果点击进入梯形图程序编辑界面，会发现元件已经开始动作。此时，通过反复切换模拟PLC界面的“STOP/RUN”状态可以观察程序的运行效果。

如果要对元件动作的时序图进行分析，可以先将模拟PLC界面状态设定为“STOP”。此时，I/O系统设定窗口也可关闭。然后，单击“LADDER LOGIC TEST TOOL”对话框（图6—1—21）上的“菜单起动”命令，选择“继电器内存监视”，在弹出窗口中单击“时序图”，选择“起动”，弹出“时序图”窗口，如图6—1—34所示。此时，点击一下“监控状态”下的红色按钮，左边空白处就展开要监视的元件；将“软元件登录”设为“手动”；单击“软元件”命令，通过选择“软元件登录”与“软元件删除”，将需要观察的元件添加到左边一栏中（图6—1—35中左侧一列），将不需要观察的元件删除，这里主要观察X000、X001、Y000、Y001、Y002五个元件。将模拟PLC界面的状态设为“RUN”，则开始时序图监视，窗口开始波形采样。通过“图表表示范围”下的五个选项可以选择时序图时间轴的刻度。再次点击“监控状态”下的按钮，监控停止，得到的时序效果图如图6—1—35所示。从整体上看，时序图表明该梯形图程序达到了预期的效果。

单击主菜单中的“工具”，选择“梯形图逻辑测试结束”，退出仿真。

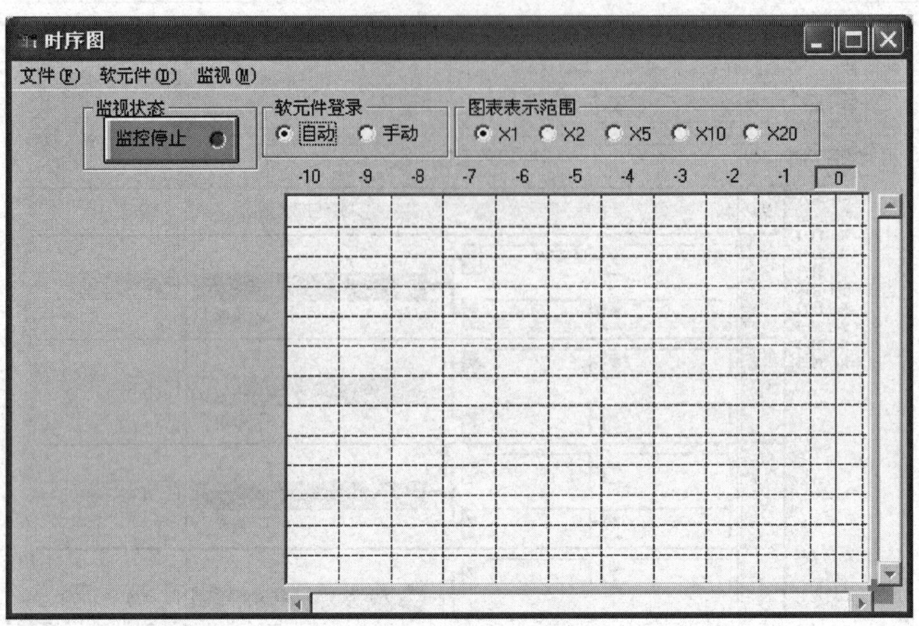

图 6—1—34 “时序图”窗口

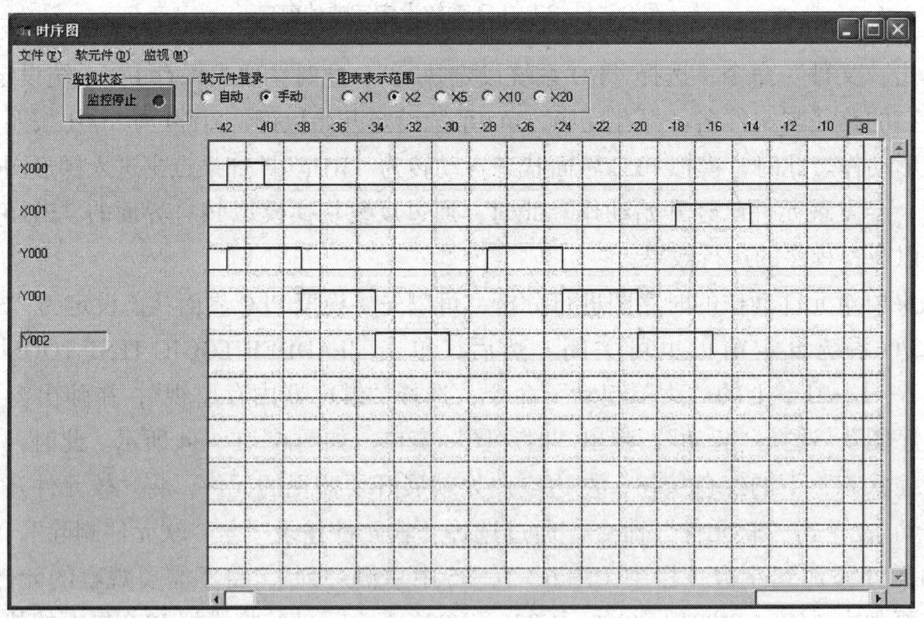

图 6—1—35 时序效果图界面

在监控时，最好将时间轴选为 X1。否则，仿真出来的时序图会有存在偏差。由于仿真的最小时间单位是 100 ms，因此时序图上也会出现偏差。例如，从 Y002 输出 ON 到下一周期 Y000 输出 ON 所间隔的时间应该是 PLC 完全扫描一次程序的时间，应为微秒量级，而由于仿真时采样周期为 100 ms，因此这中间就间隔了 100 ms。

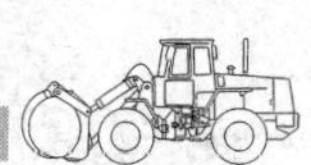

复习思考题

1. 简述 GX Developer 的使用方法。
2. 描述 GX Developer 的仿真操作方法。

课题 2　装载机自动控制系统安装与调试

学习目标

1. 了解装载机自动控制系统的所需设备。
2. 熟悉装载机自动控制系统的动作和任务要求。
3. 掌握装载机自动控制系统的工作原理及外部接线图绘制。
4. 掌握装载机 PLC 自动控制程序的编制。
5. 掌握装载机自动控制系统的安装与调试。

一、元件及设备组成和动作要求

1. 元件及设备组成

元件及设备包括液压泵站、转向器、转向油缸、动臂电磁换向阀、动臂油缸、铲斗电磁换向阀、铲斗油缸、双作用安全阀、溢流阀、流量换向阀、电磁阀、单向阀、PLC、计算机。

2. 动作要求

PLC 控制装载机的执行机构实现动臂、铲斗连续动作的控制。

二、设备需求和任务要求

1. 设备需求

装载机执行机构、液压通用实训平台。

2. 任务要求

采用给出的液压元件设计装载机自动控制液压系统，并在液压实训台上进行安装与调试。具体要求如下：

（1）操纵电磁阀 1YA，使系统压力建立或卸荷。

（2）在动臂抬起的情况下，方向盘左转，装载机左转；方向盘右转，装载机右转。

（3）按下起动按钮，装载机自动地完成“动臂升起、铲斗下翻、铲斗上翻、动臂下降”的动作循环过程，动作时间间隔为 5 s。

三、装载机自动控制系统工作原理图与动作顺序表

装载机自动控制系统工作原理图与电动控制系统原理图相同，参见模块二课题三的图 2—3—1。

装载机自动控制系统动作顺序表与电动控制系统顺序表相同，参见模块二课题三的表 2—3—1。

四、装载机自动控制系统外部接线图

外部接线图如图 6—2—1 所示。

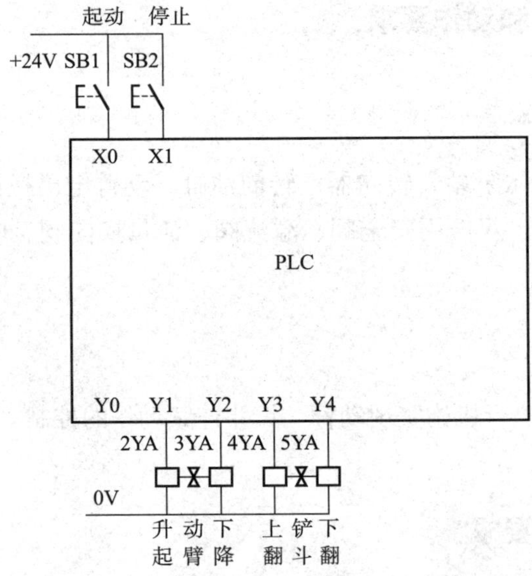

图 6—2—1　装载机自动控制系统外部接线图

五、装载机 PLC 自动控制程序

程序如下：

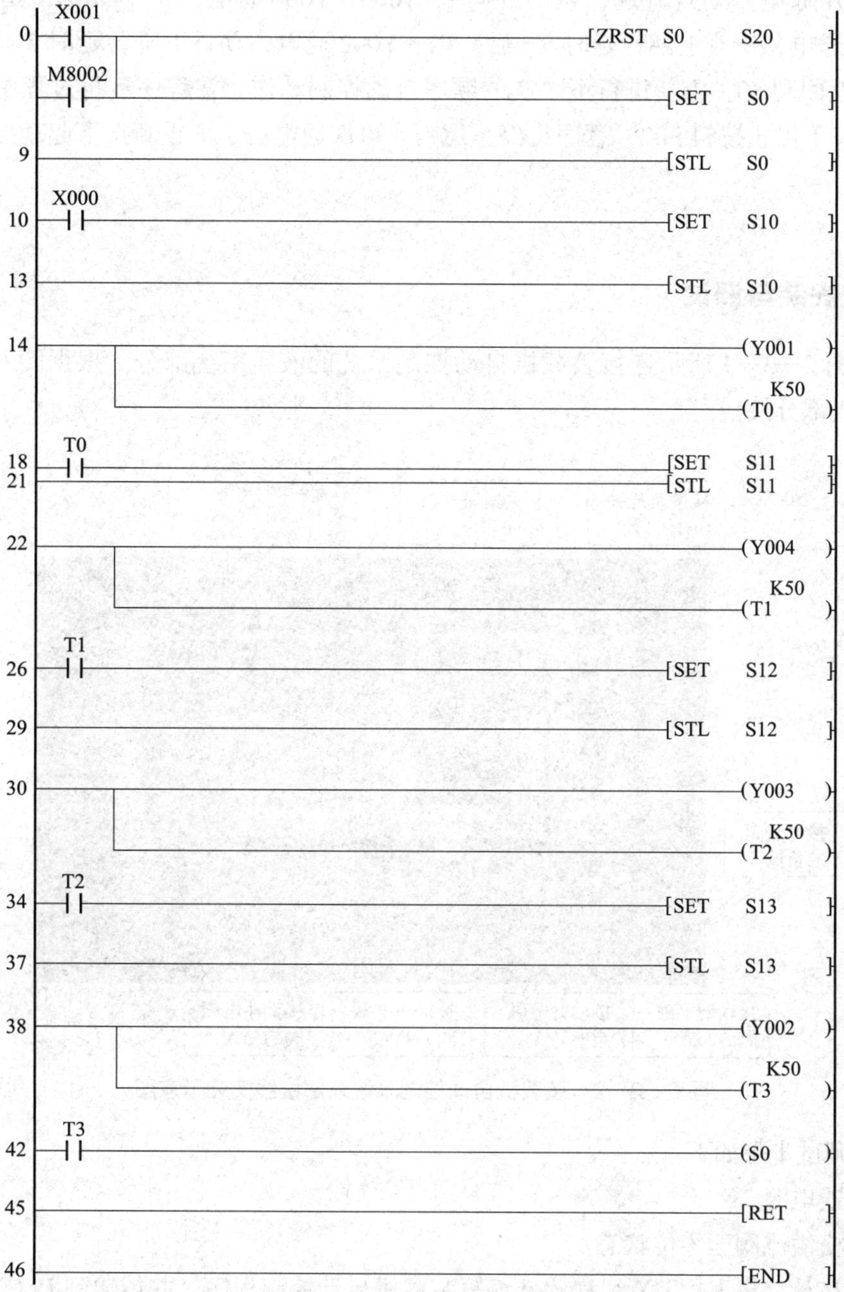

```
 0   X001
     ─┤├─┬──────────────────────[ZRST  S0    S20 ]
     M8002│
     ─┤├─┴──────────────────────[SET   S0        ]
 9   ───────────────────────────[STL   S0        ]
 10  X000
     ─┤├────────────────────────[SET   S10       ]
 13  ───────────────────────────[STL   S10       ]
 14  ─────┬─────────────────────(Y001            )
          │                      K50
          └─────────────────────(T0              )
 18  T0
     ─┤├────────────────────────[SET   S11       ]
 21  ───────────────────────────[STL   S11       ]
 22  ─────┬─────────────────────(Y004            )
          │                      K50
          └─────────────────────(T1              )
 26  T1
     ─┤├────────────────────────[SET   S12       ]
 29  ───────────────────────────[STL   S12       ]
 30  ─────┬─────────────────────(Y003            )
          │                      K50
          └─────────────────────(T2              )
 34  T2
     ─┤├────────────────────────[SET   S13       ]
 37  ───────────────────────────[STL   S13       ]
 38  ─────┬─────────────────────(Y002            )
          │                      K50
          └─────────────────────(T3              )
 42  T3
     ─┤├────────────────────────(S0              )
 45  ───────────────────────────[RET             ]
 46  ───────────────────────────[END             ]
```

六、装载机自动控制系统工作原理

按下起动按钮 SB1，X000 通电，装载机自动控制程序开始运行。首先，执行第一步程序，Y001 通电，动臂升起；延时 5 s 后，T000、Y004 通电，铲斗下翻；延时 5 s 后，T1、Y003 通电，铲斗上翻；延时 5 s 后，T2、Y002 通电，动臂下降；延时 5 s 后，T3 通电，程序返回到 S0，重新进行下一次的顺序自动控制动作。在程序运行过程中，如果拉下开关或按下停止按钮 SB2，程序将停止运行。再次通电后，需重新按下起动按钮，方可重新起动。

七、系统安装与调试

根据图 2—3—1 所示连接装载机自动控制系统的液压系统部分。根据图 6—2—2 所示连接电气部分接线。

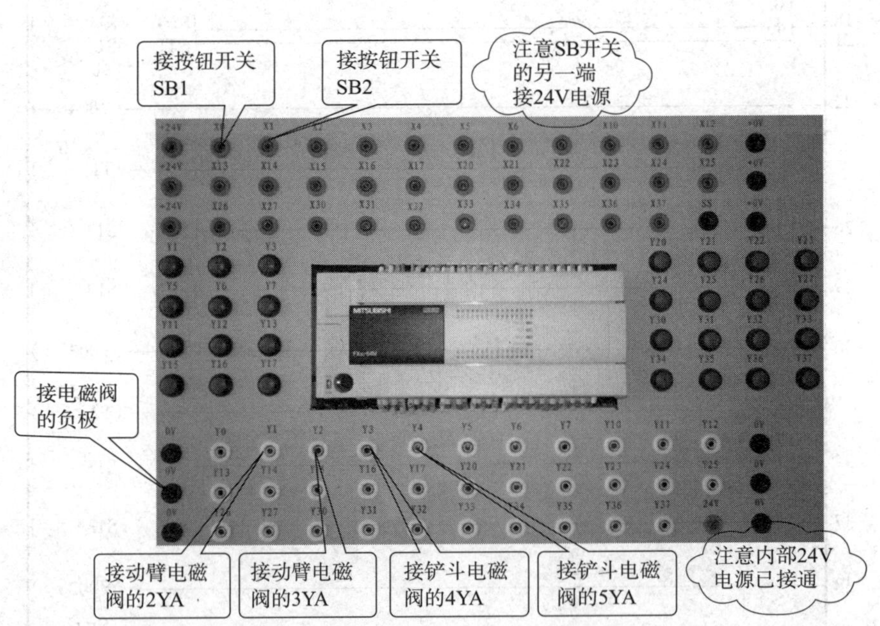

图 6—2—2　装载机自动控制系统外部接线安装示意图

系统调试步骤如下：

1. 接通电源。
2. 放松溢流阀至零位状态。
3. 将在计算机上用 GX 编程软件编写装载机自动控制程序，并传输到 PLC 中。
4. 根据装载机自动控制系统的工作原理，进行 PLC 预检测。

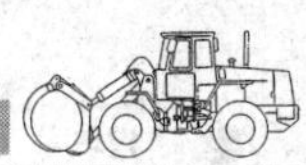

5. 待控制程序合格后，起动液压泵。

6. 打开先导油源开关旋钮，使 1YA 通电，压力表的压力指数会有微微上升。

7. 顺时针旋紧溢流阀调节手柄，压力表的压力指数调整到 3 MPa。

8. 按下起动按钮 SB1，PLC 运行程序，装载机顺序完成“动臂升起→铲斗下翻→铲斗上翻→动臂下降”的动作。按下停止按钮 SB2 或断开 PLC 电源，自动程序停止运行。

9. 放松溢流阀，使压力回零。

10. 关闭先导油源开关旋钮，使 1YA 断电。

11. 停泵，并断开电源。

复习思考题

1. 简述装载机自动控制系统的动作要求。
2. 简述装载机自动控制系统的液压元件。
3. 简述装载机自动控制系统安装与调试的任务要求。
4. 绘制装载机自动控制系统外部接线图。
5. 编制装载机 PLC 自动控制程序。
6. 简述装载机自动控制系统的工作原理。
7. 简述装载机自动控制系统的调试步骤。

课题 3　压路机自动控制系统安装与调试

学习目标

1. 了解压路机自动控制系统的所需设备。
2. 熟悉压路机自动控制系统的动作和任务要求。
3. 掌握压路机自动控制系统的工作原理及外部接线图绘制。
4. 掌握压路机 PLC 自动控制程序的编制。
5. 掌握压路机自动控制系统的安装与调试。

一、元件及设备组成和动作要求

1. 元件及设备组成

元件及设备包括液压泵站、转向器、转向油缸、制动电磁换向阀、制动油缸、支撑电磁换向阀、支撑油缸、双作用安全阀、溢流阀、二位三通电磁换向阀、液控单向阀、PLC、计算机。

2. 动作要求

PLC 控制压路机的执行机构实现制动、机罩的连续动作控制。

二、设备需求和任务要求

1. 设备需求

压路机执行机构、液压通用实训平台。

2. 任务要求

采用给出的液压元件设计压路机自动控制液压系统，并在液压实训台上进行安装与调试。具体要求如下：

（1）操纵电磁阀 5YA，使系统压力建立或卸荷。

（2）在压路机静止或行走时，方向盘左转，压路机左转；方向盘右转，压路机右转。

（3）按下起动按钮，压路机自动完成“制动、机罩上升、机罩下降、制动解除”的动作循环过程，动作时间间隔为 5 s。

三、压路机自动控制系统工作原理图与动作顺序表

压路机自动控制系统工作原理图与电动控制系统原理图相同，参见模块三课题三的图 3—3—1。压路机自动控制系统动作顺序表与电动控制系统顺序表相同，参见模块三课题三表 3—3—1。

四、压路机自动控制系统外部接线图

外部接线图如图 6—3—1 所示。

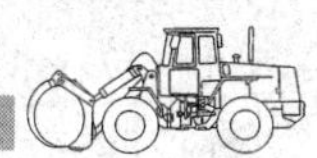

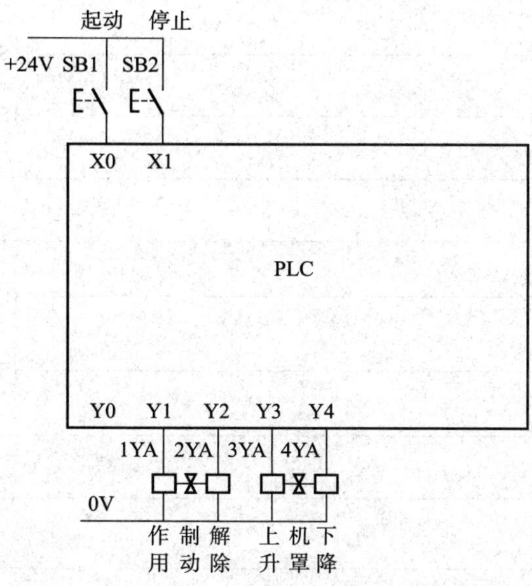

图 6—3—1　压路机自动控制系统外部接线图

五、压路机 PLC 自动控制程序

程序如下：

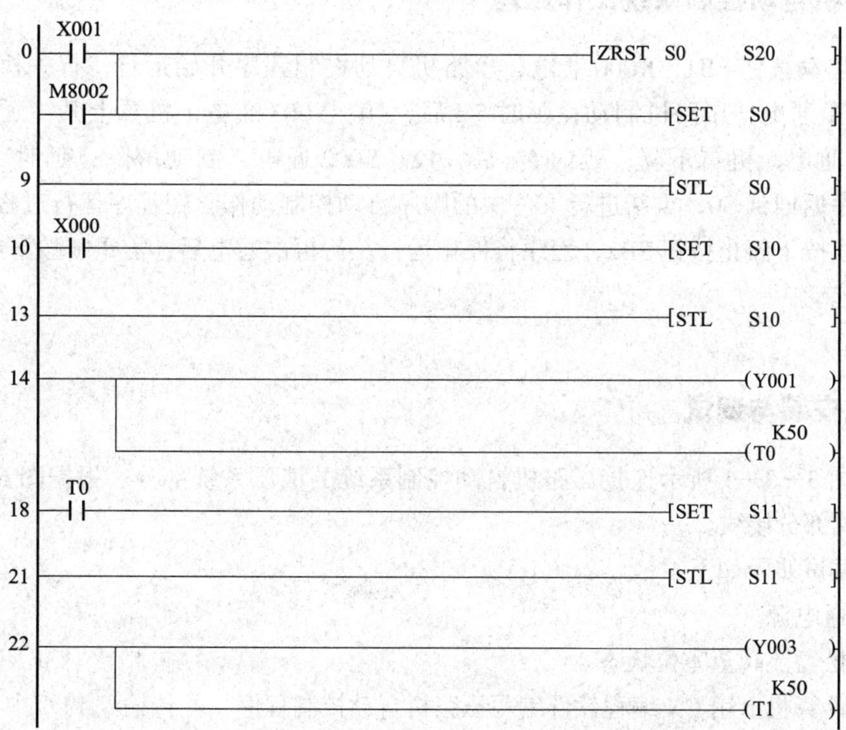

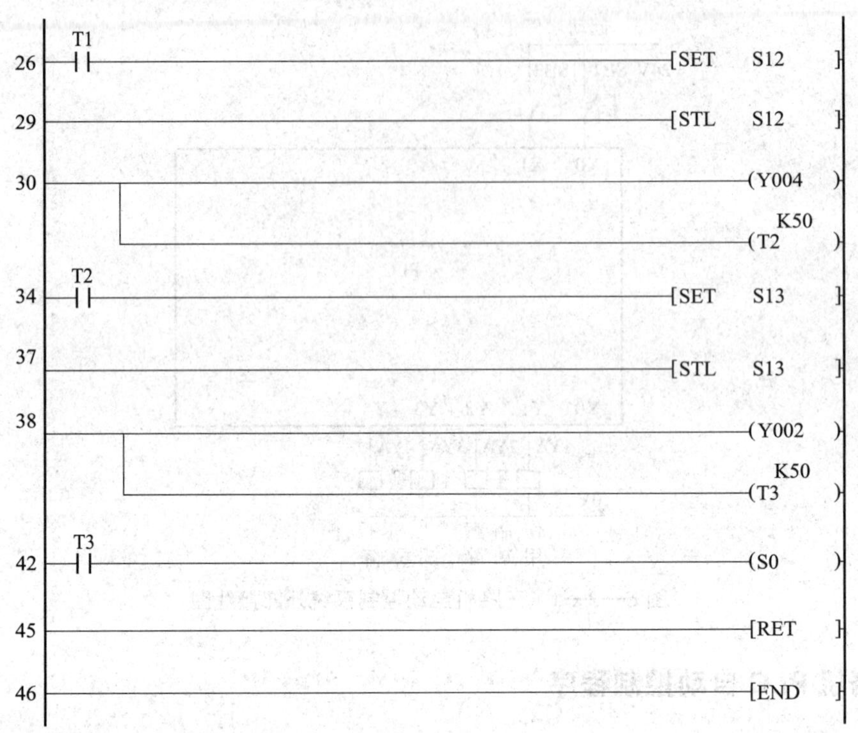

六、压路机自动控制系统工作原理

按下起动按钮 SB1，X000 通电，压路机自动控制程序开始运行。首先执行第一步程序，Y001 通电，压路机制动；延时 5 s 后，T0、Y003 通电，机罩上升；延时 5 s 后，T1、Y004 通电，机罩下降；延时 5 s 后，T2、Y002 通电，制动解除；延时 5 s 后，T3 通电，程序返回到 S0，重新进行下一次的顺序自动控制动作。在程序运行过程中，如果拉下开关或按下停止按钮 SB2，程序将停止运行。待再次通电后，需重新按下起动按钮，方可重新起动。

七、系统安装与调试

根据图 3—3—1 所示连接压路机自动控制系统的液压系统部分。根据图 6—3—2 所示连接电气部分接线。

系统调试步骤如下：

1. 接通电源。
2. 放松溢流阀至零位状态。
3. 在计算机上用 GX 编程软件编写压路机自动控制程序，并传输到 PLC 中。
4. 根据压路机自动控制系统的工作原理，首先进行 PLC 预检测。

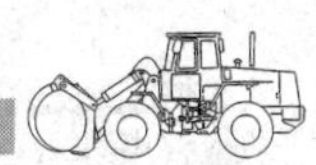

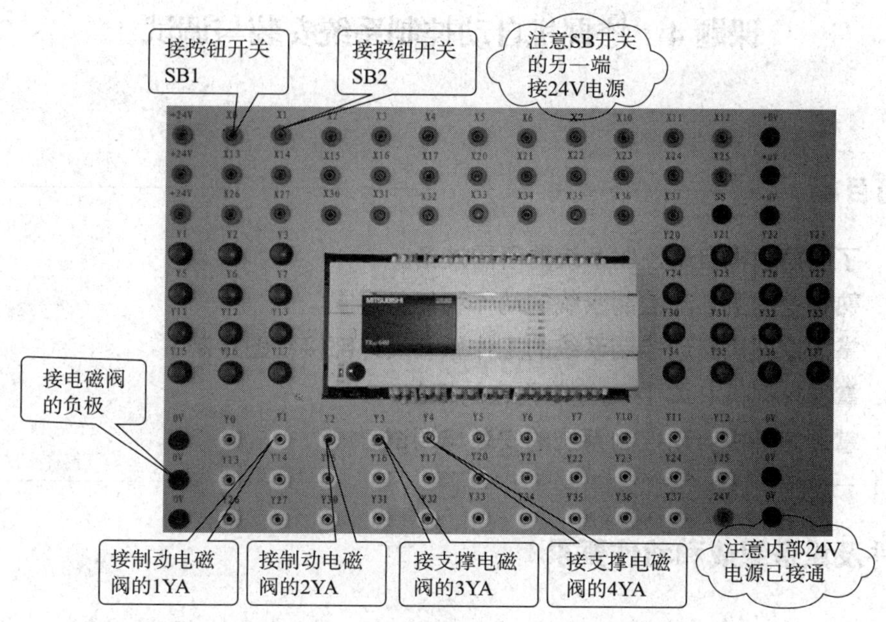

图 6—3—2　压路机自动控制系统外部接线安装示意图

5. 待控制程序合格后，起动液压泵。

6. 打开先导油源开关旋钮，使 5YA 通电，压力表的压力指数会有微微上升。

7. 顺时针旋紧溢流阀调节手柄，压力表的压力指数调整到 3 MPa。

8. 按下起动按钮 SB1，PLC 运行程序，压路机顺序完成“制动→机罩上升→机罩下降→制动解除”的动作。按下停止按钮 SB2 或断开 PLC 电源，自动程序停止运行。

9. 放松溢流阀，使压力回零。

10. 关闭先导油源开关旋钮，使 5YA 断电。

11. 停泵，并断开电源。

复习思考题

1. 简述压路机自动控制系统的动作要求。
2. 简述压路机自动控制系统的液压元件。
3. 简述压路机自动控制系统安装与调试的任务要求。
4. 绘制压路机自动控制系统外部接线图。
5. 编制压路机 PLC 自动控制程序。
6. 简述压路机自动控制系统的工作原理。
7. 简述压路机自动控制系统的调试步骤。

课题4 挖掘机自动控制系统安装与调试

学习目标

1. 了解挖掘机自动控制系统的所需设备。
2. 熟悉挖掘机自动控制系统的动作和任务要求。
3. 掌握挖掘机自动控制系统的工作原理及外部接线图绘制。
4. 掌握挖掘机 PLC 自动控制程序的编制。
5. 掌握挖掘机自动控制系统的安装与调试。

一、元件及设备组成和动作要求

1. 元件及设备组成

元件及设备包括液压泵站、溢流阀、电磁换向阀、动臂电磁换向阀、动臂油缸、斗杆电磁换向阀、斗杆油缸、铲斗电磁换向阀、铲斗油缸、单向节流阀、回转电磁换向阀、回转马达、行走手动换向阀、行走马达、压力表及压力表接头、PLC、计算机。

2. 动作要求

PLC 控制挖掘机的执行机构实现动臂、斗杆、铲斗、回转的连续动作控制。

二、设备需求和任务要求

1. 设备需求

挖掘机执行机构、液压通用实训平台。

2. 任务要求

采用给出的液压元件设计挖掘机自动控制液压系统，并在液压实训台上进行安装与调试。具体要求如下：

（1）由溢流阀和电磁阀控制泵的压力建立和压力切断。

（2）操纵左行走控制阀，使 7YA 通电，左履带前进；操纵左行走控制阀，使 8YA 通电，左履带后退。

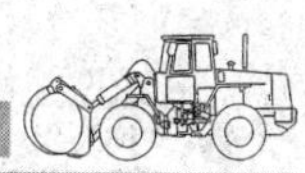

（3）操纵右行走控制阀，使 10YA 通电，右履带前进；操纵右行走控制阀，使 9YA 通电，右履带后退。

（4）操纵左、右行走控制阀，使 7YA 和 10YA 同时通电，挖掘机前进；操纵左、右行走控制阀，使 8YA 和 9YA 同时通电，挖掘机后退。

（5）操纵右行走控制阀，使 10YA 通电，同时操纵左行走控制阀，使 8YA 通电，挖掘机向左回转；操纵右行走控制阀，使 9YA 通电，同时操纵左行走控制阀，使 7YA 通电，挖掘机向右回转。

（6）按下起动控制按钮，挖掘机自动地完成“动臂升起→斗杆外摆→铲斗上翻→左回转→右回转→铲斗下翻→斗杆内收→动臂下降”的动作循环过程，动作时间间隔为 5 s。

挖掘机的各执行机构均采用节流阀实现速度调节。

三、挖掘机自动控制系统工作原理图与动作顺序表

挖掘机自动控制系统工作原理图与电动控制系统原理图相同，参见模块四课题三图 4—3—1。挖掘机自动控制系统动作顺序表与电动控制系统顺序表相同，参见模块四课题三表 4—3—1。

四、挖掘机自动控制系统外部接线图

外部接线图如图 6—4—1 所示。

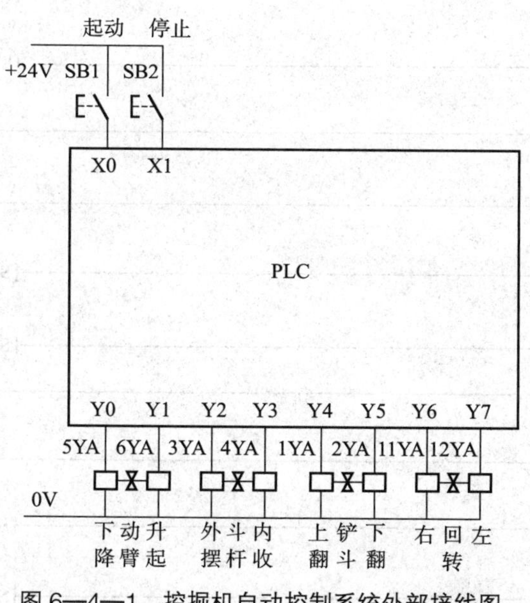

图 6—4—1　挖掘机自动控制系统外部接线图

五、挖掘机 PLC 自动控制程序

程序如下：

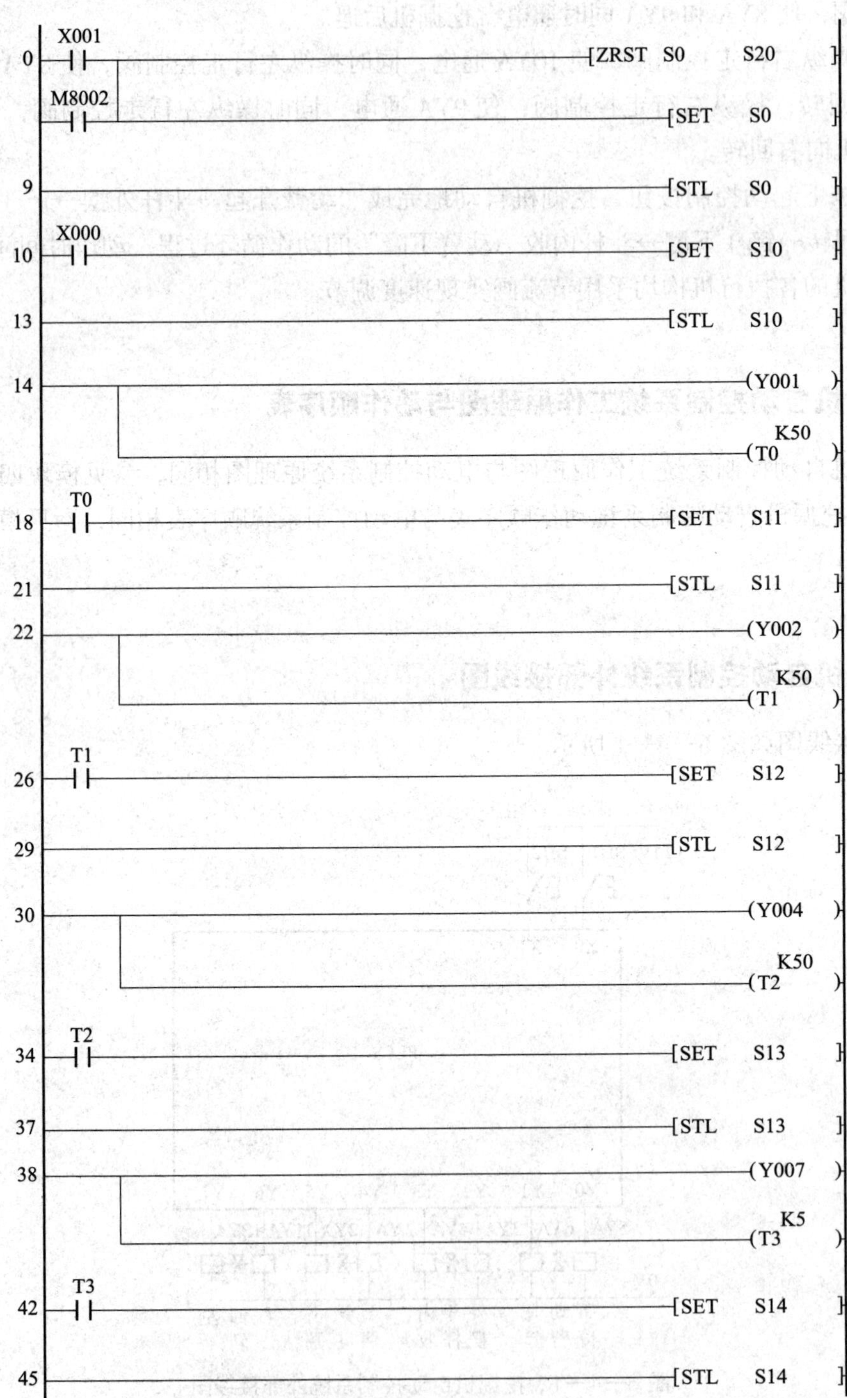

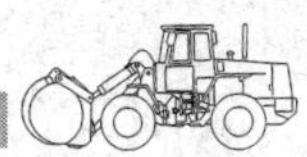

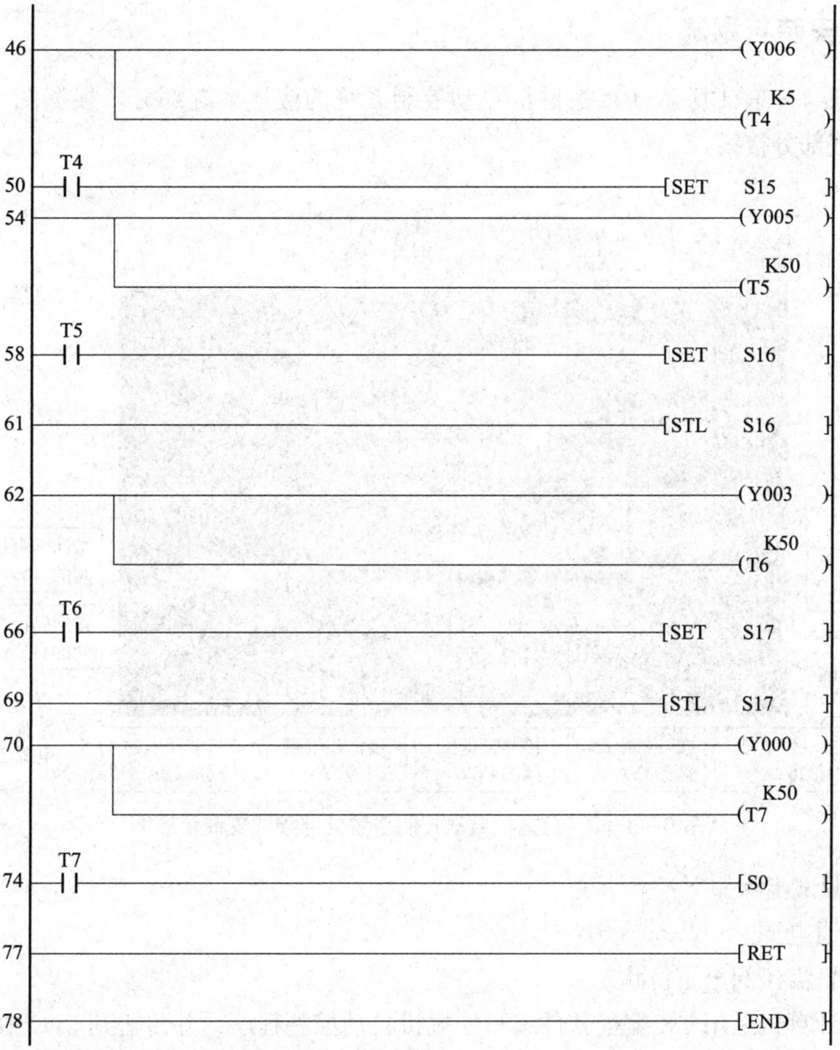

```
46 ──────────────────────────────(Y006 )
        └────────────────────────(T4   K5 )
50 ─┤├ T4 ───────────────────────[SET  S15 ]
54 ──────────────────────────────(Y005 )
        └────────────────────────(T5   K50 )
58 ─┤├ T5 ───────────────────────[SET  S16 ]
61 ──────────────────────────────[STL  S16 ]
62 ──────────────────────────────(Y003 )
        └────────────────────────(T6   K50 )
66 ─┤├ T6 ───────────────────────[SET  S17 ]
69 ──────────────────────────────[STL  S17 ]
70 ──────────────────────────────(Y000 )
        └────────────────────────(T7   K50 )
74 ─┤├ T7 ───────────────────────[S0 ]
77 ──────────────────────────────[RET ]
78 ──────────────────────────────[END ]
```

六、挖掘机自动控制系统工作原理

按下起动按钮 SB1，X000 通电，挖掘机自动控制程序开始运行。首先执行第一步程序，Y001 通电，动臂升起；延时 5 s 后，T0、Y002 通电，斗杆外摆；延时 5 s 后，T1、Y004 通电，铲斗上翻；延时 5 s 后，T2、Y007 通电，挖掘机左回转；延时 5 s 后，T3、Y006 通电，挖掘机右回转；延时 5 s 后，T4、Y005 通电，铲斗下翻；延时 5 s 后，T5、Y003 通电，斗杆内收；延时 5 s 后，T6、Y000 通电，动臂下降；延时 5 s 后，T007 通电，程序返回到 S0，重新进行下一次的顺序自动控制动作。在程序运行过程中，如果拉下开关或按下停止按钮 SB2，程序将停止运行。待再次通电后，需重新按下起动按钮，方可重新起动。

七、系统安装与调试

根据图 4—3—1 所示连接挖掘机自动控制系统的液压系统部分。根据图 6—4—2 所示连接电气部分接线。

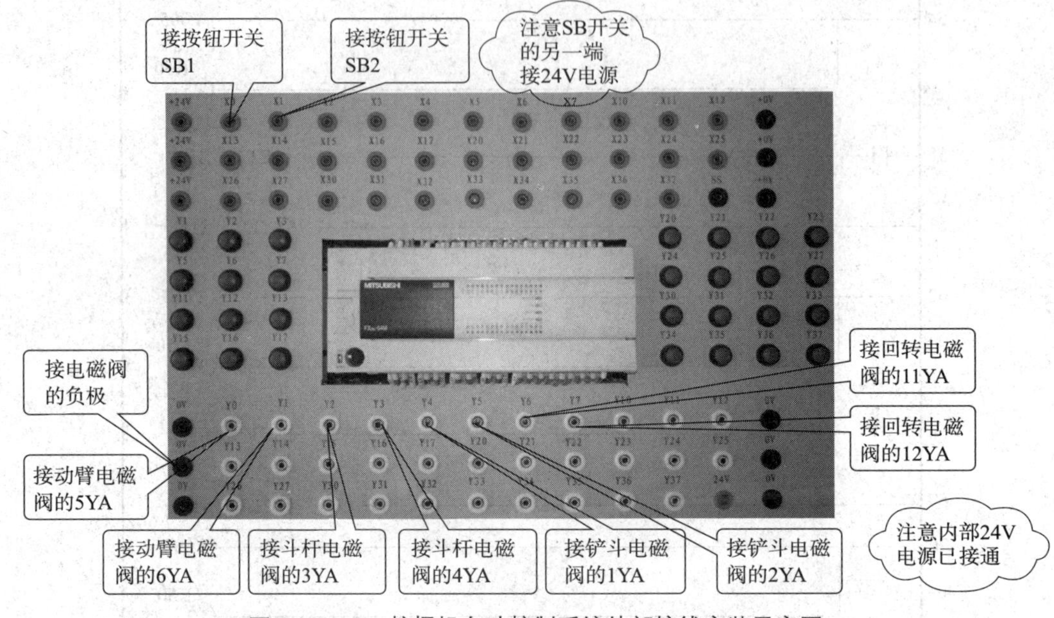

图 6—4—2　挖掘机自动控制系统外部接线安装示意图

系统调试步骤如下：

1. 接通电源。
2. 放松溢流阀至零位状态。
3. 在计算机上用 GX 编程软件编写挖掘机自动控制程序，并传输到 PLC 中。
4. 根据挖掘机自动控制系统的工作原理，首先进行 PLC 预检测。
5. 待控制程序合格后，起动液压泵。
6. 打开先导油源开关旋钮，使 13YA 断电，压力表的压力指数会有微微上升。
7. 顺时针旋紧溢流阀调节手柄，压力表的压力指数调整到 3 MPa。
8. 按下起动按钮 SB1，PLC 运行程序，挖掘机顺序完成“动臂升起→斗杆外摆→铲斗外翻→左回转→右回转→铲斗内挖→斗杆内收→动臂下降”的动作。按下停止按钮 SB2 或断开 PLC 电源，自动程序停止运行。（注意：起动前，先将各节流阀点动调至平稳工作状态。）
9. 放松溢流阀，使压力回零。
10. 关闭先导油源开关旋钮，使 13YA 通电。
11. 停泵，并断开电源。

复习思考题

1. 简述挖掘机自动控制系统的动作要求。
2. 简述挖掘机自动控制系统的液压元件。
3. 简述挖掘机自动控制系统安装与调试的任务要求。
4. 绘制挖掘机自动控制系统外部接线图。
5. 编制挖掘机PLC自动控制程序。
6. 简述挖掘机自动控制系统的工作原理。
7. 简述挖掘机自动控制系统的调试步骤。

课题5　汽车起重机自动控制系统安装与调试

学习目标

1. 了解汽车起重机自动控制系统的所需设备。
2. 熟悉汽车起重机自动控制系统的动作和任务要求。
3. 掌握汽车起重机自动控制系统的工作原理及外部接线图绘制。
4. 掌握汽车起重机PLC自动控制程序的编制。
5. 掌握汽车起重机自动控制系统的安装与调试。

一、元件及设备组成和动作要求

1. 元件及设备组成

元件及设备包括液压泵站、溢流阀、电磁换向阀、水平支腿手动换向阀、水平油缸、垂直支腿手动换向阀、垂直油缸、变幅机构电磁换向阀、变幅油缸、伸缩机构电磁换向阀、伸缩油缸、卷扬机构电磁换向阀、卷扬马达、平衡阀、减压阀、回转电磁换向阀、回转马达、压力表及压力表接头、PLC控制器及计算机。

2. 动作要求

PLC控制汽车起重机执行机构实现变幅、卷扬、伸缩、回转的连续动作控制。

二、设备需求和任务要求

1. 设备需求

汽车起重机执行机构、液压通用实训平台。

2. 任务要求

采用给出的液压元件设计汽车起重机自动控制液压系统，并在液压实训台上进行安装与调试。具体要求如下：

（1）由溢流阀和电磁阀控制泵的压力建立和压力切断。

（2）前推水平支腿手动换向阀，水平支腿伸出；后拉水平支腿手动换向阀，水平支腿缩回。

（3）前推垂直支腿手动换向阀，垂直支腿伸出；后拉垂直支腿手动换向阀，垂直支腿缩回。

（4）按下起动控制按钮，汽车起重机按照“变幅升起→吊钩下降→起重臂伸出→左回转→右回转→起重臂缩回→吊钩升起→变幅下降”的顺序动作，除回转间隔时间为 0.5 s 外，其余动作的时间间隔均为 5 s。

变幅下降、吊钩下降和起重臂缩回均采用平衡阀，以控制其平稳性。变幅、伸缩、卷扬、回转的换向阀进油均采用减压阀减压，以模拟起重机的负载敏感系统（节流阀视作在换向阀内）。系统压力调整为 4 MPa，回转减压阀减压后的压力为 1 MPa，其余减压阀减压后的压力调整为 3.7 MPa。

三、汽车起重机自动控制系统工作原理图与动作顺序表

汽车起重机自动控制系统工作原理图与电动控制系统原理图相同，参见模块五课题三图 5—3—1。汽车起重机自动控制系统动作顺序表与电动控制系统顺序表相同，参见模块五课题三表 5—3—1。

四、汽车起重机自动控制系统外部接线图

外部接线图如图 6—5—1。

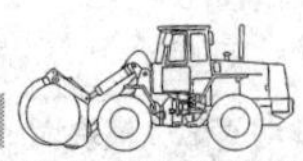

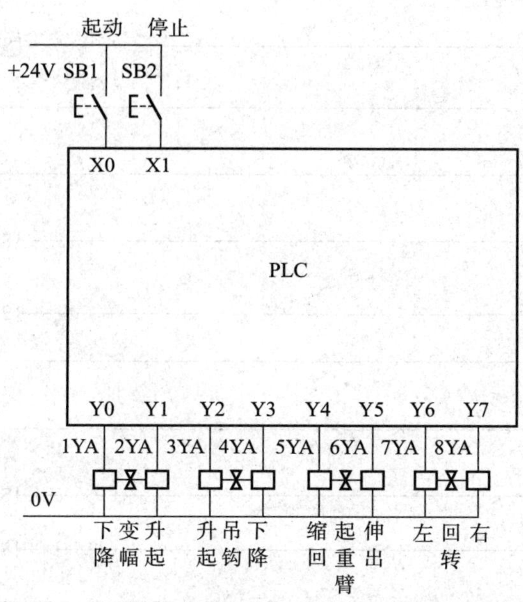

图 6—5—1　汽车起重机自动控制系统外部接线图

五、汽车起重机 PLC 自动控制程序

程序如下：

```
      X001
0  ──┤├──┬──────────────────────[ZRST  S0   S20]
      M8002 │
   ──┤├──┴──────────────────────[SET   S0]

9  ─────────────────────────────[STL   S0]

      X000
10 ──┤├─────────────────────────[SET   S10]

13 ─────────────────────────────[STL   S10]

14 ────┬────────────────────────(Y001)
       │                          K50
       └────────────────────────(T0)

      T0
18 ──┤├─────────────────────────[SET   S11]

21 ─────────────────────────────[STL   S11]
22 ────┬────────────────────────(Y003)
       │                          K50
       └────────────────────────(T1)

      T1
26 ──┤├─────────────────────────[SET   S12]
```

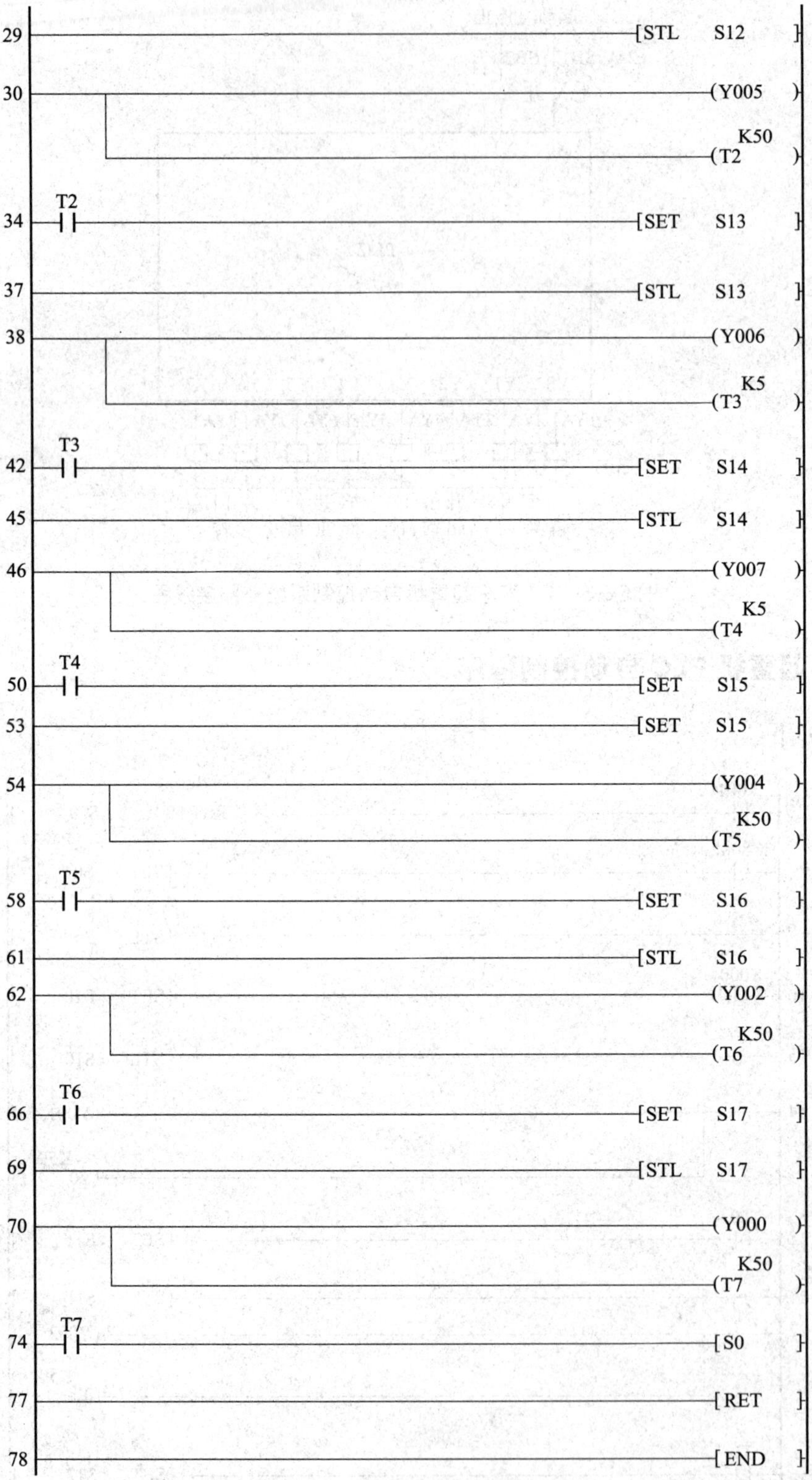

```
29 ─────────────────────────[STL   S12 ]
30 ─────┬───────────────────────(Y005 )
        │                       K50
        └───────────────────────(T2   )
    T2
34 ─┤├──────────────────────[SET   S13 ]
37 ─────────────────────────[STL   S13 ]
38 ─────┬───────────────────────(Y006 )
        │                       K5
        └───────────────────────(T3   )
    T3
42 ─┤├──────────────────────[SET   S14 ]
45 ─────────────────────────[STL   S14 ]
46 ─────┬───────────────────────(Y007 )
        │                       K5
        └───────────────────────(T4   )
    T4
50 ─┤├──────────────────────[SET   S15 ]
53 ─────────────────────────[SET   S15 ]
54 ─────┬───────────────────────(Y004 )
        │                       K50
        └───────────────────────(T5   )
    T5
58 ─┤├──────────────────────[SET   S16 ]
61 ─────────────────────────[STL   S16 ]
62 ─────┬───────────────────────(Y002 )
        │                       K50
        └───────────────────────(T6   )
    T6
66 ─┤├──────────────────────[SET   S17 ]
69 ─────────────────────────[STL   S17 ]
70 ─────┬───────────────────────(Y000 )
        │                       K50
        └───────────────────────(T7   )
    T7
74 ─┤├──────────────────────────[S0   ]
77 ─────────────────────────────[RET  ]
78 ─────────────────────────────[END  ]
```

六、汽车起重机自动控制系统工作原理

按下起动按钮SB1，X000通电，汽车起重机自动控制程序开始运行。首先执行第一步程序，Y001通电，变幅升起；延时5 s后，T0、Y003通电，吊钩下降；延时5 s后，T1、Y005通电，起重臂伸出；延时0.5 s后，T2、Y006通电，起重机左回转；延时0.5 s后，T3、Y007通电，起重机右回转；延时5 s后，T4、Y004通电，起重臂缩回；延时5 s后，T5、Y002通电，吊钩升起；延时5 s后，T6、Y000通电，变幅下降；延时5 s后，T7通电，程序返回到S0，重新进行下一次的顺序自动控制动作。在程序运行过程中，如果拉下开关或按下停止按钮SB2，程序将停止运行。再次通电后，需重新按下起动按钮，方可重新起动。

七、系统安装与调试

根据图5—3—1所示连接汽车起重机自动控制系统的液压系统部分。根据图6—5—2所示连接电气部分接线。

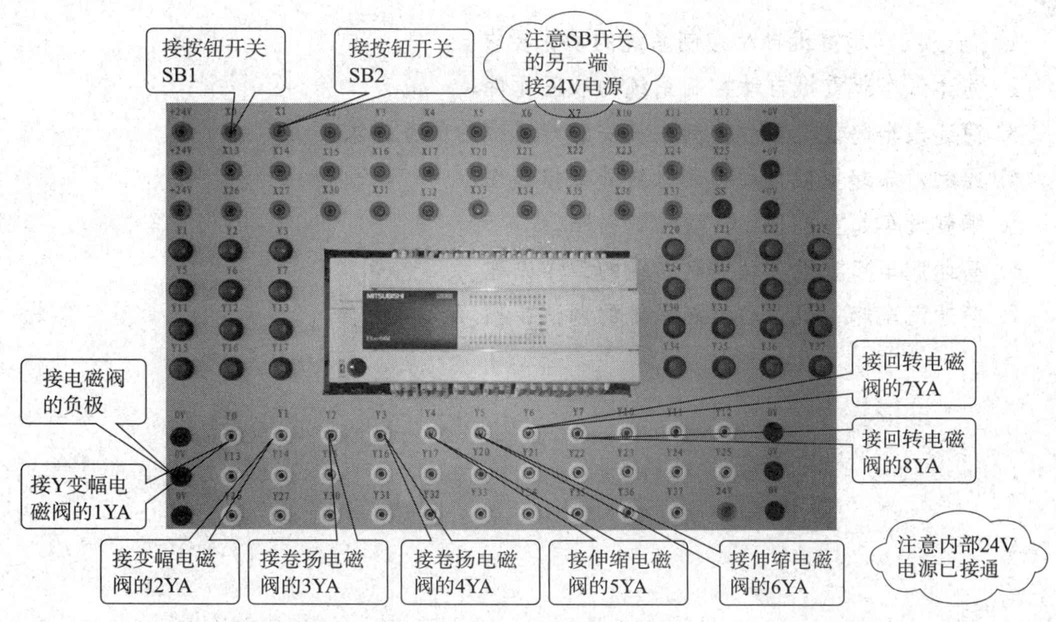

图6—5—2　汽车起重机自动控制系统外部接线安装示意图

系统调试步骤如下：

1. 接通电源。
2. 放松溢流阀至零位状态。

3. 在计算机上用 GX 编程软件编写汽车起重机自动控制程序，并传输到 PLC 中。

4. 根据汽车起重机自动控制系统的工作原理，首先进行 PLC 预检测。

5. 待控制程序合格后，起动液压泵。

6. 打开先导油源开关旋钮，使 9YA 通电，压力表的压力指数会有微微上升。

7. 顺时针旋紧溢流阀调节手柄，压力表的压力指数调整到 4 MPa。

8. 调节回转减压阀调节手柄，使回转减压阀出口压力为 1 MPa，调节其余减压阀调节手柄，使其出口压力为 3.7 MPa。

9. 按下起动按钮 SB1，PLC 运行程序，汽车起重机顺序完成“变幅升起→吊钩下降→起重臂伸出→左回转→右回转→起重臂缩回→吊钩升起→变幅下降”的动作。按下停止按钮 SB2 或断开 PLC 电源，自动程序停止运行。（注意：起动前，先将各平衡阀点动调至平稳工作状态。）

10. 放松溢流阀，使压力回零。

11. 关闭先导油源开关旋钮，使 9YA 断电。

12. 停泵，并断开电源。

复习思考题

1. 简述汽车起重机自动控制系统的动作要求。
2. 简述汽车起重机自动控制系统的液压元件。
3. 简述汽车起重机自动控制系统安装与调试的任务要求。
4. 绘制汽车起重机自动控制系统外部接线图。
5. 编制汽车起重机 PLC 自动控制程序。
6. 简述汽车起重机自动控制系统的工作原理。
7. 简述汽车起重机自动控制系统的调试步骤。